珍藏本·增订本

纪念版

汉译世界学术名著丛书

心灵的成长

——儿童心理学导论

〔德〕库尔特·考夫卡 著

高觉敷 译

商务印书馆
SINCE 1897 The Commercial Press

Kurt Koffka

THE GROWTH OF THE MIND

An Introduction to Child-Psychology

本书根据 Kegan Paul, Taul, Trench, Trubner & Co., Ltd. 1924 年英文版译出

汉译世界学术名著丛书
（120年纪念版·珍藏本）
增订本出版说明

2017年10月，为纪念商务印书馆创立120周年，本馆推出“汉译世界学术名著丛书”（120年纪念版·珍藏本），计七百种。近五六年来，仰赖学界同人倾力支持，订正旧译，增补新译，拓展新著，积累日多。为满足读者需要，本馆在七百种的基础上，继续推出“汉译世界学术名著丛书”（120年纪念版·珍藏本·增订本）三百种。至此，“汉译世界学术名著丛书”累计出版已达千种。

今后，本馆将继续推进丛书的翻译出版工作，在积累单本名著的基础上陆续分辑刊行，汇印出版。为促进中外文明互鉴、推动我国学术发展，使“汉译世界学术名著丛书”这项对我国学术文化有基本建设意义的重大工程发挥更大作用，诚望海内外学术界、翻译界继续给予支持，帮助我们把这套丛书出得更好。

商务印书馆编辑部

2024年2月

汉译世界学术名著丛书
（120年纪念版·珍藏本）
出 版 说 明

2017年2月11日，商务印书馆迎来120岁的生日。120年前，商务印书馆前贤怀揣文化救国的理想，抱持“昌明教育，开启民智”的使命，立足本土，放眼寰宇，以出版为津梁，沟通中西，为中国、为世界提供最富智慧的思想文化成果。无论世事白云苍狗，潮流左右激荡，甚至战火硝烟弥漫，始终践行学术报国之志，无改初心。

迻译世界各国学术名著，即其一端。早在20世纪初年便出版《原富》《天演论》等影响至今的代表性著作，1950年代后更致力于外国哲学和社会科学经典的译介，及至1980年代，辑为“汉译世界学术名著丛书”，汇涓为流，蔚为大观。丛书自1981年开始出版，历时三十余年，迄今已推出七百种，是我国现代出版史上规模最大、最为重要的学术翻译工程。

丛书所选之书，立场观点不囿于一派，学科领域不限于一门，皆为文明开启以来，各时代、各国家、各民族的思想与文化精粹，代表着人类已经到达过的精神境界。丛书系统译介世界学术经典，引领时代思想，为本土原创学术的发展提供丰富的文化滋养，为推动中国现代学术和现代化进程做出了突出的贡献。

为纪念商务印书馆成立120周年，我们整体推出“汉译世界学术名著丛书”120年纪念版的珍藏本，寄望既利于文化积累，又便于研读查考，同时向长期支持丛书出版的译者、编者和读者致以敬意。

两甲子后的今天，商务印书馆又站在了一个新的历史时间节点上。我们不仅要铭记先辈的身影和足迹，更须让我们的步伐充满新的时代精神。这是商务人代代相传的事业，更是与国家和民族的命运始终紧密相连的事业。我们责无旁贷，必须做好我们这代人的传承与创造，让我们的努力和成果不仅凝聚成民族文化的记忆，还能成为后来人可以接续的事业。唯此，才能不负前贤，无愧来者。

商务印书馆编辑部

2017年10月

译　序

本书德文原名 *Grundlagen der Psychischen Entwicklung*，系考夫卡(Kurt Koffka)所著，由康奈尔大学教育学教授奥格登(Robert Morris Ogden)译成英文，名 *The Growth of the Mind*，列为万国心理学，哲学及科学方法丛书之一。我不懂德文，所以我这本中文译本只得以奥格登的译本为底本。奥格登曾著有 *The Meaning of Psychology* 及 *Psychology and Education* 等书。*Psychology and Education* 系以考夫卡的书为基础，而应用格式塔[*]心理学(*Gestalt-Psychologie*)的原则于教育的问题之上。他向不满意于感觉派心理学，而和格式塔心理学，很易接近，所以他来译考夫卡的书，可算再相宜没有了；而且他的译本又曾经考夫卡的校订。因此，我这本书虽系重译；但是至少所根据的底本，是尚可以信赖的。

本书作者既欲以"格式塔"心理学的原则，解释儿童心理学的问题(参看原译者识。)所以我们若要了解这本书的意义，和其在儿童心理学或竟在普通心理学中的地位，则不得不先知道完形说或"格式塔"说的概略。在英美，关于"格式塔"心理学的著作虽不算

* 原文为"基斯塔"，今译"格式塔"。——校订者

多;然而 *British Journal of Psychology*,*American Journal of Psychology*,*Psychological Bulletin*,*Psychological Review* 等心理学杂志中,也屡有评述"格式塔"心理学的论文;而且成书的,除 *The Growth of the Mind* 外,尚有苛勒(W. Kohler)的 *The Mentality of Apes*(系文特 Ella Winter 所译)及 *Gestalt Psychology* 等。所以奥格登的译本有寥寥数语的译者识,和仅满千字的原著者序,便仅够了。至在中国,则关于格式塔心理学的论文既屈指可数,而系统的著作又绝无仅有。所以为欲使读者了解本书计,乃不得不于此略述格式塔心理学的大意。

"格式塔"系译德文的"Gestalt"。"Gestalt"的涵义甚多,有"形"、"式"、"完整"、"构造"、"组织"等之意。吾友朱光潜君曾译此词为"完形",而称格式塔心理学为完形派心理学。赵演君仿严复"逻辑"的译法,而译 Gestalt 为"格式",称格式塔心理学为"格式心理学"。"完形"、"格式"都举一义而失其余,所以我先前虽曾采用朱译;但后来即直译为"格式塔"。且格式塔心理学者对于 Gestalt 的定义,尚未有一致的主张。所以与其译义,更不如译音了。

格式塔心理学所最反对的为原子派心理学。在格式塔心理学者的眼里,原子派心理学有二:一为感觉派心理学,一为行为派心理学。感觉派心理学将意识破成感觉,而以感觉的联合为知觉,记忆等的解释。行为派心理学将行为破成反射,而以条件反射*之说,解释行为的变化。这两派心理学虽彼此互相攻击,然由格式塔心理学者看来,则同为一丘之貉。因为他们虽一主感觉,一主反

* 原文为"交替反射",今译"条件反射"。——校订者

射;然同承认部分之和可以组成整体。这便是格式塔心理学所极力否认的。由格式塔心理学者看来,则A若由xyz等组合而成,A决不仅等于x加y加z之和。因为x若为A的一部分,则x便含有其为此部分的特性;y和z也复如此。试举例以明之。譬如我们现在正听到一种喇叭锣鼓杂奏的音乐。这种音乐在物理方面讲,本来是复合的振动,而这复合的振动,可因物理的分析而远原为各组次数不同,振波各异的振动,用常识来讲,则这种响乐就是锣鼓喇叭等的复合之音。但据近时对于响乐分析的研究,假使将锣鼓喇叭分开来单独发音,则无论其为鼓声、锣声或喇叭之声,都较前刺耳。可见锣声、鼓声或喇叭之声,方其为组成响乐的各成分时,其所有的性质便随而不同;其振动次数和振动波幅原和其独立时无异,而发音入耳,却较缓和。所以格式塔心理学以为整体不仅为各部分之和,而关于各部分的知识必不够用以解释整体。

因此,格式塔心理学在意识上否认感觉,在行为上,否认部分的活动(*part activities*)。格式塔心理学本以运动知觉的研究出发,我们现在可以从运动知觉出发。心理学家对于运动知觉的解释,或采用眼球运动说如冯特,或采用后像混合说如马贝(Marbe),或以为运动知觉有赖于另一种的感觉元素*如哀司纳(Exner)和斯腾(Stern),或且以为先有某种感觉元素,然后因有一种综合作用(*a founding process*),将这些元素综合起来,以造成一种运动知觉。惠特海墨**研究运动错觉的结果,乃推翻这些学

* 原译为"原素",今译"元素"。——校订者

** 原译为"惠塞墨",今译"惠特海墨"。——校订者

说，而另倡完形说。惠特海墨的实验用两条黑直线继续呈现于白色的背影之上。这两条线一水平，而一垂直。假使两线先后呈现；而呈现的时间各为 200σ（1σ 等于 1/1000 秒），则不能引起运动错觉，先见 a 线而后见 b 线，都静止不动。假使两线呈现的时间各为 30σ 左右，则同时看见两线成直角形。假使两线呈现的时间介乎二者之间，而各为 60σ，则见线转动，由水平而垂直。由这个实验的研究，惠特海墨以为，第一，眼球运动说决难成立，因为眼球运动所需要的时间至少须在 130σ 以上，而两线发生运动错觉所需要的时间则仅为 60σ 至 100σ。而且试验的时候，本不许观察者于注视时有运动眼球的可能，更可见运动错觉的发生初无关于眼球的运动。第二，后像混合说也不可靠，因为若将后像投射于某一定点之上，线动而后像则静止不动。尤可注意的，有时观察者看见两线各自运动，至于眼球则同时决不能作两种以上的运动。第三种和第四种运动知觉的学说也深为惠特海墨所驳斥。因为据观察者的报告，他们有时只看见运动，可没有看见运动的主体。所以运动错觉的成立决不是先见 a 线，后见 b 线，最后乃加上运动。因此，惠特海墨的运动知觉说和因袭的学说极端相反。因袭的学说都承认感觉的元素；惠特海墨则以为运动知觉决不能分析而为静止的感觉的元素。

两歧图形的研究也为格式塔心理学者所常举的例。有些图形，可以用两种看法；有时看成甲形，有时看成乙形，鲁宾(E. Rubin)的杯子（见下图）可用以为例。此图以白色为图形，以黑色为背影，则所见者为杯。以黑色为图形，以白色为背影，则所见者为相对向的人面。假使知觉为感觉元素所集合而成，则图中所有感觉的元素先后无别，而其所引起的知觉乃一为杯子，一为人面。所以格式塔心理学者以为知觉的形成初非由于所谓感觉元素。

图 1

苛勒的灰色纸的实验也常常用以推翻感觉元素说。苛勒用两种灰色纸。甲和乙，使乙略淡于甲。他训练其动物，使常对乙作正的反应。训练成功之后，乃将甲纸取去，而代以丙纸，使丙更略淡于乙。苛勒以为动物所反应的，倘为绝对的刺激，则乙既常为动物所选取，丙必不能引起正的反应。但是试验的结果，动物在这种情形之下，往往舍乙而取丙。所以苛勒的结论，以为动物的反应所针对的不是独立的甲色，乙色或丙色，而反应的是一种明暗的模型，可不是绝对的刺激。所以训练的基础初非简单的感觉。

因袭的心理学之所谓感觉，盖即独立的元素。但由苛勒看来，视觉经验中虽也有真正的客观的单位，可是这种单位决非感觉。譬如图 2 有平行线若干条，距离较近的平行线各自成一组。我们若要使距离较远的线各自成组，则非用一百二十分的努力不可。然而即使如此努力，其所得的新组合也必不若前之明了，稳定而真实。只要懒怠或疲乏，则自然而然的组合重复呈现。又如图 3，各

线的距离相等，只是各分子的性质作有规则的变化。我们便可见同性质的分子各自成组，而且分子的性质一有变化，便立即有一新组。又假使于图2每对平行线中，各插入另一平行线（见图4），则三线所成的组合，必较前更稳定而真实。现在若于每组内再加两线，则稳固真实的程度复随而增加。（见图5）若再不断地加直线于其间，则可使每组成一长方形。这种种组合，据苛勒说，无论何人都可自然看出，不必有赖于抽象的思索。所以视野中若有客观的单位，则舍这些自然的、有目共见的组合外，当不复有其他。苛勒否认感觉，盖恐因有感觉的概念，而使心理学者的注意离去这些客观的单位，而追求抽象的元素。

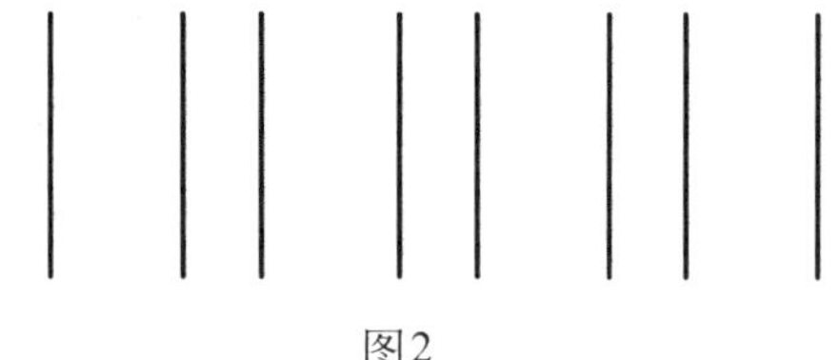

图2

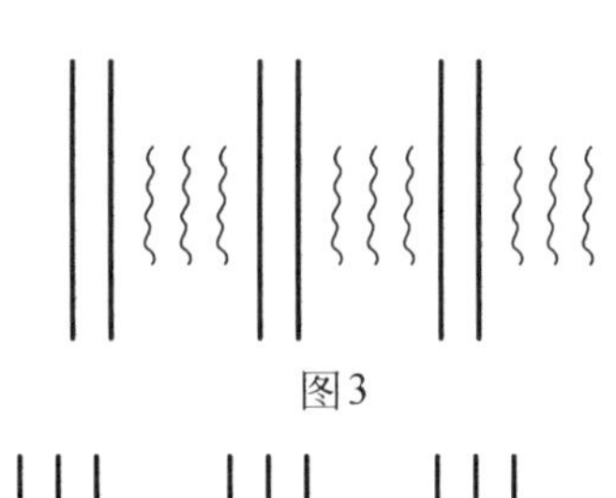

图3

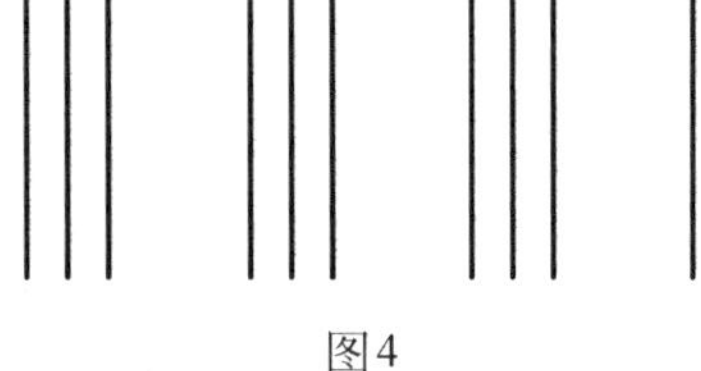

图4

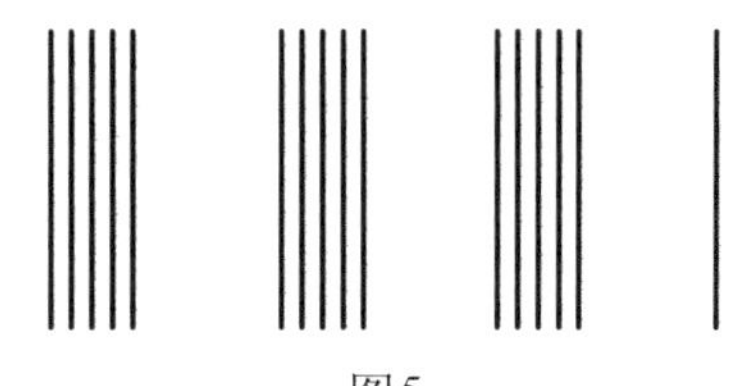

图5

且由苛勒的观点看来，视觉经验中决没有独立的元素。譬如许多平行线究竟哪几条成一组或单位，则决不是仅在局部上作独立的研究所可解答的。我们要知道组成单位的直线，第一须相等，第二须有异于背影，第三须距离相近。然而背影上情形的变迁也足以影响单位的形成。现在有两对平行线各自成组。假使于右组两线之外再画平行线两条，而使这两条平行线彼此的距离大于其与右组平行线相距的距离；则原有的组合不复成立，而距离最近的平行线乃组成两种新的组合。（见图6）可见图形单位的存在，尤有赖于背影。他如颜色，白之为白，黑之为黑等，也都不是绝对的。假使周围的刺激的性质有充分的变化，则黑色可成光亮的白色，黑色周围的白色可成黑色，一个灰色点可成一红色点，一个红色点可成一白点。譬如纸面上的黑字，若要变成白字，则只须将纸面上的白色所反映的光度尽量减少，而使黑色所反映出来的光度不起变化。所以苛勒不承认知觉经验中有所谓绝对的元素，如感觉等。

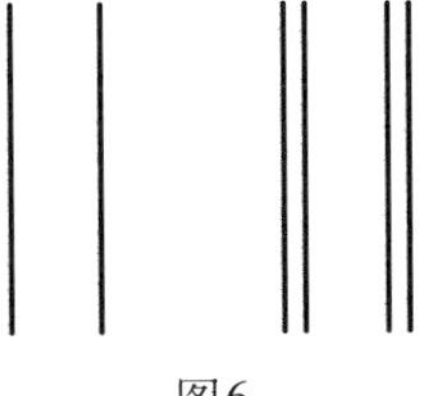

图6

否认感觉已如上述，其次就是否认部分的活动。构造派解释意识以感觉为元素，行为派解释行为以为部分的活动可结合而成各种行为。格式塔心理学既以为整体不仅为部分之和，则其反对行为主义乃当然的结论。在格式塔心理学者看来，整个行为常针对着一个目的，所以行为是有意义的。桑戴克、华生*辈，将行为分析而为无意义的部分的活动，则这些无意义的部分的活动，又如何能组成有意义的行为呢？譬如一个聪明的狗正在搜寻食物，或一个黑猩猩正在细思如何可以攫取远距离外的香蕉。这些行为都针对着一个目的，所以考夫卡以为是有意义的。至行为心理学者则往往将行为分析而为筋肉和腺的反应。所以考夫卡以为他们于

* 原译为“瓦特孙”，今译“华生”。——校订者

观察行为时，所看见的不是怒，惧或快乐，而只是四肢的运动和腺的分泌。关于这一层，本书第一章、第三章、第四章已加以充分的讨论，读者可细细阅读，这里可不必详述了。

“格式塔”心理学既否认所谓感觉的元素和部分的活动，所以对于因袭的分析的研究法，反对不遗余力。苛勒和考夫卡等都以为动物和人类的知觉经验先有整体而后有部分。苛勒的猩猩和小鸡对于情境如能作整个的观察，则其反应便较易而有效。考夫卡以为小孩在未能辨别颜色及其他之前，便已能认识其母亲的面容。富克斯(W. Fuchs)使患半盲病(hemianopsia)的人于映射镜上看缺陷的圆形，而使圆形所缺的部分适投入网膜上盲目的部分，则病者所看见的还是整个的圆形。所以由格式塔心理学者看来，分析是没有用的。上文关于响乐的研究，也可用以为说明之例。因此，元素的分析遂不足以说明整个的经验，而分析的结果适足以破坏原有的完形，而造出一个不自然的新完形。这或者可以借用下图作一个说明。(参看图 7)这个图含有三个不规则的多角形。自然的看，当然是看形而不看线。因此，下图两个多角形所包含的 K 字，大家都看不见。分析的方法好像是将 K 字分开来看，于是原来的完形破坏，而另有一种不自然的完形了。

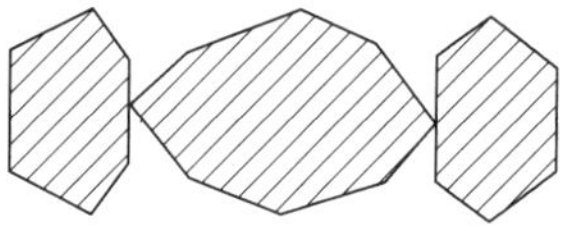

图7

格式塔心理学所赞许的分析叫做间接的分析或机能的分析。什么叫做机能的分析呢？譬如研究运动错觉，将线形呈现的时间等客观的条件加以变化，而观察运动知觉是否有相当的变化。这就是机能的析分。苛勒、考夫卡等以为这种分析如无害于整个经验的观察，所以可用以为心理学研究的方法。

总而言之，格式塔心理学着重完形而否认元素，主张相对论而推翻绝对论，赞成机能的分析而反对构造派和行为派的分析。考夫卡的这本书就站在这个立场上写的。所以他讨论本能便反对连锁的反射说。描写儿童的经验，以为“由流行的学说推论起来，新生儿的意识可只是混乱一团的个别的感觉”。但由他的观点看来，则儿童的“经验自始便有一种秩序”。因为“儿童在第 2 月就能够认识母亲的面容，半年就能够对于‘友爱的’面孔和‘怒视的’面孔而有不同的反应”。假使我们以为原来的经验是混乱的感觉的集合，“则和人面相当的经验，只是混乱一团的明暗颜色的感觉，而且常在改变的情形中——随相手方及儿童本身的运动和光线的改变而不同”，那么几个月的小孩又怎能辨认面容如此其容易呢？此外考夫卡又将学习的问题分为成就的问题和记忆的问题，而都用格式塔的观点来解释。读者可细读全书，这里不多述了。

我固非格式塔心理学的信徒，但是当此心理学方在无政府的时代中，我承认无论哪种心理学系统都值得我们注意。中国近数年来，关于行为心理学的著作，已有过好多人的介绍。即就华生的著作而言，如 *Behavior*，*An Introduction to Comparative Psychology*；*Psychology From the Standpoint of a Bebaviorist*；*Behaviorism* 三部书，都已由藏玉淦君译好，除行为主义的心理学已出数版外，《比较心理学导言》和《行为主义》不日也可刊印。他如 *Ways of Behaviorism* 也已由谢循初君译好发行。至关于格式塔心理学的介绍则颇不努力。这岂由于国内学心理学的人，其派别的色彩太浓，所以不愿对于异己者负一点介绍的责任吗？或者究竟由于到

德国学心理学的学生,其人数太少吗?无论其原因如何,中国心理学界总算和格式塔心理学太隔膜了。因此,我乃谨以此译本贡献于国内之学心理学者。同时又恐读者不懂格式塔说,或不易了解考夫卡的主张,乃述格式塔心理学的要略于上以为序。

高觉敷

1929 年 3 月 4 日,上海

目　　录

英 译 者 识

本书作者以“格式塔”心理学（The Gestalt-Psychologie）的假说，解释儿童期和心理发展的问题。这个假说虽多非英美读者所熟悉；但是作者既很善于著述，又复熟知近来儿童心理学所有实验的结果，必定可使读者对于本书发生无限的兴趣。因此，我得翻译这本书，那是我非常高兴的。教育理论和实施上有许多疑难之点，既可因此而有新鲜的说明，而实验教育的学者，复易于此得到研究方向的指导。

在将这本书贡献于英美读者之前，我对于吉尔柏特（Mr. Arthur W. Gilbert）、庖厄尔（Mr. Desmond S. Powell）、伟克门（Dr. Seth Wakeman）诸君，深愿表示感谢之意；因为我若没有他们的合作，则决不能负担这种翻译的工作。

奥格登（Robert Morris Ogden）

1924 年 3 月 21 日，伊大卡（Ithaca）

vii 原著者为英文本而作的序

当我要用新的观点，写一本儿童心理学时，我心里便有两种目的：第一，我想或可使近来所谓格式塔说（Gestalt-Theorie）的原则有新鲜的和更广泛的应用，而且指示这些原则如何可用以解释儿童的时期。第二，这本书本为德国初等小学的教师而作，我相信这些教师可正需要一种新的，而可用以解决教育家的问题的心理学。我又相信教师所常学的心理学有许多因袭的观念，非但不足以促成教育的目的，而且反常加以阻碍，其结果乃足使教育家轻视心理学。我更相信这些观念非加以淘汰不可。我敢说这部书所有新的心理学的原则，大可为达到第二种目的的帮助。

因此，我所要写的与其说是敷陈事实，毋宁说是说明原则。总之，我想要指出一些发生心理学或比较心理学的主要的原则，而尤
viii 侧重儿童心理的进化。因为我力持这个目的，所以我希望不至于和近来斯腾（William Stern）及彪勒*（Karl Bühler）的关于儿童心理的两大著作互相重复。

但是我这部书却也不仅为教师而作，且兼对科学家及一切心理学者说话。因为有这许多种的读者，所以我很不易使任何人满

* 原译为“蒲勒”，今译“彪勒”。——校订者

足。有些人也许以为这部书有许多地方太浅，有些人也许以为有几段似乎太难。你若说太浅呢，那是很容易解决，只须将浅易的部分略去便得了。你若说太艰深呢，那便不易解决了；因为吸收正确科学的知识，本不像吃蜜那么可口。科学只是因许多人努力的研究，才有今日的进步，所以我们若要获得科学的知识，也只有赖于理智的努力。因此，仅仅敷陈科学的事实，决不足以正确表现科学的精神和科学的理解。我们若要领会科学的精神和理解，便须知道那些事实究竟如何发现，而且在科学知识的伟大的系统中究竟占什么地位。所以这种知识所根据的原则，纵使终不免于谬误无用而被放弃，却也须予以详尽的论述；否则读者便不知道这些原则何以不能保持地位，或者其缺点究在那里，而且更不知道我们对于那些事实究竟如何才可予以一种较进步的解释了。写这本书的时候，我决不愿意为辩论而辩论；所以不免取各家的意见而加以批判者，其目的只是要使读者明白心理学已发展和正发展的经过。各种科学都因其基本的问题引起学者激烈的争辩之后才逐渐发展，这本书便想在这种争辩之中占一个相当的地位。

本书附注都集录在书后，以期有完善的形式，而且使读者于读 ix
习时不受扰乱。* 附注除举出参考书外，并有许多补充的说明。

我虽很少用缩写式，但是表示年龄，却采用斯腾在1907年所提倡而现已通用的方法：例如2·10意即两岁又十个月**。

由本书和其附注看来，足见我颇受他人关于儿童心理学的著

* 中译本重排时已一律改为脚注。又原注中所引参考书名均为代号，如*MP*、*PhG*等等；请参看卷末的“参考书目”。——校订者

** 但在中文译本中，则直书几岁又几个月。——译者

作的影响。但是要遍举这些著作，那便势所不能，所以我愿于此表示一种笼统的感谢。

我更感谢康奈尔大学奥格登教授，将此书译成英文。这本书的翻译确颇不易，因为书中有许多新名词，在英文中尚须仿造才行。尤其难者为 *Struktur* 一词。这个名词不得译为“*structure*”，因为**构造主义**和**机能主义**争论的结果，“*structure*”一词在英美心理学中，已得有很明确而很不同的涵义了。因为缺乏较妥的名词，所以只得采用从前铁钦纳教授(Prof. E. B. Titchener)的原议，而以“*configuration*”，一词翻译 *Struktur*，不过我还不能说是完全满意罢了。然而这还仅算是翻译中的多种困难之一哩。

以德文本刊行之后，有若干种重要的著作或已发表，或刚为我所见，都是对书中所讨论的问题有所贡献的。这种新材料如为时间所允许，我都将它尽量补入。

考夫卡(Kurt Koffka)

1923 年 10 月 18 日，基森大学(Giessen)

原著者之第二版的序文 xi

在为《心灵的成长》筹备新版本的时候，我已尽量求其改良，虽说是环境不甚适宜。我相信第一版的英译本，较德文原本为佳。德文本既经刊行之后，出版家要我修订再版，当时我觉得另有许多地方势须修改。但我所能支配的时间甚短，故不能尽如我之所望。我只能收入几种新发见的事实，而修改内容，以期和我的较进步的见解互相符合。

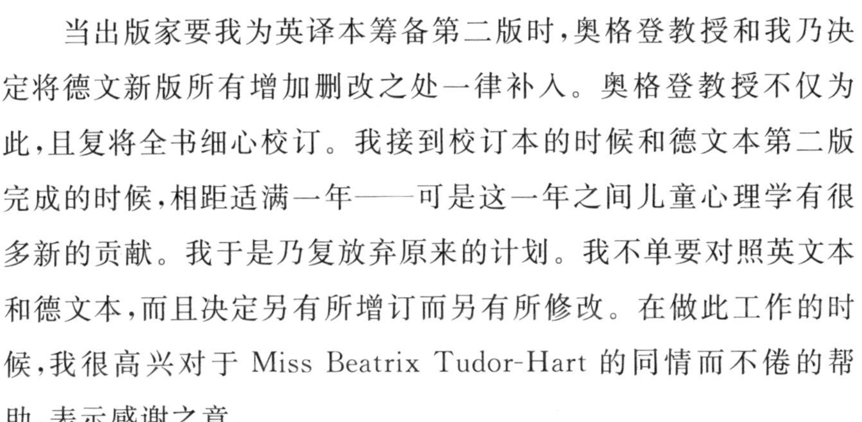

当出版家要我为英译本筹备第二版时，奥格登教授和我乃决定将德文新版所有增加删改之处一律补入。奥格登教授不仅为此，且复将全书细心校订。我接到校订本的时候和德文本第二版完成的时候，相距适满一年——可是这一年之间儿童心理学有很多新的贡献。我于是乃复放弃原来的计划。我不单要对照英文本和德文本，而且决定另有所增订而另有所修改。在做此工作的时 xii
候，我很高兴对于 Miss Beatrix Tudor-Hart 的同情而不倦的帮助，表示感谢之意。

但当这个工作完成的时候，出版家为供给需要起见，已将旧版重印发行，旧书倘未卖完，新版势难重排。因此，校订稿存放在家，直至去年暮春的时候，才开始重排。然而这又是一年已逝了，又有许多新的重要的研究势须加以论列。此外，我曾讲儿童心理学数次，我希望每次都足使我的观点更臻精确和明了。我现在以为此书的排列有根本改造的必要。然而要尽量改造，则新版的刊行势不得不再展缓一年。反之，我又不愿以不复能表示我的心理学的见解的一部书，贡献于读者之前。因此，我乃于去年八月离开美国之前，就可能的范围尽量修改。这或许是一个折衷的办法吧。

在我所能支配的短时期之内，我主要的努力在将此书所有背谬的假定加以删改，以期更能有一贯的主张。尤其是关于遗传的
xiii 能力和原始的倾向，我觉得在第一版中利用这些概念，太无根据。尤有进者，勒温*(Dr. K. Lewin)及其弟子的研究为心理学的理论辟一新途径，尤足使我的观点受其影响。所以，关于本能及类似的问题的几章，甚多修改之处。

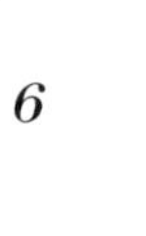

关于他种修订，我愿仅指出一点。第四章内我已删去讨论的文章至数页之多。有人批评此书，以为论辩太多，其言甚是。我怕这个评语，仍甚妥适，但无论如何总可较前稍差。我在这一新版之内，只将那些和心理学的基本问题似甚关切的讨论酌量保留。

去年八月这些工作既经完成，我以为我这方面的修订不复有所遗漏了。然而一月前接到奥格登教授寄来的最后的校样时，我又乘机加入一些新的材料，而删改一些旧的材料。这个修订的工作系全由私人和奥格登教授合作的。最后尚须声明的就是：Prof. Olive B. Gilchrist 将校订本完全校读一次，而尤注意于新的部分和旧的部分的衔接之处。

我的修订的工作尚未彻底，那是我很抱歉的。此书系拥护一

* 原译为“勒文”，今译“勒温”。——校订者

种学说而作。因此，我尽力之所及，使成一完善之书；否则那个学说或可因我的不努力而奔坏。至于这个学说的内容如何，读了全书理应分晓。

考夫卡

1928年2月，Northampton，Mass.

1 # 第一章　问题与方法

一　发展的概念与心理学

心理学中有许多事实，只好视为进化的结果，才可以使我们了解。不过心理学的事实究竟有多少可释为发展的历程呢？**经验论**和**先天论**的争辩，到现在还没曾有相当的解决：经验论看重环境，而先天论看重遗传。在这种情形之下，心理学，尤其是德国的心理学，竟如此地不应用发展的原则，便大可令人惊异了，——虽然这据历史是不难了解的。心理学家讨论发展问题的时候，往往采用机械的观点，而不采用纯粹生物学的观点。这种机械主义的时期，现在似乎快要完结了；因为现在已觉得我们有扩充心理学事实的范围，而包括生命的其他事实的必要。心理学还没有做到这一步，那是无可讳言的。所以我们要实事求是地研究心理发展的问题，而发现其种种法则。

2 但是我们要记得心理学所研究的对象，乃是成年而文明的西欧人；以生物学上看来，这种人当然是发展最完全的生物了。第一，我们所研究的是人类，而不是动物；但是从达尔文以来，物种起源的观念已为一般人所周知，而形态学和生理学所视为有效的原则，当然在心理学内也应占相当的地位。第二，我们所研究的是文

化程度最高的人类，故复和原民有别。我们的世界观和非洲中部黑人的世界观既异，而和荷马（Homer）时的世界观也有区别。我们的语言既和他们不同，而思想的范畴又彼此相异，所以我们若想完全了解而说明他们的世界，那就势所不能了。第三，我们所研究的是成人，成人虽由儿童长大而成；然成人和儿童究竟有一个差别。

所以我们要记得：若没有比较心理学、动物心理学、民族心理学和儿童心理学，则成人的实验心理学总不免有多少缺点。因为有这种缺点，所以成人心理学往往不能确定自己的问题，更谈不到能够求得可用的假设了。譬如解释一种事实时，常仅说明它的进化，以成立一种进化的假说，而不先用比较法研究这些事实。讨论一种发生的问题时，往往应用旧的假说，以解释新的事实，而不先用不偏不倚的态度去研究这种事实。这实在是很大的危险！

我们也许以为在儿童心理学之内，发展的历程是大家可以明 3
白的。因为我们知道儿童长大而为成人，而研究成人，则可用实验心理学，而可不断地溯源于幼稚的时期。然而实际上研究的手续可不至于简单若此，因为心理发展的原则并不直接得自儿童心理学；[①]儿童心理学所应用的种种原则，实多取自实验心理学，或动物心理学。不过我们总得有一种发育心理学：儿童心理学者可以研究一个人如何在一比较短的时期内，从一个简单而柔弱的个体，进而为复杂而强壮的成人。所以研究发展，以期对于发展而

---

① 即斯腾所提出，而在其儿童心理学所常应用的会合原则（the principle of convergence）也复如此（参看第 57 页）。这个原则由许多更普通的讨论归纳出来的，见斯腾的哲学的著作（尤须参考 *MP* 第 95 页以下）。

成的成人有较深切的了解，总不至于不可能的。而且我们若能够懂得这种发展，我们也许对于教育的目的和方法，比现在更有把握了。

所以我们的目的在欲求儿童心理进化的原则。我们虽不免乞助于比较心理学，但是我们的职务，不仅以应用比较心理学的原则于儿童心理学为限。因为我们须先测验这些原则的价值，而且于必要时，尤须不惜加以修改。

二　心理学问题引论　母与子　事件的观察与行动的观察

现在请更详述儿童心理学的问题。我们若代心理学下一个暂用的定义，那就可以说它的问题在对于生物应付外界时的行为，作
4 科学的研究。现在若以这个定义应用于儿童心理学，则立即可以知道这就是一般母亲所常做的工作；因为母子的关系非常密切，所以没有人知道孩子，或了解他的反应和冲动，比他的母亲还清楚些。假使做母亲的知道孩子，比最博学的心理学者所希望知道的还要深切，那末儿童心理学还有什么用处？这个论点我们也不必答辩。只是心理学是科学的知识，是用一种方法把知识概括而成概念的，所以心理学总有许多明确的概念；它所记载的不仅是甲童，也不仅是乙童，而是一般儿童所共有的幼稚的现象。为母亲的也许知道其孩子的现状和需要，也许知道其孩子的某种声音表示某种意念；但是她可不能用科学的名辞，将这些现象概括起来。第一，她本来不懂科学的名辞；而且我们若要求得科学的知识，就该采用一种态度，和一般母亲所视为最自然的态度完全不同。换句

话讲，做母亲的若要做成科学家，就须立即变成一观察者，而将她和孩子所有密切的关系摆脱开去；然后对于种种事实才能作评判的分析，以代替前此所有由直观而得的知识。总而言之，她须对于那些行为所有简单的事实和自己所有的解释，加以明确的区别。但是这就是说，她须和孩子保持相当的“距离”；而且至少在应用科学的观察时，须和孩子脱离母子密切的关系。做母亲的对于这种办法，当然不能同情；而且不愿意看见她们的孩子为他人作实验的 5
资料。所以她们往往反对儿童心理学，以为儿童心理学的观察和研究，对于她们的孩子有害而无益。这和艺术家之不愿讨论他们的技术，正复相似。母亲当然有权利保护她的孩子，使不受科学所加于他们的伤害；她不仅因此保全其孩子，且由此保全科学；因为无论哪种研究，假使有害于儿童心理的发展，那就当然非心理学所当采用的方法了。我们若能够使做母亲的明白这一点，她的怀疑或即可以消灭。假使再进一层，使她知道儿童心理学的研究又有益于儿童，那末她也许可以予儿童心理学以种种援助。因为做母亲的虽深知其子女的性质，然其所有知识究竟是碎片的知识；心理学若告诉她以儿童心理发展的经过，她对于孩子的看护便可因此而更得法了。

而且做母亲的若赞成儿童心理学，她还可以给心理学以一种很有价值的贡献。我们已经把科学家的工作和做母亲的工作两相比较了；现在应详述科学家不和那些母亲合作时的危险。科学家有现成的种种概念，用以解释他所观察而得的事实。他的观察早就受科学观的眼镜的影响。然而谁能知道这种眼镜不是有色的吗？谁能知道这种眼镜不曾磨成一种易于产生畸形的表象的镜面吗？请举一个具体的例来说：儿童心理学者往往有作“发生观的”倾向，对于儿童的各种表示，都视为一种未成熟或原始的雏形；而不知道儿童的表示有其自身特殊的价值，而非这种眼镜所可观察
6 得到的。这个地方能够帮助儿童心理学者的，而且应该帮助儿童心理学者的，就是一般母亲。做母亲的由自身直接的经验，对于她的孩子，有深切的了解，而不受成见的影响。她决不至于以方在吸乳的孩子为尚未成熟的成人。孩子生活的各时期，由其母看来，都有均等的价值和重要，她想用同样不偏的眼光，了解其各个时期。假使她能够使自己直接的经验，给旁人作一种材料，那末她所贡献于儿童心理学者的，就不是旁人所能希望做到的了；因为她能够供给你以亲身所得到的，而非科学的观察者所可求而得的材料。然而这可是一种困难的工作，因为要做到这一层，她须为常识所称的优良的心理学者，也好像诗人之须为心理学者一般。因此，一个母亲可授科学家以直觉观察的方法；心理学所最需要的，就是那些对于材料既有深切的知识，而复具批判的态度的人们所完成的直觉的观察。但是一个母亲的观察，只是补充科学家的研究。若要了解儿童和环境接触时的行为，你就须做许多麻烦而特殊的研究，取一种客观而彻底分析的态度。这是“由外”(from without)而可求得的儿童心理学，我们可称其法为**事件的观察法**(*observation of*
7 *events*)。[①] 其要点在测定婴孩的每一反应的活动。但是儿童实际

---

① 我采用我的论心理学一文中所曾用过的名词(参看 *Lehrbuch der Philosophie*, ed. by Max Dessoir, Berlin, 1925, 2, p. 502)。麦独孤的三分法与后文的区分相似(参看 *OP*, pp. 3f)。我们的主张和斯腾(William Stern)的“人格”(personalistic)说也互相符合。

的动作可不能分析而仅为反应之和；要充分地描写行为，便也需要行动的概念，而且我们若要对于儿童的行为求深切的了解，还须应用一种行动的观察法(*observation of conduct*)。换句话说：若要了解儿童，便须懂得他的反应；若要了解他的反应，便又须知道这个儿童。

三　机能的概念与叙述的概念　三种观察　行为的“叙述”的方面

我们现在可再进一层，而问行动的观察究竟有什么意义？——这就引起心理学方法的问题了。

叙述人类的行为，常用两种概念，而此两种概念则有三种不同的起源。这种不同，我们可以用几个简单平常的例子来说明。譬如我观察一个樵夫，看见他工作的效率逐渐减低；可是没有使我感觉到他的怠惰。我还可以限制这种观察，而决定他每分钟的工作量，由此而求其后逐渐减少的数目。我把这种现象，这种效率的减弱，归因于疲倦。

又如一个人在路上失落物件，我拾得了，送还他；第二天我看见他，他便和我点头了。这就是说他今天对于我的反应，和昨天不同；而其所以不同的原因，显然是由于昨天失物得物的结果。我于是就说他已经认识我了。而把这种事实，溯源于记忆。

无论什么人，只能够观察这种情境，就可以得到这两种关于疲倦和记忆的结论。因为我们有时遇到一种例子，只须观察事实，就可以决定其应属于何种概念。这就叫做机能的概念，和一切自然 8
科学的概念同其种类。

若要懂得第二种概念，我们也可以引前举二例来说。就第一例而言，我和无论什么人都可由樵夫工作效率的减弱，而决定其疲倦的程度；而樵夫自己却可以作一种完全不同的观察。他也许觉得他的工作起初较为容易，其后便觉得较为困难；或者他可以说："我先觉得精神较好，到后来我可觉得疲倦了。"至于在路上和我招呼的朋友，使我和旁人都推想他有记忆作用；在他自己却可以说："你的面孔，昨天我还觉得陌生的，今天可认识了。"

樵夫和失物者的表示，其内容固颇不相同；然而和第一种观察之以机能的概念作帮助的相比，可有下列共同之点：就是樵夫的报告只有樵夫可以说，失物者的报告也只有失物者自己可以说。交替调换都不可能，因为除了樵夫以外，没有人可以说这种工作是否使他疲倦，除了那失物者之外，也没有人可以决定我的面貌是否和他相熟。

任何人所能决定的事实叫做实在的事物或历程。譬如樵夫逐渐疲倦，昨天陌生的人今天和我招呼：这些都是实在的历程。然而有些事物只可以由个人测定的，我们也应予以一个相当的名词；于是这些事物就叫做经验或现象。为欲避免误会起见，我们应立即
9 声明这些名词的采用，初非谓经验是非实在的——或幻象的，或竟位在实在的事件之次。老实说，经验之有其存在初不亚于我们所称的实在的事物。若要定义实在的事物，则可应用机能的概念；若要描写经验，则可应用叙述的概念。在前举二例内，我们曾用过叙述的概念，如"觉得精神较好"、"觉得疲倦"、"陌生"、"相熟"等。我们也可称之为兴奋、疲倦、相熟、陌生等的经验。或者用一个常用的名词，就可称这种或那种印象。

关于这一层的讨论，对于心理学的了解有很重要的关系，所以尽可以再进一步。前所说的话也许有些人以为是可以明白的。当然没有一个人能够从自己的皮肤出来，跳进人家的皮肤里去；我的牙痛，我无论如何地想拿来转授他人，可是他人决不至于因此而受其害的。有些人也许以为这种讨论有多少不合自然之点。因为假使有什么人和我招呼，他当然是认识我的；我也可以确信其和我认识，而不必另有所说明。就日常生活而言，我可以相信一个人笑的时候是快乐，哭的时候是悲伤，不必等人家告诉我才知道的。

这两方面似都不错；然而他们竟相抵触若是，可见这个问题也许不简单至此。在日常生活中，我们固然好像是能够决定旁人正有那一种经验；然而我们须记得这种推测常易陷入误谬，有时且易为诈伪者所欺骗。一个人也许流泪，而引起我们的同情；然而他流泪的真因，却是洋葱，而不是悲伤。我们所可确定的是他的涕泪，可不是他内在的情感。

然而我们日常的推测也不是呆笨的，或没有价值的。老实说，要做成通俗所称的一个好心理学家，也是很值得的一回事。心理 10
学可以观察生物的动作的实在的经过，这就是上文所称的**行动的观察**。这种观察对于经验，比**事件的观察**有更密切的关系，若能用而得当，结果便可造成一种和所观察的历程的性质较相适合的**机能的**概念。但是我们要声明：所谓“行动”远不及所谓“事件”的明确，因此，行动的观察乃不得不制以他种观察。

再回到前所举的例吧，假使那失物者今天和我招呼，他固然是认得我了；不过此之所谓认识，是一种机能的概念，是表示一种记忆或行动的名词。称他的反应为一种“招呼”，我便已作行动的观察了,因为事件的观察可只涉及身体的运动。我不能只因为他已和我招呼,便断定他已和我面熟了,因为他若正在默想,或正和人谈话,他也许纯于不知不觉之中和我招呼。这究竟对不对,只有他可以判断。就第一例说,也是如此,疲倦的研究已经告诉我们说,实际的疲倦和“觉得疲倦”不必平行。所以我们应该区分这两种机能的和叙述的概念,而以它们的应用为区别的标准。就第一种说,无论哪个人都可以决定某种事例,是否可名为某概念。至就第二种而言,则只有一个人可下这个当否的判决。

我们已经暂定心理学的问题,为生物应付环境时的行为的研
11 究。假使我们已经知道心理学不仅用**事件的**观察而尤须用**行动**和**经验的观察**,那末我们就可以使这个定义更臻切实。行为不仅包括事件,且复包括行动和经验。心理学家则以行动和经验为其研究之特殊的区域。心理学所特有的观察法,不在观察实际的事物,而在观察经验。我们可名此种观察为**经验的观察**(experiential observation)或知觉,以避免“内的知觉”(inner perception)和“内省”等不妥切的名词。在这个地方,若讨论这个最重要而未解决的觉知经验的问题,就未免离题太远了;[①]然而我们要知道觉知经验的方法之有赖乎实习,尤甚于其他科学的观察。

用机能的概念以研究事实的最好的工具是**衡量**(measure)和**数目**(number);而衡量和计算则无论何人都可以了解或学习。最

---

① 近来我曾以本书所采用的观点讨论这个问题。可参看“Zur Theorie der Erlebnis-wahmehmung”,*Annalen der Philos.*,3,pp. 375-399. 又“Introspection and the Method of Psychology”,*British Journal of Psychology*,1924,15,pp. 149f.;又见前引我的论文。

发达的自然科学，如物理学，其所有的概念都是量的概念。物理学的报告常用量，物理学的目的就想把一切质的区别化而为量的区别。

经验的或叙述的事实可就不同了；因为数量是特殊的机能的方法，数量所供给的材料，无论什么人都可以得到的。但据此义说来，经验是不可以数量计的。因为它只是质，所以和纯粹物理学的实物绝端相反。自然科学中之所谓量，它可是完全缺乏的。① 所以"质"之一字常应用于心理学内，好像是和"经验"同义。

四 行为主义的心理学 意识的标准 12

近来颇有人反对这种心理学的概念，而尤以美国为最著，因为美国有一种趋势，想取消我们的心理学理论所承认的区分。这种趋势以为心理学是一种自然科学，和旁的自然科学相同，殊不得用任何特殊的方法或任何特殊的材料。因此，经验的观察和一切叙述的概念，及以拟人说的行动的观察，统被屏斥，只留有大家可以操纵的事件的观察。行为既仅为大家可以观察而报告的现象，于是心理学者遂只须观察个体所有大家都可辨别的反应，便算能事已尽了。经验的观察不能贡献可靠的材料，因为这个方法不易控制；反对我们的学说的，以为人类在生物学上讲不能离开其他生物，于是上面这个结论乃更有力量。因袭的心理学只研究成人而使成人占一个特殊的地位，可不知道人不过是心理学的对象之一

① 此处我们可不能更明确地成立这个结论；但是由我看来，这些现象不仅无测量之可能，即枚举也办不到。反之，机能概念的应用有时似也可予物理学以与质相等的事物。

种，这不是误谬吗？动物心理学便须取消了叙述的概念；因为动物既不能和我们通话，就没有应用叙述的概念之可能。儿童心理学也是如此，我们只能够说在某种情形之下，那儿童的行为怎样。所以其他一切不易控制的材料，都是非科学的幻想。常态心理学既不能说有特殊的权利，那末我们当然须以实在的事物为限，而把心
13 理研究的结果，从意识内容的旧名词译而为行为的新名词。这句话就是说要取消经验的报告，除非在行为和情境统可用自然科学的方法支配的时候。

主张这一说的自称为行为主义者，他们取消了心理学，而称其学说为动物的行为学，或生机体的行为学。因为我们的目的在讨论比较心理学，所以我们对于这个问题应亦有所论列。就某一要点而言，行为主义者确是不错。因为我们若离开成人的常态心理学，经验的观察法便立即不能应用；经验既不复有标准，而叙述的概念也遂失其效用了。做母亲的也许确信她的孩子正很舒服，她也许从小孩的脸上看出他满腔愉快；然而仅于“事件”中求材料的科学，便不以这些话为可受控制的，因为它们涉及儿童的经验。总之，行为主义者以为成人心理学外，没有标准可以决定意识的存在。[①]

但是学者确曾设法以求意识的标准。[②] 最重要的有以下两种：第一，有人以为生物的行为，可以用纯粹生理的名词解释的地方，便不必有意识的假设；意识的假设，只是纯粹生理学的解释确

① 他人的意识如何推知的问题，我们可一概不谈。我们前仅以通话的可能性为判定意识的标准。下文当再讨论这个问题（参看本书第22页和第130页后）（本书脚注所指页码均为原书页码，参见中文本边码——编者）。

② 参看卡夫卡（G. Kafka）的讨论，第6页以后。

不可能时，才可应用。由我们看来，这种办法实在根本错误。姑慢说这种推想没有永久的标准（因为今天似不可能的生理的解释，明天也许可以成立），单是这种假说所根据的“生理的解释可用心理 14
解释代替”的话，便是一个误谬。盖所谓解释者，常就是决定两种事实的关系，而为之立定法则的意思；然而法则是大家可以应用的公式，所以它们的对象若经过最后的分析，则其结果将必为实在的事物。现在若要用他人所不能观察的经验，解释一个生机体的外表的行为，那末一切自然科学的名词便都不能应用了。我们已经说过，我们不得从机能方面的事实而漫无限制地推定现象的或意识的状态。翻过来说，从叙述的现象推定机能的历程也可算是一种相同的误谬。譬如，在某种研究中，被实验者报告说，他从头至尾注视一定点，而没有移动眼睛。这种报告对于实验者究有什么意义呢？也不过是被实验者当时的经验，和其眼睛没有移动的经验相同而已；可不见得他的眼睛真正没有移动。因为他的眼睛已否移动，只有实验者可代决定；然而实验者常发见被实验者的眼睛此时确已移动。[①]

有时候各种所谓心理的解释，都含有这种错误的推理。就比较心理学而言，经验的观察既然缺乏，于是由机能的概念而推想到叙述的概念，也是常见的误谬。因为我们的文字没有两种不同的名词，以表示机能的概念和叙述的概念，所以心理学的事实常易模糊。我们日用的概念当然不尽为科学的。有许多特殊的机能的概

① 据罗平（E. Rubin）的报告适得其反，他说一个人可遍看一个图形的轮廓，而不必有眼的运动，例如在一后象之上；但在实际上，却常曾有眼球的运动，参看罗平的书 *Synsoplevede Figurer*。

念常称为心理的(mental);殊不知道一般人之所谓“心理的”,系用以称“行动”,可不是心理学者所称的“意识”。譬如智慧(intelligence)
15 是一个“心理的”名词。你可以说智慧是某种成就的要素,你也许以为如此动作的动物,必定带有意识。此地的误谬也很易明白。譬如一个动物有适当的发见,你看见这种当得起称为智慧的成就,当然可以推想这个动物有成就此工作的能力,而这种能力也可配得上“智慧的”一个形容词。然而我们可不得断定这个动物便因此觉知自己所做的是什么一回事;可也不得以为这个动作定须意识才可解释,否则便不能发生。由智慧的行为而推想到意识的行为,那就不免错误了。看见一种活动,可不能推定这个活动,若伴有经验,则其经验究竟属于哪一种;若以为经验可干涉实在的历程,那就很少证据了。一个动物的行为,当它发生的时候,可定为一种自然科学的事件。解释这种行为,就是使它和旁的相类似的自然科学的事件发生关系。为欲使确实可信的推理有相当的根据,我们便不得不做许多观察和实验。至少就原则说,这种推理是可能的。然若假定意识,而以意识解释动物的成就,那就不免放弃一切科学解释的根据了。[①]

假使我们采用下述的观点,这个问题或许有解决的可能。要解释动物的行为,也许须假定种种脑作用,和我们人类的经验相随而来的脑作用相类似,——这个假定尤可证以行动的观察。我们
16 若用这个方法,研究这个问题,那末动物意识的假定或许有成立的

① 此时我们不愿批判心理的生机主义。本书的论点多用以反对心理学中许多流行的学说,而少反对心理的生机论。我以为意识的心理学说所曾有的困难现已解央,所以心理的生机主义的壁垒可算已破坏其一了。

可能，至少拿意识和机能的作用在同平面上讨论的误谬，总可以因此避免了；因为其解释尚未脱离自然科学的领土。但是和意识相关的脑作用，跟旁的脑作用究竟有什么区别，我们不能不承认自己现在还没有懂；所以这方面的推想，也不足以得到意识的精确的标准。虽然，我们若在人类心理学内不断地用叙述的概念，而在动物心理学内不断地应用行动的观察，也许有一天可以填平人类心理学和动物心理学间的鸿沟。现在关于动物行为的研究渐多采用行动的观察，这是很值得注意的。

由上所述，至少可见我们不能因放弃行为之生理学的解释，而得有关于意识标准的结论；而且各种行为都显然常有生理学的解释，纵使有最高等意识的行为，也不能自成例外。

第二种测定意识存在的尝试，可仅用一二句话了之。有人说动物的工作只须有记忆，便可假定其有意识；但是这个地方，也是由机能的概念而推想到叙述的概念，其误谬和前所讨论的智慧的概念丝毫没有差异。

五　对于行为主义的否认 叙述的行为与生理学的理论

就经验的观察法不能应用的地方而言，行为主义者之否认意识标准的存在，固然很有理由；然而我们可不能承认他们的学说。17
为什么呢？因为意识是确实存在的，只有经验的个体才能够报告他一己的意识，所以意识不受他人的支配。无论何种事实，只是放在科学面前的，科学便不能不加以考量。而且客观上相同的两种行为，若讨论其所相随而来的意识的现象，也许根本互异。一种完全意识的动作和一种自动的动作，看起来似乎相同；但是实际上也许相反。翻过来说：客观上完全不同的动作，若研究其相随而来的现象，也许是彼此很相类似；所以我们若不用经验的观察，便常可得错误的结论。行为主义者若以为研究这些异同，须得应用自然科学的方法，那末我们便可把这种工作让给他们去做；但是同时我们可以说，行为主义者若不先由自己意识的经验而觉知那些异同，他们也决不至于求所谓自然科学的方法了。

临了，自己的经验，只有自己可以描述，这就是最重要的一件事。对于我，这件事至少和我的呼吸、我的消化同样的特别。一块木头、一个变形虫决不能做这件事；我若死了，也不能再做这件事。假使我不能够把行为作叙述的报告，我可就不能对行为作任何记录了。俏皮地说一句，假使大家只能够做旁人所能观察的反应，便没有人能够作观察的工夫了。

所以我们不能将行为的叙述方面屏斥于科学之外，不仅因为
18 它在我们所夸张的文化、艺术、宗教上，有深切的意义，而且因为经验跟行为的客观方面，有如此密切的关系。[①]

最后还有一层须特别申明，以期上所述的不至于引起误会。我们已否认一种心理学的解释，而主张彻底的生理学的解释；然而我们却坚持以为我们生理学的解释应适用于生机体行为的全部，而兼包有其经验的方面。所以创造机能的概念时，我们常须注意经验的材料。老实说，我们的第一层工作，常就是求精确而有意义的叙述的概念，而这些概念也便等于心理学的理论了。造成一种新的叙述的概念，常可以在研究上和理论上有重要的结果；我在旁

---

① 桑戴克在许多方面，虽和行为派的主张相近；但用行为一词时，其涵义也含有动作的意识现象方面，和我们无异。

的地方，已经说过①完善的叙述的概念有以下的一个标准：就是新的事实和其机能都由它表示出来。新造的叙述的概念究竟可以通过或否，常视其和机能方面的报告是否符合而定。行为主义者以为经验的事实不能用科学的研究，这个论点便可不攻而破了。

用这方法使机能的和叙述的概念发生关系，我们也只是采用科学所共有的方法；但是我们所设立的假定可须给人家明白了解的，因为此地所见得到的“内的”行为和“外的”行为——或行动和经验之间——的关系不是“偶然的”，乃是在实质上互相类似的。
再举我们前所举的樵夫的例罢，我们所假定的就是他觉得疲倦而 19
他的效率减弱时，他的行为的两面根本上是统一的；否则精神兴奋之感，也可以代替疲倦之感而和疲倦相连了。② 这种联带的关系，虽不能说不变；但是我们可知道机能的和叙述的概念，其所有的目的和结果互相一致，不过它们初起的关系不密切至此罢了。此处仅欲指示二者相关的问题的重要；其后我们想讨论其特殊方面之一，以示行为主义者不许利用经验的事实，在准备上，实难免欠缺。③

① 参看我的“Erlebniswahrnehmung”一文。

② 参看 W. Köhler, *PhG* pp. 192f.；又 Die Methoden der psychologischen Forschung an Affen, *Handbuch der biol. Arbcitsmethoden*. Edited by Abderhalden, Abt. vi, Teil D. pp. 69ff.。又参看“Bemerkungen zum Leib-Seele-Problem,”*Deutsche Mediz Wochenschrift*, 1925, No. 28。

③ 基本上说他们的生理学的理论只是把他们所否认的心理的原子论译作生理学的名词而已，这是我评瓦特孙的心理学时所曾指出的（参看 *Psychologische Forschung*, 2, 1922, pp. 382f.）。没有生理学的理论是能够脱离心理学的理论的。我说这句话并非要主张我们所曾驳斥的心理学说，乃只是欲对事实作妥适的说明。譬如分析意识而为感觉便算是一种心理学的理论，纵使你或将以生理学来解释那些个别的感觉；再如否认了感觉的概念，而代以另一概念，然后再去求生理的解释，其结果也还是一种心理学的理论。又参阅本书第 16 页注①所列的参考书及罗贝克（A. A. Roback）对于此整个运动的批判（*Behaviourism and Psychology*, 1923）。又麦独孤和华生在 *Psyche*（1924, 5.）中的辩论也值得注意。

我们虽坚持以为不可舍去“经验”;但是行为主义者以为人类心理学不当占一个和他种心理学全不相同的位置,我们可也逃得了这种批评吗?我们已承认动物心理学有没有意识的存在,确没有相当的标准。这种不可能,究竟有什么结果呢?譬如一只狗看见它的主人拿一块肉远远地站着。我们就可以看见它有一种特殊的姿势,头向前向上而伸,两耳耸起,肌肉紧张;我们也许可以如此地继续描写,且复加以肺部、脉搏及他种测量。但是我们竟不可以总结这种描写,而说这只狗似乎注视其主人的手上吗?老实说,以前的种种描写,都可因这最后的一句而增加其意义。让我们从苛勒(Wolfgang Köhler)对于猴子智慧的实验内,举一个例来说明罢。[①] 苛勒在有一个地方,描写这些人猿的情感的表示。讲到一
20 个雌猿发怒时,苛勒说:“我们可以看见它脚往左右乱蹈,头向前后乱摇,不仅伸动其长臂以向敌人,且复攫取草叶,撕成碎片。它若有毡在手,即用毡猛力扑地,但是这些姿态,在身体上及心理上,都半以敌人为目标。”他又说:“这种动物,在任何种热烈的情绪发生而未得满足的时候,它总向它那情绪的目标做些动作。”[②]苛勒说,这种行为也为人类的小孩所特有。

这种叙述不仅告诉我们说,动物向着敌人所在的方向乱掷东西;而且还告诉我们说,它**以敌人为其行为的目标**,而由一种情绪而引起的动作都受这个方向或目标的支配。不仅它的动作有这个方向,就是它本身也莫不然。没有成见的观察者,总可以相信这种描写不仅是无碍的;而且若要了解动物的行为,则这种描写确是需

① 苛勒,*I*. p. 63(87)。

② 同书,pp. 64f.(89)。

要而不可缺的。

行为主义者的论点遂不免以己之矛陷己之盾了。因为假使我们在中非洲观察一个黑人的暴怒，而他的语言，我们可不能了解，我们到底只对于他的表面的行为一一详述吗？就不应说他的愤怒以一目的物或人为目标吗？假使我们可以，或必须说这一句，那末我们就可以有理由否认人类心理学在科学中占一特殊的地位；而且我们很有理由用叙述人类动作的名词，以叙述和人类的行为相类似的行为。

行动是人类心理学和动物心理学的连锁。要证实这个话，可 21
引托尔曼(E. C. Tolman)之言如下，托尔曼原自称为行为主义者："鼠走迷律；猫由迷箱中脱逃；人回家去吃饭；食肉兽追随猎物；小孩子躲避生客；女人洗涤衣服，或以电话闲谈；小学生填写心理测验的题纸；心理学家背诵无意义的音节；我和我的朋友互诉思想和情感。这些都是行为。我们要记得在叙述这些行为的时候，我可不知道其所牵涉的究为何种肌肉和腺，感觉神经和运动神经，这是可以坦然自承的。因为这些反应尚有他种可用以为区别的属性。以行为主义者自称的我，可就要注意这些属性。"①

我们以为以此法描写行动，则动物的行为("内的"和"外的")因这种描写而照实披露。换句话说，我们以为这种叙述，决不至于给那些行为以一种所不应有的心理的性质。自然科学的观察，虽常以为是严格的分析；可是对于动物行为，若用严格的分析，便不免把行为还原而为手足的机械，肌肉和腺的生理——这种误谬的

① 参看 E. C. Tolman, "A Behaviouristic Theory of Ideas", *Psychol. Review*, 1926, 33, pp. 353f。

演释，就是有些年轻的行为主义者也已经明白了。但是假使我们以为动物有种种不可分析的特性，那末主张一种科学观的困难便可
22 因此消灭了。我们可痛快地承认这种假定，对于自然科学的观察的整个学说有很重要的意义，不过这个学说我们不能在此详述了。所可述的只有下列一点：一种行为的“整个印象”(total impression)和其实际的各成分之间，确有重要的联络和真实的相关。至于这种关系的性质，我们究如何可以了解，而其关系之所以成立，又有如何特殊的情形，则为尚未解决的问题；然而要将关于“旁人”的心理生活的知识，造成一种完满的理论，则不得不兼有这些问题为其基础。

我们应确认比较心理学中的行动观察法的有效；但是意识的问题在动物心理学内较为次要，因为我们刚说过意识当其存在的时候，在要质上类似于外面的行为，而这个行为，无论其有意识或否，要皆有相同的行动的性质。由行动的观察而获得的概念，在性质上为机能的，实也和叙述的概念同其种类。①

---

① 参看苛勒在动物心理学内对于意识的讨论(*OU*, p. 56 note)及其对于行动和意识的观察的批评(*Pedagogical Seminary*, 1925, 32, pp. 681f.)，苛勒在 Abderhalden's *Handbuch* 内的论文说明我们对于其他的知识的问题，且提出一个解决的方案。瑟勒尔(Scheler)在其述同情的书内，也讨论我们对于他人之心的知觉，他的见解有几点是和我们相同的(参看 M. Scheler, *Wesen and Formen der Sympathies*: *Die Phänomenologie der Sympathiegefühle*, 2nd ed., Bonn, 1923，又 Buijtendijk, F. J. J., and Plessner, H., Die Deutung des Mimischen Ausdrucks, *Philos. Anzeignr*, 1, 1925, pp. 72f.)。在新进的行为主义者之中，参看 E. C. Tolman, “A New Formula for Behaviourism,” *Psychological Review*, 1922, 29, pp. 44f.，又我对于此文的批判见 *Psychologische Forschung*, 1923, 3, p. 409。桑戴克对于猴子的行动曾加以妥适的描写，所可憾的，他虽有做这种观察的才能，但对于这种观察不甚看重，那是可证以他的学理的结论的。参看 *AI*, pp. 193f.(初著“The Mental Life of Monkeys”, *Psychol. Review Monograph Series*, 1901, 3, p. 18)。桑戴克的科学的态度，其和作者相异之点，Norma V. Scheidemann 已加论列(见 *Psychol. Review*, 1926, 33, pp. 64f)。

因此，我们对于动物行为之可用叙述的概念，便不必再有所踌躇了。但是这个论点，不能用以为旧的动物心理学所公有的“拟人说”(anthropomorphism)的护符，因为“拟人说”所含有的，多为好听的故事，而少科学的事实。攻击这种缺乏批判的态度，当然为美国学者永久的功业；但是他们可太过分了，他们想要做客观的研究，可就牺牲了许多最好的材料。

动物心理学中可用的观点，在儿童心理学内也有效力；因为意识是否存在的问题，在儿童心理学内，自然远不若其在动物心理学内的重要。意识的存在仅在生后头几天内，稍成问题；然而在有些例内，还有一个旁的标准，可帮助我们决定婴儿之有无意识。

六　意识与神经系统

想要懂得这另一个标准的性质，便不得不先研究神经系统的构造和生理。较为高等动物的行为都受神经系统的支配。接受刺激之所以可能，乃由于神经路，神经路会集于中枢。这叫做中央神经系统，可以由体外环境的刺激和体内器官的刺激而引起作用。而中枢又分出神经路，以支配各种运动。前一种神经路为感觉的、向心的或接受的神经，其所以能和外界发生关系，或由于特别构造的器官叫做感官，或由于皮肤上自由的神经末梢。第二种神经路称为运动的或离心的神经，停止于肌肉或腺之上，以支配身体的运动和分泌。在这些中枢各部分中，我们所要讨论的是中央神经系；因为自动系统(autonomic system)虽近来渐占重要，然而我们可不能在此地研究了。

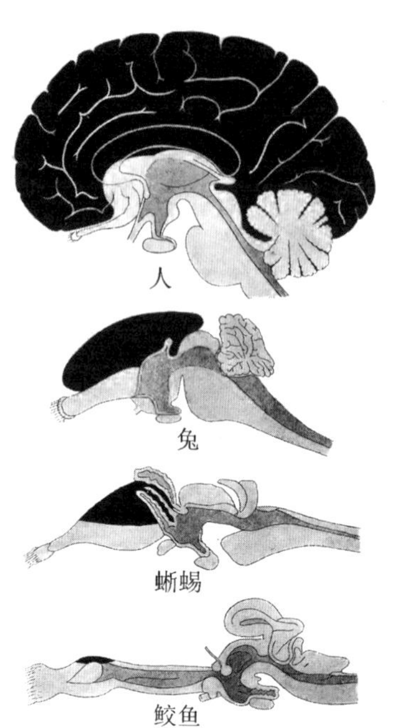

图 1　灰色的为古脑；黑色的为新脑

据爱丁杰（Edinger）[①]说，中央的神经系统可分为二部：一部是为一般脊柱动物所公有的，[②]其在中枢内的功能前已说过，是接受感觉的刺激而传达运动的冲动。这部器官为一条长的脊髓（*medulla spinalis*），延而为延髓（*medulla oblongata*）；此外还有脑的各部：如小脑、后脑、中脑和嗅叶（olfactory lobe）。这个器官，统合起来，爱丁杰名之为"古"脑（*Paloe-encephalon*）。这种"古"脑之外，从鲨鱼起，又加
24 有一个新的器官，叫做大脑，大脑随动物的进化而增大；至于人，则"古"脑竟尽为大脑所掩盖了（见图 1）。爱丁杰称之为"新"脑（*Ne-encephalon*）。"新"脑和"古"脑密切联系，感觉神经由"古"脑而达于"新"脑，止于"新"脑的皮层。运动神经由皮层而达于"古"脑，所以"新"脑更有势力，支配"古"脑和全生机体的行为。

凡此种种，等后来再行详述。现在所要注意的，就是就人类而言，其生机体的行为比旁的动物更有赖于皮层的机能。行为之仅

① *Z*，第 58 页。

② 随动物的生活情形的不同，这一部分或那一部分更为发达。参看 Edinger，*Z*，p. 59。

由于"古"脑作用，而没有皮层合作而发生的，都为无意识的。因为"古"脑不能发生经验，所以"古"脑作用不能使我们有意识，和月球作用之不能使我们有意识相等。爱丁杰有一次偶然观察一个产妇，其报告可作这一层的说明。他说："我看见一个女工，她的脊髓因为蛀腐的结果，完全不能传达感觉的冲动于皮层。所以她表现出生产时所特有的种种动作，而没有觉得这些动作原有的苦痛。她看见有人到她的床边来帮助她，才知道自己方在生产。后来她屡次告诉我说，自己对于这种纯粹的'古'脑的反应，实在完全没有感觉。"①

假使我们乳儿的意识也靠着他的"新"脑作用，那末我们可以推知儿童的行为纯粹为"古"脑式时，他的行为决没有意识相随。25
后文当再回来讨论这个问题。

七　心理学方法的分类

心理学——于事件及行动的观察中——利用客观的方法，于经验的观察中——利用主观的方法。因这些方法的单用或合用，我们遂可将心理学的方法分作三部分：第一，纯粹的自然科学的方法；第二，自然科学的方法加以经验的观察，叫做心理物理法*(psycho-physical method)；第三，纯粹心理学的或叙述的方法，全靠着经验的观察。

(甲) 在有定的情境中观察个体，便为自然科学法。我们可以

---

① Z，第507页。

* 原译为"精神物理法"，今译"心理物理法"。——校订者

做一种实验，一方面限制生机体生活的情形——譬如不许它吃，他方面又限制我们所欲观察的情境。这种实验常应用数量：譬如，研究疲倦，我们可计算其在某单位的时间内所做成的工作。我们也可以计算某人解决一个问题所经过的时间。这种实验，常称为**成就测验**[*](achievement-test)。因为它们侧重测量，所以这些方法要有赖于事件的观察。但是苛勒对于猩猩的实验，已足证明行动观察法在成事测验中的重要。关于苛勒的实验，第四章内行将详述。

(乙)心理物理法和第一法不同之点在于行为的“叙述”也成
26 为其资料[**](data)之一部分，我们不仅用实验者观察所得的资料，且兼用被试验者经验的报告。这个方法也多以实验行之。实验者用数量限制其情境；然后研究被试验者的行为，而不断地依预定的方法变化其情境，以使其行为和其所报告的经验产生相当的变化。这种方法的目的，则随其侧重叙述的，或机能的资料而变化。其区别如何，则可用下例说明：

(a)听觉的研究可用为侧重行为的叙述方面的例子。若用各种声音刺激一个个体，而且要知道他到底有何种听觉的经验，我们只须变化音的历程(sound-processes)。因为这些历程是这种情境中有关系的成分，所以试验的手续便可化而为简。情境中和被试验者的经验有联带关系而可以变化的元素，我们被名之为**刺激**，而刺激的变化却须有个次序。譬如试验者把次数不同、强度各异的

---

* 原译为“成事的测验”，今译“成就测验”。——校订者

** 原译为“与件”，今译“资料”。——校订者

音波排列起来，然后代以较为复杂的音波。总之，只是他的问题的解决所必需的变化，才介绍进去。我们将就可以知道心理学的研究，若没有叙述的观点的帮助，恐便不能有适宜的方法了。这就是上面的叙述虽足为说明之助，然而究竟不免浮泛，而不易懂的原因。

听了声音之后，被试验者可叙述其不同刺激所生的影响。大概说来，这种叙述可涉及某种行为。譬如试验者可请被试验者决定两种乐音(tone)是否相同；如果不同，则其不同之点和其不同的 27
方向究在哪里。这些判断所涉及的行为是可以用自然科学法测定的。我们实不必有被试验者的报告，因为我们可代以试验动物时所用的旁的反应。譬如我们可以训练一个个体，使他听见两个乐音中之较高的音调的时候，便作指定的一种反应。假使训练成功，而有某种情形可决定其反应之不以强度或音之高低的差异外的成分为根据，那末我们便可以断定其音波振动的次数(frequency-number)为产生被试验者的反应的主因。然而，假使我们只问被试验者那两个乐音是否相同，这种事实便较易于确定了。

然而报告实仅为一种简便的行为，报告若仅涉及行为，则用可以测量的反应代替报告。但是由前举的例子看来，行为派心理学者可不得因此就说被试验者的报告，简直可以置之不理。训练的测验，用以代替心理的报告，虽也可指示给我们看，一个生机体对于次数不同的音波可以有不同的反应；然而我们要晓得，这种结果在心理学上不能算为满足。譬如我试验甲和乙以 500 和 600 振次的两音，而且两次试验都很顺手。我若研究甲和乙的报告，甲或可以说："这两个试验的乐音组成一个'短三和音'(minor third)，我

便反应其较高者”；乙的表示或可和此大异，他也许不知道什么是“短三和音”，更不知道哪个音是较高者，他也许说有一个音较为响
28 亮(brighter)，有一个音较为沉重(duller)，而他则反应其响亮者。就训练言，虽然可算成功，就客观的行为言，虽都相同，而二人的叙述竟如此差异，所以我们应该说训练的结果实有不同种的行为，且可见甲比乙较易受听觉的训练。然而，假使我们不知道他们彼此的经验，又如何知道他们的差异究在哪里呢？

翻过来说，一个观察者若精于叙述，能够辨别苛勒所称的“声体”(tone-body)和音之高低等属性，那么我们就可以作一种试验，以决定这些叙述结果的用处。由这种例子看来，再可见经验的报告不是这么简单的一回事，更可见由一种经验的观察，而创造一种适当的叙述的概念，也许是一种重要的工作。苛勒是第一个把“声体”之一概念，解释为心理学者所熟知而未经确定的听觉资料的叙述的人。所以研究的时候，若有不适当的叙述的概念，就可以作为研究是否适当的参证；然而纵使有这种参证的帮助，假使像行为主义者之所主张，尽弃叙述的概念而不用，也决没有进步之可能。反之，研究者若利用这些概念，而常以其经验所联带而来的明显的行为作一种参考，且因此而不断地改良这些概念，那就可望有进步了。反应和经验须密切地联络，如在心理物理法(psycho-physical method)内一般。无论何时，若能够成立一个新而有用的叙述的
29 概念，刺激和行为(外表的和叙述的)的多种关系，便更可明白了。这种关系却是自然科学的事实，被试验者的知识有限，不能于此有所报告，因为他有时报告这一经验，有时又报告那一经验，实验者接受其报告而使和被试验者所不知道的刺激的性质联带研究。在

这种手续中，实验者的影响是无关紧要的；[①]因为结果记载之后，无论什么人都可以决定其结果所同之点，而且无论什么人都能够批判其所得的结论。至于被试验者的个性，则常甚重要，因为我们不能以乙所报告的经验，归之于甲。

心理物理法最后的结果是一种用机能概念表示的法则。不过要求得这种结果，不能不用叙述的概念；而且在某种情形之下，新的叙述的概念的定义也许是心理物理法的最重要的结果。

(b) 心理物理法对于机能方面的侧重，可用记忆的研究为说明的例子。研究记忆多使被试验者记忆一种材料(最好是一组无意义的音节)，过了某种时距之后，便用种种方法，看他保留多少；重复唤起的速度如何；究有何种错误等等。以上我们仅在讨论某种行为。然而记忆的测验，不仅试验行为；因为我们还要被试验者
报告其学习时的经验。我们要他叙述其重复唤起的表象*，且说 30
明其自信的程度等。这些报告的增多，可以使我们更了解其行为。(b)例之侧重行为较(a)例为甚，至其原则则彼此无异。关于材料保留之前，应如何先在心内组织一层，[②]则若无叙述的资料的帮助，便很难决定其经过的情形。然而材料的了解，在任何记忆的理论中，都占重要的地位。

(丙) 纯粹心理学的方法则尽弃其自然科学的观察，而仅用经验的报告。这种方法对于心理学者，比之对于心理学更为重要；换句话说，观察心理的现象，常易使心理学者想到有些用以解释这种

① 在某种情形之下，实验者和被实验者可同为一人。

* 原文为“影像”，今译“表象”。——校订者

② 参看本书第四章，第 247 页。

现象的假说不免错误。于是心理学者乃用旁的方法，尤其是心理物理法去试验其假说。因此，心理学的方法不必放弃，在研究之始，也许很有帮助，或者可用以为科学研究的初步，且或可以引起新问题，提出新假说，而造成新的叙述的概念。翻过来说，心理学的方法又常需要旁的方法的参证和补充，所以我们又不得仅以此法为满足。

八 儿童心理学的方法[①]

研究儿童心理，尤其是研究儿童发展的初期，行为的观察占主要的地位；这不仅在语言未发展之前如此，即使研究语言的形成也
31 莫不然。我们可直接由这些语言，而推知儿童的经验。勒维士(Révéaz)的论文[②]可引以为例，皮亚杰[*](Piaget)研究儿童之现象的世界，也利用这种材料。在讨论意识的时候，我们已经知道对于生机体的客观的行为，要想有科学的了解，须能想象其行为进行时，其内心究有如何的经验。所以我们也须论列婴孩行为的心理方面；虽没有儿童经验直接的报告，可是也要引用叙述的概念。若要达到这种目的，则需要一种“心理学的才能”(psychological talent)，而这种才能则表示于下面的两种方式之内。第一式系设身处地而为儿童，而以所望于儿童的问题为自己的问题，而仅以儿童力所能及的方法为自己的方法。我们因此可决定这种情形中所

---

① 参看彪勒的讨论，*GE*，第 56 页以下。

② Réveész, G., “Über spontane and systematische Selbstbeobachtung bei Kindern”, *Zeitschrift of Angewanclte Psgchol.*, 1922, 21, pp. 333f.

* 原译为“丕阿耶”，今译“皮亚杰”。——校订者

有特殊的现象。[①] 所以我们可以假定儿童的心理也有和我们成人相类似的现象，不过要证明这个假定，便不得不间接地应用成就测验。第二式系用行动的观察法，因此乃能描写内的行为和外的行为的特性。对于儿童有深切的知识的母亲，对于行动最有做这种叙述的资格。但是我们须求能制裁她的叙述。

具体地说，我们究竟将如何进行呢？

（甲）我们所有关于儿童初期的知识多取自关于个别儿童发展的日记。从婴孩生活的头儿天起，他的父、母或和他亲密的人就观察他所做的事。儿童的自然发展，不必说，要详细记载了；但是 32
严格地说，我们可不得遇事便记，选择是紧要的，一切都以其是否合宜为标准。所以观察的时候，观察者须先决定其态度，须先决定其到底要讨论哪一种事实；否则他的观察便没有目的，而紧要的材料必多被疏忽了。所以关于儿童生活的日记，不能不随作者的品性，与其所讨论的问题及其儿童心理学的知识水平而不同。我们所有的日记，对于婴孩发展的问题常不能予以解决；于是乃不得不作新的日记，以记载那些可以解决这种问题的材料。我所要说的只是——材料的收集不仅是一种机械的、接受的工作；因为为科学的目的而作儿童生活的日记的人，须有最锐敏的眼光和最严格的批判。在日记里头，只须记载实际的观察，而不得加以解释。[②] 这可是言之甚易而行之甚难；因为要描写儿童的行为便不得不需要概念，而概念的应用常只是参考我们所要描写的行为，才可判决其

① 在本书第四章第六节内有关于此法在动物心理学中的应用的叙述。

② 斯腾对于儿童日记的计划，曾加以详细的说明 *PC*，pp. 42f。

当否。例如“环境”和“反应”两种概念。假使你以为环境不是儿童的物质的周围,而为其生活的周围,有时且兼举其现象的周围,那么环境只是参考反应,才可了解;而反应之为反应,也须由其和环境的关系才可领悟了。翻过来说,我们也不得如此慎重,以至将行动的观察降为一种事件的小观察。

(乙)研究婴孩有时偶然观察其特别的工作,也不无帮助。不过
33 我们要知道其做此工作时的实际情形。所以这种观察的记载须很精确,既须记述儿童整个的状况,又须说明其行为发生时的特殊情形。

(丙)实验为常态心理学的最重要的方法;然当此书初版的时候,实验法在儿童心理学中,尚未取得其所应有的地位。其理由甚明显,因为实验的题材几尽为成就测验;而成就测验从前本在实验心理学的范围之外,没有可用而有效的精密的方法。美国动物心理学者所用的方法,下文将再加以讨论;可是这些方法不能用以研究儿童。虽然,我们也未尝完全缺乏实验。鲍德温(J. Mark Baldwin)也曾试验婴孩,以稍微不同的物体给他们看。例如以各种颜色给他们看,看他们自然选取哪一种颜色。旁的研究者则摹仿动物的训练测验(training-tests),以测验儿童。不过就大概说,在数年前,实验的方法还不能适应儿童心理学中最重要的问题。现在情形可已改变;学者已复注意发生心理学,而新的彻底的实验的儿童心理学也已应运而生了。[①]

---

① 参看福尔克永特(H. Volkelt)的报告,“Fortschritte der experimentallen Kinderpsychologie”,*Bericht über d. IX. Kongress f. Exper. Psychol. in Müchen*, Jena, 1926, pp. 80f. 又 A. Gesell, *The Mental Growth of the Pre-School Child*, New York, 1925。

约在十年之前苛勒计划种种测验，以研究行为之最重要的问题。苛勒用其法以研究猩猩，我们当可取其法以研究儿童心理学。老实说，苛勒已对儿童做了几种实验；彪勒(Bühler)也已继其后，34
而为同性质的实验了。[①]

这种实验所须满足的主要的条件——或者可以说一切成就测验所应满足的条件——就是实验中所要求于被试验者的问题须适合于他的程度；他所处的情境不宜太机巧，而为他所不能了解。而且苛勒的测验可以使被测验者的常态的、健康的发展不为所扰害——这一层在儿童心理学中尤其是万分重要。这种新方法，等相当的时候再详细讨论。有这种方法的帮助，我们或可确信儿童心理学有可长足进步的机会了。

近数年来，儿童之实验的研究已有长足的进步。婴孩学校(Nursery Schools)、儿童幸福研究所(Child Welfare Research Stations)及其他类似于此的机关已渐设立于世界各处，而尤以美国为最多，使儿童期之科学的研究有新发展的机会。这种情形虽甚可庆幸，但也须知所警戒。这些新的研究常太注重测验所定的年龄，而忽视发展之动的历程及行动的观察。假使有一组测验对于6个月的小孩产生消极的结果，而对于实足一岁的小孩产生积极的结果，这组测验也许不值得研究和应用所耗费的时间和努力。统计法之常被采用，当然有它的效率；但是我们要记得这是一个方法，可不就是结果。分配弧纵可用以表示动的历程，但其本身对于 35

① 参看 O. Lipmann and H. Bogen, *Naive Physik: Theoretische and Experimentelle Untersuchunyen über die Fähiglceit zu intelligentem Handeln*, Leipzig, 1923. 此书对于这个问题论述极详。

知识殊少贡献。总之，我们要减少“测量”的工作，而增加一点思想和直觉的观察。

在结论中，请略及比纳*(Alfred Binet)的研究。比纳以为智力缺陷(feeble-minded)的成人，可视为停滞于某年龄中而不再发展的儿童；而且因为他停滞而不发展，所以正可作为实验的材料。因此，他想以这种成年人的实验，代替儿童的实验。但是“智力缺陷的成人在心理上不能视为某年龄中的儿童，也犹矮子之不能视为发展迟滞的小孩”。[1] 因为这一点，比纳的方法，乃完全不宜于研究儿童心理的发展。

不过就发展迟滞的儿童的行为，以观察一种历程，实较观察常态的儿童为易，所以我们也未始不可利用这些儿童，以为研究某一问题的资助；发展迟滞的儿童，其学习常较难于常态的儿童，其不稳定的时期又较久，而习得自动的反应也较为迟钝。所以有时候研究发展迟滞的儿童，较之常态儿童反易有成绩，例如彼得斯(Peters)所做的这种实验已有良好的效果了。

观察和实验的结果究竟如何处理，却没有一般的法则。克拉帕累德(Claparède)以为下列二种问题很是重要：(一)某种行为现在已发展至如何程度？譬如某儿仍在学语，或已了解其所说的话语呢？假使我们观察一种“反应”，而想要明白其对于事之成就有
36 何意义，则这一疑问便可引起一个纷争未决的问题，就是某种行为究竟是遗传的还是习得的？或再切实地说一句，这行为究竟有哪

* 原译为“宾纳”，今译“比纳”。——校订者

① Külpe, “Psychologie und Medizin”, *Ztschr. f. Pathopsychologie*, 1912, 1, p. 12, the separate edition.

部分由于遗传，而哪部分由于习得？（二）某一行为现在有什么功用？例如，我们应当问：成人有概念的思维（conceptual thinking），儿童究竟有哪种历程和概念的思维同其功用？可是我们不应当问儿童是否以概念为思维的工具。因为我们不能以研究成人所惯用的方法，拿来研究儿童的精神生活。这一层有两种理由：第一，我们对于成人的思维作用，所知道的很有限——远比不上哲学所假定的。我们所用的概念起源于逻辑，而和活泼泼的思维反全失其接触。第二，说起这一问题，我们恐怕就不容易求得一些和成人不同的材料。一个研究古代民族的学者，若能确定某一民族不能计数至5以上，而便自以为足，则必不能明了这种民族究竟以哪一种算法代替计数。因此，儿童心理学中便不能不太留意于避免这种误谬了。

九　儿童心理学的专著

此处只能略述儿童心理学中较重要的著作。本书所常引用的书目，见于注前附录，其余各著则见于附注中；至索引的排列，则用以增进参考的便利。[①]

儿童心理学的标准的著作首推普莱尔*（William Preyer）所
著的书。此书出版于1882年，在理论上虽早已落伍；而其所载种 37
种观察，确足为我们不可缺乏的帮助。彪勒（Bühler）所著的儿童
的心理，对于普莱尔的著作有妥切的评述。

① 这里是指德文版本。——编者

* 原译为“波累叶”，今译“普莱尔”。——校订者

W, Preyer, *the Mind of the Child* (translated by H. W. Brown), Part I. The Senses and the Will, 1888; Part II. The Development of the Intellect, 1889.

最近的重要著作，能将儿童心理学的问题和普通心理学的问题联带讨论，而同时又不遗弃比较心理学的观点的，当推彪勒的书；而其所著的较为简短而仍不失为良好的书，则给发展的观念以更显著的地位。

Karl Bühler, *Die geistige Entwicklung des Kindes*, 4th edition, 1924.

Same author: *Abriss der geistigen Entwicklung des Kindes*. In *Wissenschaft und Bildung*, Vol. 156, 1919.

斯腾（William Stern）的著作 *Psychologie der frühen Kindheit biszum 6ten; Lebensjahre*, 1914, 3rd edition, 1923 (English translation, 1924)，也同为近时的且满载其自己对于儿童的经验（引文都取自英译本）。

较为古旧的著作，则格鲁斯（Karl Groos）所著的饶有兴味的 *Das Seelenleben des Kindes*, selected lectures, 4th edition, 1913, 和歌拍（R. Gaupp）所著以讨论学童心理的小册子 *Psychologie des Kindes*, in *Natur und Geistesiwelt*, Vol. 213, 3rd edition, 1912，都须予以相当的注意。

其为非德国人的原著，则有克拉帕累德由教育的观点所著的 *Experimental Pedagogy and the Psychology of the Child*（由法
38 文原著第四版译为英文），1911 年出版，译者卢拆与和尔门（“Louch and Holman”），其法文原本则于 1922 年出第 9 版。

J. Sully, *Studies in Childhood*, London, 1895.

G. Compayrè *The Intellectual and Moral Development of the Child* (translated by Wilson, Part I. New York, 1896; Part II. *Development of the Child in Later Infancy*, New York, 1902).

这两部书出版虽较早，然颇饶有趣味，而含有许多有价值的材料。

最后，我愿读者参看桑戴克（Thorndike）的伟大的著作，其书想要建立心理学的原则；不过其中有许多原则，系为本书所批评的。桑戴克的书却不是狭义的儿童心理学。

E. L. Thorndike, *Educational Psychology*, 3 Vols. New York, 1913—1914.

有些关于个别儿童发展的专篇书末都分别指出。此处所要提及的是斯腾和其夫人所著的书二种，他们由观察自己的儿童入手，而渐及儿童心理学全范围的研究。

Clara and William Stern, *Monographien über die Seelische Entwicklung des Kindes. I. Die Kindersprache*, 1907. II. *Erinnerung, Aussage, und Lüge in der ersten Kindheit*, 1909.

下列皮亚杰的四部近著，我们也须加以注意：

Jean Piaget, *Le Langage et la Pensée Chez l'Enfant*, Neuchatel and Paris, 1923. (英译本，*The Language and Thought of the Child*. London and New York, 1926.)

Same author: *Le Jugement et le Raisonnment Chez l'Enfant*. 39
Neuchatel and Paris, 1924.

Same author: *Le Représentation du monde Chez l'Enfant*.

Paris,1926.

Same author:*La Causalité Physique Chez l'Enfant*. Paris, 1927.

第 2 部书的最后一章(第 263—359 页)为前两部书作一摘要,第四部书的最后一章(第 269—372 页)则为后两部书作一摘要。

第二章　一般的事实与观点 40

一　成熟与学习

一个生机体或任何特殊的器官增大，加重，有更完备的构造，或有更技巧的功能时，我们便称之为发展。不过发展却有两种区别：一种是生长或成熟的发展，一种是学习的发展。[①] 生长和成熟有赖于个体的遗传性，正好像形态的特点，如颅骨的形状等之定于遗传。不过生长和成熟也不是完全和个体的环境毫无关系。没有充分的营养，也可以阻碍生长；除非有特别的情形，都足使身体受永久的伤害。在促进成熟的植物房里，生长和开花都可提早；然而在“常态的”状况之下，这些发展的时期都为遗传的法则所决定。[②]而且在“常态的”情形之下，环境因决定个别行为的选择，而使生长和成熟受其影响。生活于户外的儿童因受环境刺激，而跑步、跳高或游泳；至生活于户内的儿童，则用手指的机会较多于用臂用腿的机会。一个器官，例如肌肉，只须时常练习，即无论其反应有如何的特性，都可以影响其生长；读者若想一想增进身体肌肉发展的种

① 参看 Stern，*PC*，pp. 51f。

② 至于个体或物种的由生活情形忽有剧烈的改变的那些事例，则不在此处讨论的范围之内。

41 种器械，也就可以明白了。感官的成熟也莫不然。至于学习，则意即由确定的个别的活动而引起能力上的变化。要想学习玩纸牌（欧洲的），则仅生长于适当的情形之中，或手指已有高度的技巧，是必定不够的；第一，须了解全副纸牌及个别纸牌的意义。我们若说某人是“生成的善玩纸牌者”的时候，我们的意思并不是说，他只须看一看台子上52张分列的纸牌，就可以和三个人坐下来，不必受训练而能玩桥牌（bridge）的游戏；也不是说“生成的玩纸牌者”能够玩这种游戏，而立刻可以由自己明了其种种秘诀，好像鸟试飞时便能飞翔而立刻达到最高度的技巧一般。玩纸牌的能力因此不包含于个体的遗传的倾向之中。这种能力也许终身不必发展；但是一经发展，便算是一种新的习得了。

讨论发展便不免常起遗传性和习得性的争辩。这种争辩是否可以平息，或者遗传性在种族的发展史中是否必先由先代习得，可暂置而不论。[①] 但是在每一个体的发展中，都不免有这样的一个问题。我们现在只略提到，可不即加以解释；因为要解释它，便须对于实际的学习作用做详细的分析，那就是全书中一个主要的问题了。

42 但是我们在研究之始，便须明白这一问题。因为才能（capacities）是遗传的，不必有赖于个体的成就；至于技巧（abilities），则多半决定于个体的经验和成就。

这发展的两面使第一章开头所提到的问题——就是任何种作业有哪部分由于遗传，哪部分由于习得的问题——很难解决。有

① 参看摩尔根，第18页以下。

些人以为可以将诞生时或某种行为最初发现时所有的动作，和其后来的形式可以互相区别——前者为遗传的，而后者为习得的。虽然，这种区别也非常困难。而且我们也不必以为某种作业的一切进步都由学习而得；也未见得一切复杂的作业都必定为习得的，或学成的；因为我们对于成熟一层在行为改善上的地位，无论其为运动方面，或感觉方面，都不应该忽视。

二　幼稚时期的功用

若对行为做比较的研究，便可知一个个体，其在动物界中的位置若愈高等，则其在产生时便愈无能力，而其所有的幼稚时期也愈延长。人类在这两点都趋极端，他在产生时既然几乎完全倚赖他人，所以有很长的幼稚时期和少年时期；而且这种时期实超过于许多动物的全部生命。人类在整个的成熟时期之内，决不能有十足的效能；至于旁的动物则很早就可以有这种效能了，尤其是更下等的动物——就这一点而言，下等动物似可算是较优于人类了。因此，幼稚时期必定有一种特殊的功用和高等动物的优越有密切的 43
关系。克拉帕累德曾提出这么一个问题："儿童时期究竟有什么功用？"由比较生物学的表面上的事实看来，便可知如何可以求得这问题的答案，因为幼稚时期是最有发展的可能的时期。在这个时期中，人们由最孱弱的生物，变而为万物中最完备的动物。反之，一个小鸡才从壳里出来，就能够做许多动作而无误，长大的母鸡不见得比雏鸡能做更多的动作。

幼稚时的发展和胚胎中的发展，其所有情形彼此不同。胎儿的环境是固定不变的，其发展大约受一种常律(immanent law)的

支配；很少受外面情形的影响。但是到了生产后，便一切都改变了；因为儿童若愈长大，则外界对于其生活的影响也愈特别。由这一点看来，可见发展渐近于“习得”(acquisitions)——即学习之意——而且有几种发展的阶程，只当生长和成熟再加上学习的时候，才可到达。所以儿童的时期确就是学习的时期，克拉帕累德称之为生命的构造时期。高等动物所有而为下等动物所没有的“效能”(efficiency)，非仅由生长和成熟中的固定的、遗传的、发展的法则所可获得的。学习也占重要的地位；因为“效能”所倚赖的机能不是预先制定的。我们若一想学习，由客观上看来，是实际的成就，那么我们对幼稚时期便可更易了解；因为这个时期所有学习的范围和强度，超过于后来各时期所共有的学习的范围。

44

三 发展史中平行的现象

由比较的研究法看来，更可见个体的发展和种族的发展，有平行的关系。二者相类似之点颇多，在理论上的重要各不相等；而解释这些类似之点的种种假说，也复不少。我想引斯腾的话作本问题的导言。[①] 他说：“人类个体在生活的头几个月里，是一个吸乳以为食者，其下等感官占重要的地位。他只享有哺乳动物所有的本能的和反射的生活。自半年后至第一年内，其发展的程度已可比拟最高等的哺乳动物——猩猩类[②]——既能握拿，又能作种种摹仿；但是他没有到第二年能够直立而说话的时候，他还没曾进而

① *PS*, pp. 299—300.

② 彪勒近来称儿童此时为“猩猩期”。*GE*, p. 81。

为人。在此后5年中的游戏的和梦的生活内，他可和原民等程度。入学之后，乃和社会的团体有更密切的接触，且因此而受种种束缚，而知工作和闲暇的区别——凡此种种，都和人类初入文明境内，而有政治和经济的组织相平行。入学后的头几年内，古时和《旧约》中所称道的简单的情境最适宜于少年的心理。其后，则可导入基督文明的热诚的现象。至于青春期内，他的心理才经一度分化，而相当于现代的文明。所以青春期常可称为个体的‘启蒙期’(Age of Enlightenment)。”

我引他这一段话，初非因为相信他所指出的一切类似之点都 45
是正确的事实；乃因为我想要读者明了斯腾的观点的意义。我们由此可以知道他以儿童发展的各时期和下等哺乳动物及上等哺乳动物的发展的时期相比拟，而又和人类文化的时期如原始期、上古期、基督期及近代相比拟。霍尔(Stanley Hall)近25年来曾指出这些类似之点的重要，复专心从事于搜求这些类似之点，其理论比斯腾更进一层；因为他看见儿童有许多属性，以为可使我们想起人类的祖先曾生活于水内，譬如摇摆的运动，及婴孩见水时的快乐。

我们要记得这些不仅为类似之点，且可用以为解释发展的重要的根据。因此，我们现在可即研究这些理论；至于类似之点的存在，那是无可怀疑的。婴孩的行为如游戏，旁的哺乳动物也皆显然有之。儿童在发展中的某时期内逐渐能够作智慧的动作，苛勒的研究以为这些智慧动作也为黑猩猩所特有。而且儿童所用以了悟其环境的范畴，和初民所用的范畴颇相类似。然而这些类似之点，还不仅以儿童的时期为限，成人有许多行为也极和猩猩的行为相仿，尤其是教育、风俗和习惯失其势力的时候。读者可参看苛勒关

于黑猩猩装饰的机能的描写。[①] 由这种种类似之点出发，究竟可以得到哪一种结论呢？这就是我们的问题。在提出答案之前，对
46 于各研究家所搜集的材料，须先作严格批判的检查。引用比拟的时候，科学的严格的态度往往太容易变而为小说中的幻想。要搜求类似之点，那是很容易找到的；不过于许多材料之中，选择一些真正重要的事实，那就是一个很不容易的工作。

（甲）复演说（The Theory of Recapitulation）以为个体发展是种族发展的缩短的或删改的再版。这个理论以为每一个体都经过物种（species）所已经过的发展的阶程，且以为这种经过是以遗传性的发展的原则为基础的，例如海克尔*（Haeckel）的生物律。赫氏讨论胚胎形态的发展，以为个体生长是生物发展的缩写。主张复演说的人特别看重这个法则和复演说的关系。个体发展和生物发展相比时所有显著的删改，倡复演说的人以为是由于这两种发展中的情形彼此不同的缘故。因为每种发展都不仅有赖于本有的法规，且有赖于外界的影响；这种影响若有一点改变，其发展当然也就不同了。

这个理论的信徒很多，而霍尔及其学派则竭力代为说明。他们的方法大要如下：将最普通的行为加以分析，而把那些不能释为学习的结果或个体的习得的，而可以在发展的初期中找到相类似的形式的现象指出。霍尔以这方法研究惊惧。他以儿童的夜啼
47 （pavor nocturnus）为例。儿童于深夜中常惊醒而大哭，不易使他

---

① *I*，P. 66（91）。又参看其关于动物受带电的电线刺激时的行为的描写，*I*，p. 58（81）。

* 原译为“赫克尔”，今译“海克尔”。——校订者

再睡。霍尔以为这是一种“返原的现象”(atavism)。古时人独睡于森林中,到处危险,忽然于睡梦中惊醒,儿童夜号就是恢复到这种时期的经验。关于这种事实,在儿童的游戏中也可以找到;霍尔以为儿童在游戏中,实复演其远祖的生活。霍尔有一学生,以其师的问卷法*(questionnaire method)的帮助,搜集许多关于儿童游戏的材料。假装印度人和强盗的游戏,建筑和掘沟的创造的游戏,装饰的游戏如文身和修指等,霍尔都拿来作他的理论的完满的证据,因为他以为环境的影响确不足以解释这种种活动。[1]

(乙)实用说(The Theory of Utility)不以个体发展为种族发展的复演,而以为这两种现象都由于同一原因。一切发展都以为是两种原则作用的结果:即偶然的变异(accidental variation),和适当反应的选择(selection of appropriate response)在种族的发展中,有种种反应由这些原则而起,或仍保留,而或再消灭。假使某种特性为某一物种所保留,则其在个体发展中的形成,乃为变异和选择的共同的结果,而不受复演律的支配。譬如“哺乳”在个体发展中,发现很早;而在种族发展(phylogenesis)中,则发现很迟。至于性本能,则其情境适相反,在种族发展中发现很早,而在个体发展中则发现很迟。这个实用说,桑戴克极力提倡,是以达尔文的发展的通论作根据的;不过达尔文和其嫡系,并没曾以“新达尔文主义”的范围为限,“新达尔文主义”虽也以达尔文为名,可仅采用变 48

* 原译为“问题法”,今译“问卷法”。——校订者

① R. A. Acher, “Spontaneous Constructions and Primitive Activities of Children analogous to those of primitive Man,” *Amer. Journal of Psycteology*, 1910, 21.

异和选择两种原则而已。[1]

我们若试验多数同种属的个体,便可知没有两个个体是完全相类似的。同种的个体往往有各不相同之点。所以一个种属的一致,是仅在某种变异的范围中大致的相同。这种变异的范围为“新达尔文主义”所假定,且以为其功用可使某些个体较善适应某种环境,而某些其他个体较善适应另一种环境。在发展中,那些较善适应其周围的主要的情境的,便在生存竞争中较为胜利。这些生存的个体所有的属性便传给后代;而那些缺乏这种属性的个体便逐渐死灭。至其子孙时,变异和选择的原则依旧作用,于是其种族乃常更善于适应其环境,而继续发展。

(丙) 第三种发展的理论,为关联说(The Theory of Correspondence),以为个体发展和种族发展之间有密切的关系。因为它们都有关于生机体的发展,所以无论其为个体发展或种族发展,都应有某种发展的通性占重要的位置。克拉帕累德说:[2]“‘自然’用同一方法以完成个体和种族的进化。”所以我们可希望
49 进化的初期,实际上都有类似的性质;而且这种类似之点在发展的原始的阶程上如此,在更进步的阶程上也如此,在最高等的阶程上也莫不如此。

现在可将这三种理论的不同之点略述如下。据第一说,个体发展所根据的遗传的倾向,实含有其前代所有的一切遗传。这些倾向发现的次序,基本上,都随其在种族中发现的次序而定。所以

---

[1] 关于此说的简明的记载,可参看柏赫(E. Becher)的 *Naturphilosophie*, *Kulturder Gegenwart*, Leipzig and Berlin, 1914。

[2] 克拉帕累德,第 188 页。

种族所有对于环境的种种反应，个体都有实践的可能；而这种种可能实践的先后，则统决定于其原来发现的次序。

据第二说，则这些倾向只含有那些因有实用而被选取的种种特性；至于其实现的次序，则视个体及种族的生活的需要而定。所以前代的种种倾向，个体仅选取其少许，以反映其目前的环境；而其实现的次序，则全视乎实用而定。

据第三说，则个体由发展之始，每一时期对于其环境，都有其特殊的反应；而这些反应则大约和种族发展的阶段相当。因此，无论在个体发展或种族发展中，都有其原始的，较为发展的，和最为发展的反应；而每一相当的反应，都彼此有一致的形式。

假使我们对于这三种理论而加以批判，则第三说显然比第一和第二两说更力慎重；其所假设既较合于事实，所以理论上有再臻 50
完备的可能。这是一大优点，因为大概说来，关于发展的理论，尤其是遗传的理论，都大可怀疑而令人不满。第三说使我们没有决定采用哪一说的必要——这种决定最好点说，也不免于武断——因此引起我们研究这些事实的兴趣。等到这种研究产生具体的结果之后，我们便可用以建设进一层的假设。斯腾对于语言作具体的研究时，曾有“发生的平行”(genetic parallels)[1]等语，可见他也承认这一理论。

复演说和其言过其实的概括，读者由我们的讨论，已可见一斑了。攻击它的颇不乏人，[2]而尤以桑戴克为最力，桑戴克在其巨著

① *Sp*，第 263 页。

② 参看格鲁斯，*SK*，第 8 页。

《教育心理学》中正确地指出了此说所引用的断片的事实和其屡次错误的推论。关于游戏方面，此说也曾为斯腾所屏弃；斯腾所赞同的只以这一点为限：“由生命的粗陋的形式进而为更繁复而更分化的形式时，可常受某种法则的支配，而个体发展和种族发展则同在这种法则支配之一；所以儿童的游戏和人类发展的初期所有的行为，有许多类似之点。”[①]然而他这句话，实无异承认关联说之可信。

实用说太牵涉了许多特殊的假设，不足以担保我们的信仰；因为这一说的成立或推翻，随新达尔文主义而定。所以复演说和实
51 用说，我们都不赞成。我们要将关于个体发展和种族发展平行的材料，收集得愈多愈好。这就是说，我们须常以这一方面所得的结果，去辅助指导而补充那一方面的研究；譬如以儿童心理学和民族心理学相比较；但是我们可永远不得因此强证其互相一致而互相倚赖。材料若已充分，则其所引起的问题，[②]自可徐求解决，而不至于为任何种理论的偏见所误。

四　发展的速率和节奏

发展或各阶段的演进，几乎全视遗传的倾向而定（见第五节）。无论其就整个的生机体说，或就发展的动力（dynamics）和节奏（rhythm）说，都莫不然；因为它们也都由遗传的倾向而定。但是这里我们要注意的就是：倾向在这些方面可随人而大异，发展当也如此。老实说，不同的个体虽放在同样的情境和同样的环境之中，

① *PC*，p. 298。斯腾在他处所提出的他种学说，只是和他的哲学合看之后才可领会，所以本书不复加以论列了。参看 *PS*，第 324 页以下；又 *MP*，第 110 页。

② 参看克拉帕累德，第 188 页以后。

也可有不同种的发展，我们仅由这一点，就可以推知它们有不同的倾向。所以就某些个体而言，其发展率很快，就其他个体而言，则其发展率很慢；而且有些个体，其发展比其他个体较有秩序。开头进步迟缓的，也许往后有发展很快的一期；反之，加速度的发展也许忽然停顿，例如特异的婴孩往往不能够满足其早年所引起的期望。大概说来，这些不同可归因于遗传的倾向；虽说是常有奇异而非幼稚的问题的环境，或可促成儿童的发展和早熟。反之，对于活 52
动缺乏相当刺激的环境，也许对于发展产生严重的障碍。

即就个体而言，其发展的速率和节奏也常有变动，由外面观察，有时只看见些许发展，有时则有长足的发展。但是我们须记得，比较静止的时期却不必就是停顿的时期，而仅为发展掉转方向的时期。假使在似乎静止的时期内，没有多量的预备工作，则其后所常有的惊人的进步将完全成为不可能的了。这好比是多量的潜能(potential energy)在静止时积储起来，然后变化而为动能(kinetic energy)。最后，我们所当注意的，是同一个体的发展的节奏，随其不同的机能而异。有些时期中，某一机能的发展异常迅速，其余则比较的静止。老实说，我们若只能有比现在更繁富而精确的材料，我们也许可以划分全生活的时期，而一一以某种机能的成就为其特征。我们还要记得发展的节奏随不同的个体而异：因此我们可以明白某种特殊活动发现的时期，也随各个体而不同。所以关于某特性发现于某年龄的材料，只是用以为概论起见而已；相对的陈述如约在某时之前或后等，比之绝对的陈述如说某种行 53
为确发现于某时等，至少就目前而言，更有相当的价值。

五　遗传与环境

以上曾说过发展除受遗传的倾向的影响外，还有他种条件——就是外界的情形或环境。这两种情形彼此有如何的关系，就是我们当前的问题。这个问题因为牵涉到哲学、伦理学、社会学、教育学等，所以一时难即答复。不过关于遗传和环境的理论，往往争辩遗传和环境的孰轻孰重。前一说以为发展的结果如何，都随遗传的倾向而定；后一说则大致侧重环境。这种争辩在心理学中，便成为先天论(nativism)和经验论(empiricism)的纠纷。先天论者以为我们的知觉——尤其是空间知觉——是一种天生的机能；经验论者则以之为经验的结果。

和这两种理论全相反的，有斯腾所提出的“会合说”(convergence-theory)。这个理论在他的人格论中占一重要地位。他说：“心理的发展既不仅是本性的次第的发现，也不仅由于受外界的影响；乃是内的本性和外的发展的条件会合的结果。关于一种机能或属性，我们不当问它是由内发生或由外发生；我们该问它
54 哪一部分得之于内而哪一部分得之于外。因为这两种势力，其程度虽随时而异，但同为发展中所不可缺的成分。”[①]

我们对于这些极端的理论不能遽表同情，那是很容易明白的；因为我们已经以学习为一种发展；学习涉及个体对于某种环境的反应，而这个反应则不必系于遗传的倾向。不过我们在结论之前，须先研究学习的意义。我以为经验和学习的问题若既未解决，又

① 参看 *PC*，pp. 51f；又 *MP*，pp. 95f。

大部分未能成为明确的问题，则关于心理学的先天论和经验论的问题不能明白叙述，更不必说能够予以最后的解决了。

因此，我们的目的可约述如下：我们想研究这两种理论所根据的事实，所以我们不能承受任何特殊的理论，以致阻碍研究的进行。斯腾所提出的会合说仅给我们以一问题。这问题在未解决之前，须先确定其意义。因为就目前而言，“某一行为定于内或定于外”这一句话究竟有什么意义，我们简直还没曾明白呢。

六　心理的发展与身体的发展

心理的发展自然和身体的发展同时前进。关于这两方面发展的一般的关系，请先述一个大概。解剖生理的观察（anatomico-physiological observations）于此或可为说明之助。在第一章内（见第六节）我们对于神经系的中枢器官已述其大略而加以分类，55
且说明古脑和新脑的不同。现在可更述其详，而讨论神经系中微妙的构造。但是供给读者以这一层的材料，可不是我们的主旨，关于这种材料读者可参考旁的书。[①] 我们所谈到的，系以最重要而为后来讨论所不可少的基础的事实为限。

我们已知道神经为器官和脑或肌肉和脑的中间物。这些神经的长和厚各不相同，有时很长。其周围则有保护的和隔离的组织。这种神经不是一致的构造，含有许多彼此分离的纤维，以为传导作用的真正的工具。这些纤维严格的说，可分为感觉的和运动的，而

① 欲知其详，可参看一般心理学教科书，尤其是埃宾浩斯（Ebbinghaus）、冯特和华生的著作。又可参看 Becher' *GS*。

全神经则否，因为有些神经兼含有这两种纤维。譬如三叉神经或第五对脑神经，一方面传达头部的皮肤感觉，一方面又可支配颚骨上的肌肉。又例如迷走神经(the vagus nerve)或第十对脑神经，有调节呼吸、循环和消化等及其他种种功能。然而每一纤维，其自身则仅有一种功能——感觉的或运动的；或由外周而达中枢，或由中枢而至外周。因此，纤维又可称为**向心的**和**离心的**两种。这些纤维可不是独立的元素；因为每一纤维都和神经细胞或神经节细胞相连接，而这些神经节细胞的构造和面积也各有许多差异。其共同之点就是它们都有若干纤维的突起。有一种突起的名为**突轴**(axis-cylinder)，其构造和神经纤维相同。其末端则成网状，或分布于肌肉的组织，或和他一神经节细胞的末梢相接。神经节细胞
56 除突轴外，还有他种突起，较短而较多，常成为分枝极精密的网状。和这分枝相密接的，则有其他神经节细胞的柱轴的末梢。神经节细胞和其种种突起，造成一个单位，窝德叶(Waldeyer)称之为神经元。所以整个神经系统可视为无数神经元团结而成的组织。神经元和神经元的关系是否仅由于其纤维网的接触，或纤维构造中的细纤维(fibrils)替神经元互相连接，则虽已经近长时间的讨论，可仍没曾解决。我们可以神经元为一单位，而不于这问题的解决有任何成见。

我们曾说过神经纤维有向心的和离心的两种；现在应再加一种，就是那些联接脑的两部分的纤维。“在充分发展的脑内，皮层的纤维(*fibræ propriæ*)很多，由这回转(convolution)至那回转，

由最近以至最远，随处可见，使脑部各叶（lobes）互相联接。”[①]

脑的左右两部也由这种纤维联结，叫做“接合部分”（commissures），其最大的为胼胝体（corpus *ca* llosum），在脑的中部很易找到。

我们现在可言归正传，转述身体发展和心理发展的关系。请先从种族发展的观点上讲起。

（甲）“谁若知道各动物的脑部的构造，谁就可以相信新机能的发现常和脑内新部分的发现或已有的部分的长大，相随而来。”[②]这是爱丁杰以其多年研究的结果，归纳而成的一个原则。57
我们已经知道脊椎动物若愈进化，则其古脑便逐渐和新脑相联络。爱丁杰想要把和新脑发展相平行的心理机能的变化逐一细述，以明新脑的功能。他既区分新脑和古脑，遂以为机能的活动不仅因有新脑而异常增加，而且其活动调换一个新的方向，因为动物愈高等，则其行为也似愈聪明。由爱丁杰看来，则和这种活动的改变相平行的，有脑部形态的改变，其感觉区前和感觉区间的面积增加，而皮层间的通路也更发达。这些前脑（fore-brain）各部分的研究不甚困难，“当动物愈能以智力控制其观察和活动时”，这些部分“也显然愈增加其面积”。[③] 人类则尤以其额叶（frontal lobes）的发展为其特征；额叶的发展万一停滞，则其结果必成痴愚。

爱丁杰既发现此有价值的原则，而又能善于应用，那是无可怀疑的；但是在本书中，我们关于这些活动的性质，尤其是关于智力，

① Edinger，*Z*，第 461 页。

② *Z*，第 522 页。我曾于短篇的论文“Ein neuer Versuch eines oblectiven Systems der Psychologie”，*Ztschr. f. Psychol.*，16，1912. 内，讨论爱丁杰的观点。

③ *Z*，第 523 页。

关于脑内各部分所有各功能的性质，将可有完全不同的结论。

（乙）新脑和新脑的活动，常随脊椎动物的进化而发展；而古脑则同时渐失其独立性。动物愈高等，则古脑愈不能脱离新脑而活动。学者虽曾常将活的动物的大脑取去，以研究其没有大脑时
58 的行为；然而关于人类生而无皮层而能生活至第一天之后的孩子，则还很少有人作过研究的报告。

我们所已知道的，只有一个没有大脑的婴孩，活至三年又九个月。报告这个例子的为爱丁杰（L. Edinger）和斐西耶（B. Fischer）。洛司曼（Rothmann）所实验的狗，没有大脑后，也活至三年余而死。爱丁杰和斐西耶乃将没有大脑的婴孩和没有大脑的狗的行为互相比较。“狗（译按没有大脑的狗，下仿此）不久由学习而能跑，而能跳障碍物；至于婴孩（译按没有大脑的婴孩，下仿此）则三年又九个月内，都偃卧而没有运动，从来不想正坐，也不想取拿物件放在手里，只在面部上有时可看见微动，而其耳目口鼻则因此微动而变成失常的形状，非常难看，吸乳和饮汤的时候唇舌并用。狗最初饲养，也像我们饲养一个孩童；后来便能自食，只须把盘子放在它的鼻前，它便可以一食而尽。狗的皮层用手术取去之后，乃呈现一种不安的现象，常想东奔西跑；至于婴孩则没有如此显明的不安的状态。从第二年之后，所可观察的只是不断的啼哭；然轻轻地拍他一下，也便可以停止不哭，尤以轻拍其头部为最有效验。

“身体的排泄动作，狗可以照常举行；婴孩则不变其位置而也排泄，且其围布浸湿，也无所表示。狗时睡时醒，婴孩则似乎无时不睡。狗没有嗅、味、听觉，也没有视觉的征象，婴孩亦然。他们都能作视觉反射的反应，有时在光的刺激之下两眼忽闭。就婴孩而

言，我们看不见他有一种单独的心理的反应，也不能和他接触，以教它作任何种的动作；但就狗而言，则多少还可以教练，它且显然 59
有种种情态、怒愤及安静满足的时期。”①

下章我们将再讨论这个没有大脑的婴孩。但由所引的话看来，已足见狗的古脑的部分比人类的古脑更有势力，又足见人类的行为大部分受新脑的支配。至于鱼类则仅以其古脸生活，所以用手术之后的狗和鱼相比，则狗的效能便很减弱；要充分证实前段所提出的理论，我们只须将狗和鱼相比较，便可明白了。在各动物之中，人类初产生时，最没有能力，其所经过的幼稚的时期也最长。上述的种种事实，和人类之受皮层的支配定有联带的关系。

由此乃可进而讨论个体的发展。人类初产生时，其脑部的组织大致已备；而其纤维的构造则尚未可用。初生时脑纤维大部分都没有鞘，所以不能工作。头几个月，纤维乃逐渐成熟。其初，由皮层下伸而支配四肢的有意运动的神经纤维渐生有神经鞘，其后，则皮层区相联接的纤维也有其神经鞘了。所以新生儿童新脑的构造根不完备。若以前一章所述的材料为根据，便可用此事实以解释婴孩初生时缺乏能力的原因了。婴孩直接有赖于新脑的机能，比一般动物更甚。不过人类的脑无论如何不完备，初生时已较其他动物为大而且重；因为其脑的重量已超过 300 公分，为成人的脑重 60
的四分之一。其和体重的比例实较成人为大。可看下列的比较表：

婴孩	$\frac{1}{6\text{-}8}$	$\frac{\text{脑重}}{\text{体重}}$	$\frac{1}{30\text{-}35}$	成人

① L. Edinger and B. Fischer, “Ein Mensch ohne Grossbirn”, *Archiv. f. d. ges. Physiol.*, 1913, 152, pp. 26-27.

脑重增加很快，9 个月后增加一倍，未到三年增加三倍；但是其生长率则逐渐减少，至 25 岁左右便不能再发展了。（见图 2）

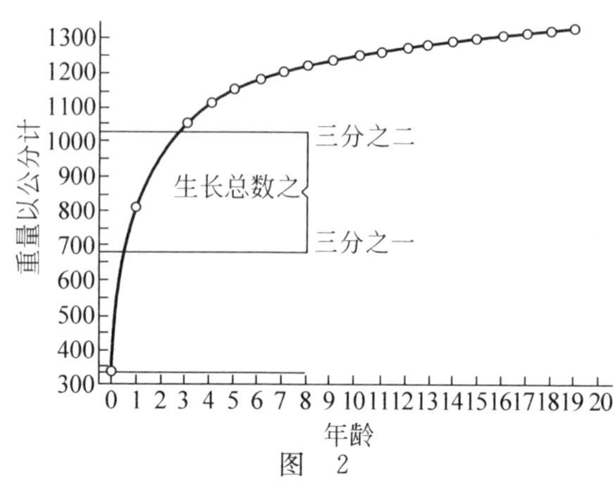

图 2

脑重增加和行为的发展相平行，所以重量可用为测量发展的单位。迅速的生长大约和身体运动的增进相联而成关系；虽然是旁的机能在初生后，也有最敏捷的发展。在控制身体平衡的小脑内，更易见器官发展和机能发展的平行。脑的各部分不以同速率
61 而发展，不同的部分，其发展很速的时期也彼此不同：这是前已说过的心理发展的事实或法则。小脑在头五个月里，其生长率很是迟缓；其后则忽然发展较速，到第一年的后半年和第二年的上半年时，其生长率最快；至第四年之终，其大小可谓已达极点了。第一年终，脑重增加最大的时候，也就是儿童学坐学走的时候——这些活动端赖身体均衡的调节，而这种调节则有赖于小脑。

第三章　发展的起点——新生儿与行为的初型 62

一　行为的概观及其与生理的关系

在未讨论发展之前，须先明白发展的起点。初生时的婴孩可为发展的起点。胚胎中的发展不在我们研究的范围之内，因为人类须成为独立的个体之后，其心理的发展才有研究的可能。因此，在本章内，我们将研究新生儿的行为。

我们须先论述婴孩行为的概观，而研究其最初的动作究竟有哪几种。我们所看见的，除食的动作，及和食有关的植物性的机能(vegetative functions)外(这些机能以后再详加讨论)；还有种种身体的运动，如手臂和脚腿的屈伸(这些器官常不相合作，身体的左右部各自动作)；醒时四肢的伸张；入温水浴时的运动(这种运动可遍及全身)；眼的各种运动；表情*中之最足引人注意的为啼哭，啼哭的直接原因很难决定；虽然是下列各种情境都可以引起啼哭，如遇到苦痛的刺激，需要营养，或其身体直接受压迫的、温度的、潮 63
湿的等等环境的刺激。这种列举当然算不得完全，而其引起啼哭，

* 原译为“表示”，今译“表情”。——校订者

也决不以初生时为限；然生后头两个星期内的哭的原因约已尽于此了。至于新生儿的睡眠每天常超过 12 小时，则和上述种种运动同为幼稚时的特征。其睡眠却不是持续的，可分为许多短时期，而和短时期的醒觉相间。其四肢的各种运动都很迟缓，也可视为此时的另一普遍特征。彪勒以为这种迟缓的运动和我们的手指冻僵时的运动相类似。

新生儿行为所有上述特征更可证以生理的事实。索尔特曼(Soltmann)[①]做长期的实验，以电流刺激新生的和成年的哺乳动物(狗和兔)的肌肉和运动神经。他觉得它们的反应彼此不同。就新生的动物而言：(一)激动度较弱，要引起一种肌肉的反应，便需要较强烈的电流；(二)肌肉收缩的形式不同，其收和放都迟缓而不敏捷；(三)较易疲倦；(四)其肌肉很易产生拘挛的现象。一个肌肉受强度电流的重复的刺激的时候，若不是其刺激太密，则每一刺激产生一次肌肉的收缩；但是假使刺激的密度逐渐增加而至某一限度，则肌肉不能再反应个别的刺激，而成永久的收缩而和拘挛相类似。就成年的动物说，这个限度为每秒钟 70—80 次的刺激；就初
64 生的动物说，则仅为 16—18 次。这些结果或可适用于人类，而不必怀疑。所以由索尔特曼的第二种结果，便可了解婴孩运动之所以迟缓；由第三种结果，可了解其所以需要睡眠；由第一种结果，可知其所以易由醒而复睡。反之，我们成人在白天时，纵很疲倦，也很难入眠，因为有许多刺激不断地影响我们的感官。就儿童而言，

① Soltmann, "Uber einige Physiologische Eigentümlichkeiton der Muskeln und Nerven der Neugeborenen", *Jahrbuch für Kinderheilkunde*, 12, 1878.

其感觉力既较弱,这种刺激的势力也就较为微弱了。

进一层说,我以为新生儿的动作和索尔特曼的第四种结果相当;虽说这是感觉的“拘挛”,而不是运动的“拘挛”。我们不断地刺激感觉器,则也可得有一种现象,和肌肉继续受刺激时所有的拘挛相类似。我们请以视觉为例,这例是大家最熟悉而研究得最彻底的。假使有一个转盘或色轮(colour wheel),白黑相间。旋转率若迟缓,则我们所看见的是黑白的更迭,但是旋转率加速,则可产生一种新现象:这转盘似乎开始跳动了;旋转的速度若再有增无已,则转盘中黑白的两部分现为单纯的灰色,完全静止而不动。这种单纯印象的发生叫做**混合作用**(fusion),和拘挛相当。但是这两种现象的相当,还不止于此;因为它们所根据的法则——引起拘挛和混合作用的条件——彼此相同。[1] 所以发生混合现象的最低度,就成人言,若为每分钟 50 次;[2]则我们可以推想,就婴孩说,这种限度或远低于此。这一事实或者不易证明;然而现在所知道的, 65
还没有和这种推论相抵触的事实。

我和塞麦克(P. Cermak)曾共同做过许多研究,其结果则混合现象和视觉的运动知觉有密切的关系。我所要说的只是:太迅速的运动便失去其运动的现象;那时所看见的是静止的光线,而不是

① 参阅 M. Gildemeister,“Über einige Analogien zwischen der Wirkung optischer und elektrischer Reize”, *Ztschr. f. Sinnesphysiol*, 48, 1914;又 P. Cermak and K. Koffka,“Untersuchungen über Bewegungs-und Verschmelzungsphänomene”, *Psychol. Forschung*, 1., 1921,特别是 pp. 100f。本书所用混合作用(fusion)这个名词和通常所用的术语相当,但是绝对不告诉我们以关于意识现象的理论。学理上的讨论可参看上引的第二篇论文。

② 这个数目随许多的因子而异,所以此处只能讲一句近似的话。

一个正在运动之点。[①] 控制此事的法则和控制混合现象的法则正复相同。

总而言之,由索尔特曼的第四种结果,我们可推想运动知觉中,运动消灭的限度,婴孩比成人较易到达(换句话说,其所需要的速率较低)。这一个推论和已知的事实全相符合。儿童对于运动物体的注视,究以哪一时期为始,心理学者尚没有一致的意见;但都以为物体的运动若只较为迟缓,儿童便可加以注视。[②] 运动知觉向来都以注视的动的方面为其解释的原则——如注视运动物体时所有眼球的运动,有些人且以这种运动为网膜继续接受刺激的结果。这就是说,他们想要求解释于感觉部分和运动部分间的“连接机制”(connecting mechanism),但是感觉方面的行为,也许须用以帮助解释。我们不久就可以知道视觉器的感觉方面和运动方
66 面有很密切的关系。所以我的结论,以为婴儿观察运动的能力远不及成人,而这种能力的薄弱和其拘挛的现象之易于引起,有直接的关系。

和这层相关联的还有一个问题。初生儿的运动的视觉力若确实较为欠缺,那么对于运动的注视似随年龄而增进。这种进步可否以经验解释呢?我却以为不可,因为我们若可引用肌肉生理学和神经生理学的事实以解释这种拘挛的现象,那么拘挛现象发生

---

① 影戏若移动很快,则可引起又一不同的现象。运动乃不复可见,所可见的是运动物体的数目的增多。譬如一个体育家若跳过马背,我们可看见他跳时有六条静止不动的脚腿。因光线的交替也可产生同样的现象,譬如将指头展开在面前往反速动时。

② 参看普莱尔,第 1 编,第 44 页;彪勒,*GE*,第 97 页;穆尔第 57 页;又 P. Guillaume,“Le problème de la. perception de l’espace et la psychologie de l’enfant”, *Journal de Psychologie*,1924,21,pp. 122f。

的限度，其所以渐由每秒钟 15 次的刺激，增而为每秒钟 80 次的刺激的缘故，可不是由于经验，而是由于前章所讲的成熟了。

因此，运动知觉发展的原因乃成熟作用，而不仅由于经验；[①] 前章以成熟解释发展的可能，于此乃得一很好的例证。这个问题，待将来讨论眼球运动时，便可再引起。

二　新生儿是否为纯粹“古脑”的动物

我们已知道新生儿所有“古脑”和“新脑”间的神经多没有神经鞘，也多不能传导刺激。索尔特曼除此外还得有下列的结果：生后十天以内的小狗，虽用电流刺激其皮层，也不能引起体部肌肉和头部肌肉的运动；不过较为长大的动物，则易用此种刺激引起运动。就较高等的动物而言，其皮层的运动区若有损伤，则其运动将可发生严重的病征；而生后十天以内的动物，则不因此而引起肌肉器官 67
的扰乱或麻木。你若注意这种事实，你就不免想要以人类的新生儿为纯粹古脑的动物。而且有人曾观察那些没有大脑的儿童的行为，和常态的儿童似乎没有重要的区别。譬如没有大脑的婴孩，落胎时的啼哭和常态的婴儿相同。但是爱丁杰和斐西耶所描写的例子，前章已经说过，和这种理论似乎不相符合。[②]“这个儿童 * 立即接受其母亲的胸部，其吸乳的方法初也不错；但是他只在哺乳的时

① 我们固然不能否认运动知觉的发展和经验的关系；但是究竟如何发生关系呢？参看拙著：“Über den Finfluss der Erfahrung auf die Wahrnehrnung”, *Die Naturwissenschaften*, 1919, 7, p. 122；又 *Psyrhologische Forschung*, 1922, 2, pp. 148f。

② 这些著作家都没有下过这个结论，他们对于这一点都不敢轻易发表其意见。cf, *op. cit.*, p. I。

* 按即没有大脑的儿童。——译者

候才醒。而在哺乳之前,须唤醒他才行。其余的时候,他似乎常在睡眠。第一年内从未啼哭,有时只发一种低音。”①由此我们可以揣想爱丁杰的婴儿即在生后头几天内,其行为也定和常态的儿童稍异。因为常态的婴儿,其快乐时的面部表情,有时可以看见(普莱尔的观察);至于爱丁杰的婴孩,则除了偶成“鬼脸”之外,终其生而没有一些面部的表示。所以我以为健全的初生的婴孩,其行为已有些受“新”脑的控制;不过其“新”脑究竟如何控制行为,我们现在还不能说。索尔特曼对于狗的研究不能作为充分的证据,因为我们已知道人类之有赖于“新”脑比狗更甚。

68 我们由此很容易明白“新”脑的势力随常态的发展而增加;这却可为成熟作用之又一证。

三　冲动的运动

我们在讨论第一节中所形容的新生儿的运动时,已知道这些运动很少和外界明确的刺激或情境发生关系,所以它们不能视为反应,只能视为自发的活动。这种运动既未产生认识的结果,所以是没有目的的。普莱尔以为这种运动应自成一组,而名之为“冲动的运动”(impulsive movement)。它们的生理的起源,也可由这个区分推想而知。普莱尔以为这些运动乃为胚胎的运动之续:“胎儿的运动还不能因外界的刺激而唤起,其向心的神经路或尚未可用,或则尚未完成,而刺激所由出发的神经节细胞还没曾发达的时候,

① 同上书,第 4 页。普莱尔又以为(第 1 编,第 214 页)生而无皮层的儿童,其背部被摩擦时,便发简陋的声音。这种反应似乎全不是常态的反应。

胎儿已能做这种运动了。”[①]但是因为运动神经若不受刺激，则决不能产生运动，所以他的结论以为内的生理作用，如营养和生长，定可产生这些冲动的运动；对于这个结论，斯腾也表示赞同。[②] 他以为这些运动，和成人的自发的反应不同，既不由于外界的刺激，也不由于皮层的激动，所以其说为一般人所承认。不过描写这些运动，我们应从斯腾和桑戴克之后，以为它们由客观看来，也非无用。因为这种运动的职能，在促进其各器官的生长和成熟，所以对于个体有很大的价值。[③] 斯腾称此种价值为锻炼的价值。至于桑戴克则由其实用说（此说前章已加以讨论）出发，而以为这种价值 69
就是这些运动在种族发展中所以引起而被保留的说明。桑戴克因此不愿将这种运动和他种运动严加区别。其实我们不应以为冲动的运动在性质上纯无规定，或和情境全无关系。假使我们对于整个情境（就这些例子而言，其整个情境大约为神经系统的状态和历程）有充分的了解，我们就可以知道一切冲动的运动都受严格的规定。这一层固然不可忽略；但区别却仍是有的，因为冲动的运动起源于内的情境，而其他运动则显然由外的情境而定。虽然，这个区别也并不重要；因为儿童的啼哭是否因为他要吃，或因为他的腿被捻，那是无关紧要的。我们因此可进而讨论那些更重要的而用以反应有定的外界刺激的行为；不过要记得这些所谓冲动的运动常随儿童的发展而逐渐消逝。

---

① 普莱尔，第 1 编，第 196—197 页。

② *PC*. pp. 68f.

③ 如普莱尔所云，这种运动在某种情形之下，也许是直接有害的。譬如儿童睡时可因其手的运动而开一只眼起来，其后遂将此眼开着睡觉了。

四　反射系统

第二种运动由反应外界的刺激而起。这些运动有下列各种特点：(一)反应和刺激都比较简单。这句话固然不算精确，因为“比较简单”究竟有什么意义，很难确定；但是这句话却可使这种运动和第三种所要讨论的运动有所区别。(二)这一组运动是非常齐一
70 的，情境若还如旧，则同一的刺激常引起同一的反应；除非生机体的受刺激性有异于常态，如或太灵敏或易疲倦等。(三)刺激如沿一方向改变，例如强度的增加，反应可不常因此沿同方向而改变；因为以前静止的器官若被激动，则反应立即可以有不同的性质。(四)这些运动有赖于个体的遗传的组织，而不必学习而成。(五)这些运动对于生机体有很大的功用，大概或为保护的，或为防御的，而或为适应的，这是由不同种运动的描写可以显见的。(六)它们还有一种一致的属性。除常态的刺激外，若再于他点予以另一种的刺激，则可改变其反应。[①] 这种运动为反射的运动，或简称之曰反射；例如眼受光之刺激时，则瞳孔缩小。

在未讨论新生儿的反射之前，请先研究学者们对于反射的解释。我们或可问：一个器官究竟如何构造，才可使其机能为反射的？通常对于这个问题的答案则很简单，我们知道从解剖和生理上看，神经可有两种：感觉的神经和运动的神经。我们又知道感觉神经的终点分枝，或直接，或由他种神经元而和运动神经的分枝相

---

① 反射动作的生理学虽颇饶兴趣，但决不简单，读者欲知其详，可参看 C. S. Sherrington, *The Integrative Action of the Nervous System*, New York, 1906。

接近。我们又知道这种引起运动的或甚繁复、或不甚繁复的神经
元,若在任何点上受有损伤,便足以妨碍运动。反射的机能兼有刺 71
激和反应的性质。所以反射器为含有两个或两个以上的复杂的神经链(chain of neurones)。这个机制常以感觉的神经元为起点,而以运动的神经元为终点,通称为反射弧。但是这些反射弧可不是孤立的机制,它们都和神经系统的其他部分互相衔接;由上述辅助运动和阻止运动,或由许多反射之受有意的控制等事实看来,也就可以明白了;譬如喷嚏可以因意志而制止至若干时。

也许研究者还没有明了这一事实吧;然而现在关于反射动作的理论,对于反射的器官都已有确定的见解。他们常以为反射弧有向心的和离心的两部分,复以为这两部分都各自独立,而其特点则在于两部分间的联结(connection)。于是反射的机制乃视为接受部和发动部中间的预定的遗传的机制。这种事实当然容易生出如此的推论的。就解剖上说,这两部分可以互相分离,所以学者若提出一种机械观的解释,那也是很自然的。而且这种解释也似乎很容易了解,而很合逻辑的原则。

但是在未承认这个假说之前,应先更详细的研究这种机制的机能。反射运动发生的时候,其反射弧内究竟有什么变动呢?外界刺激所生的能力当然不能简单地变为神经作用。这种假定无论
就哪一种神经的动作而言,都难成立。反应的运动和刺激的能力 72
的关系,简直太疏远而不密切,所以不能担保这种假定之可成立。我们只好说神经细胞内储藏的能力由刺激而解放。同时刺激在实质上还可以决定其所当解放的能力究为若干,而究为何种;但是能

力之可以应用的只是神经细胞内现有的能力。① 这个结论就运动神经或感觉神经说都可成立。假使我以电流直接刺激一个运动神经，这可不是传入肌肉内的电的震动使肌肉收缩；因为此处我们也只有能力的解放。所以假使向心的神经元和离心的神经元各自独立，则反射可由下列情形而起：刺激在感觉神经元内解放了某种定量的能力，这能力经过神经元，而转使运动神经元内所储存的能力解放而出。至感觉神经元历程和运动神经元历程间的关系，则和刺激历程及感觉历程间的关系同其种类。无论如何，刺激和反应运动可算不生关系。这种器具虽可称为**机制**（mechanism），然而反射运动的目的性，则除非另有假定，就不易解释；至于这种进一层的假定，在讨论第三种运动之后，便可更易了解了。

要完满地描写反射，须再说明反应如何可转而刺激感觉神经，而使神经系统知道其已有的运动和其运动的种类。这不是说我们定须知道的；因为有许多反射全在意识外发生，好像是反射弧和“新”脑脱离关系时所有旁的运动一般。这种例子第一章内已经述过——例如一个产妇生产而不明了生产的经过。

73 我们已经详论这反射弧说的优点，也已经注意其缺点。我们现在若讨论初生儿的反射，那就更可见其他缺点了。

① 感觉区方面自然也有这种情形，叫作“特殊官能律”[“Law of specific sense energies”(Johannes Müller)]。大脑的感觉中枢所有和感官知觉的现象相当的作用都随不同的区域而异。关于这个问题的约略的讨论，可参看内格尔（W. Nagel）的论文“Die Lehre von den spezifischen Sinnesenergien”，*Handbuch der Physiologie*，edited by W. Nagel，3，1905，p. 1。

五 新生儿的反射运动

刺激婴儿的感官，便可引起各种反射。这些反射学者已予以一种长时期的研究。现在姑且举少数的例子以为说明：

（甲）眼的反射运动（Eye-Reflexes）

瞳孔的反射，开头就是合作的；光若仅照射一只眼睛，则两个瞳孔同时缩小。眼受光之刺激时，眼睑早就能够闭合；然而最初，物体入眼太快，眼睑可不能就闭。眼的运动可使眼适应外界刺激，而当引起个体最明了的视觉；这眼的运动的问题就是一个争辩未决的问题。就我们成人而言，这些运动是自动的，和反射相类似，同时又是合作的；但就新生儿而言，这些运动有时却可各自为政。婴孩可动其一眼，而使他眼完全静止。现在我们可把这两个问题分清：第一，眼向实物的问题，或注视的问题；第二，两眼同力合作的问题。在注视时，眼球移转，而使被注视的物体投影于网膜的黄斑点（the *fovea centralis*），引起最明了的视觉；至灵视则屈度适中，而使物体的明确的印象成焦点于网膜之上［这就叫作适应作用（*accomodation*）］。而合作的另一功用则使两眼有相同的注视和 74
适应［这叫作集中作用（Convergence）］。[①]

那么眼之运动究竟属于遗传的反射，或为习得的结果？请先讨论合作作用。关于这个问题有两种极端相反的学说。由海林*

① 关于眼球的运动，此处只能加以约略的讨论。读者若要详细研究，而又明白空间知觉的一般事实，则可参看 St. Witasek, *Psychologie der Raumwahrnehmung des Auges*, Heidelberg, 1910。其他各参考书则见于此后的附注。

* 原译为“嘿灵”，今译“海林”。——校订者

(Hering)看来:“两眼运动的合作由于遗传,而不由于练习。若就它们注视时的运动而言,两眼简直可视为一个单独的器官。”①一只眼似乎不能独动,因为每一单独的刺激都足引起两眼的反应,恰像这两个器官竟是一个复眼。

反之,赫尔姆霍斯(Helmholtz)则以为:“两眼合动的必要……在常态的视觉中若不易打破……然而这种合作,可易说明其为实习的结果。”②

这两种相反的学说,在整个空间知觉的心理学内,占一重要地位。据第一说,行为的要点——例如眼之运动——可释为预定的、遗传的倾向。个体的生活、实习和经验都能使行为更臻完满;可不能产生新的形式。据第二说,则行为的要点为实习的结果。第一说为先天论,第二说为经验论。

关于两方面所提出的各种论点,我们将仅取其和儿童心理学有关系的几点加以讨论。赫尔姆霍斯的主要根据就是:我们可由
75 学习而破坏两眼的合作。因此,他乃以为由实习而改变的,定也由实习而得。然而这个论点殊难令人信服;因为一种遗传的合作未见得对于行为有不可破灭的必然性。其他可由实习改变的遗传的反应,也很容易举例。譬如海林曾说过,四脚兽也可由训练而采取不自然的走路的方法,例如马的奔驰。

经验论者也许可以婴孩的不合作的眼球运动为其理论的证

---

① E. Wald Hering, *Die Lehre vom binokularen Sehen* (first part) Leipzig, 1868, p. 3 and p. 22.

② H. v. Helmholtz, *Handbuch der Physiologischen Optik*, 3rd. ed., revised by Gullstrand, Von Kries, and Nagel, 3, Leipzig, 1910, p. 48.

据；但是婴孩在产后的第一天内就能够有两眼合作的现象——有些婴孩的运动完全是合作的。[①] 这不仅为两眼对于同一刺激的同时的反应，且确为真正的合作；因为你可将婴儿的一眼掩住，而不至于阻碍其两眼之合作的运动。[②] 这个事实更可以为先天论的证据，因为新生儿常同时运动其两手两腿；而且这些运动若相合作，则便常相对称——向相反的方向，而永不同时向同一的方向而动。例如两手运动或相向而或相背，从来不同向右方，或同向左方。海林说，成年的人也不能使其两手同时向同方向迅速运动。[③] 读者试作此运动，便可以知道它的困难了。反之，即属婴孩也很容易使眼球向同方向而动，如由左而右，或由右而左的注视。所以两眼的合作决不是练习的结果，实以遗传的倾向为其基础。要证实这一结论，我们还可以说，眼球之不合作的运动常起于冲动的运动大占 76
势力的时候，如儿童在温水浴中所表现的运动。就较为长大的儿童而言，眼之不合作的运动在睡眠时可以看见。而且实验动物，而直接刺激其四叠体（*corpora quadrigemina*）或“古”脑的核心，也常可产生眼球之合作的运动。

由这最后的事实，可推知眼球之合作的运动为脑的中枢器官所引起，而眼球之不合作的运动则有不同的起源，而和视觉没有特殊的关系。[④] 假使我们还记得关于冲动的运动的叙述，我们便可

---

① 参看 Stern，*PC*，pp. 69 and 77f；又 Guillaume，*op. cit*. p. 122。

② 参看 Hering，*Op. Cit*，p. 18ff。

③ 同前书，第 22—23 页。苛勒在黑猩猩的调节作用中见有同样的关系。*I*，p. 173(239)。

④ 参看逢克黎斯在上引的赫尔姆霍斯的书内所说的话，第 514 页(注)。

有理由将眼球之不合作的运动也隶属于这种反应了。

我们的结论以为极端的经验论确难成立，因为遗传的倾向在两眼之合作的运动上，也占有相当的势力。这可算是一般学者所同意的。[1] 现在请转而讨论注视的问题。据近时的研究，这里的情境和两眼合作的情境初无以异。婴儿的眼睛虽常作无规则的转动，但在适宜的情境之下，即当产后第一天，也能注视。华生[2]实验了 20 个新生儿，已证明这个事实。他使儿童仰卧于暗室之内，而置其头于一固定的位置之上。然后以一光点示之，此光点若转动于离开圆心的 20 度的直径之内，婴孩便能随光的转动而加以注
77 视。华生为他的实验计，自然要选取最适宜于注视的条件。厄司纳(Exner)又证明一个成人，在这种条件之下，不难在暗室之内无限期地注视一个光点，而在他种条件之下，则注视便甚困苦，而不可能。

在常态的情境之下运动的物体似首引儿童的注视。据斯腾[3]及基云(Guillaume)[4]的报告，他们的孩子在产后第五天，即能正确地注视一个钟表或爸爸的手指。

儿童的眼睛若一见有发光的物体，便立即停止其无规则的转动，而加以注视。婴孩常表现这种行为。在某种情形之下，他更可因此止哭。由斯腾和基云的观察，我们尚不能确定被动的注视——因运动的被阻而产生故名——在常态的环境之中，是否比“自动的”

① 同书第 511 页以后。

② 参看 *PB*，第 264 页以后。

③ 参看 *PC*，p. 78. 婴儿在生后第四天即间可表示这种行为；斯库平的孩子也如此。

④ 引前书，p. 122。

注视发现较早。我们也未知一个运动的物体，在视点(the point of regard)上是否起头便比在边缘上较易引起注视；虽然一般的推论及斯腾和基云对于幼儿的观察或足使我们作肯定的结论。

彪勒[①]说这两种实验实同为一物，我却不能同意。因为就第一种实验而言，刺激为放在一边的静止的物体；而就第二种而言，其刺激则为在视野中的运动的物体。虽说是成人的注视运动也没有一定的规则，其眼常由中而左，或由中而右，以观察物体的小部分的改变；然而运动的物体和静息的物体究竟有一个区别。所以这两种运动的情形彼此不同。

因此，主动的注视，是可能的，虽说是其初或不灵巧。譬如眼 78
球的运动有时或超过于其目的物，有时或远不能及。

这些机能发展的结果更能适应注视的条件。因此，纯粹的经验论遂不复可能，只是关于机能的完成一层才可引起意见的不同。经验论者以为我们所可得而观察的发展乃为一种学习的历程，至于先天论者则以它为一种成熟的历程。

学者现都兼认此两种成分，以为眼的注视和合作，兼有赖于遗传和习得，而不欲独重其一而轻视其他。[②]

然而说注视的运动由于先天的模型，或者换句话说，它们是真正的反射，这两句话究竟有什么意义呢？这种行为就是把眼球旋转，而将视野中任何点内的刺激引至视野的中心；或者换句话说，网膜外周上的光点的表象能够引起运动，而将这光点引至网膜的

① 参看*GE*，第103页。

② 参看Bühler，*GE*，第102页以后。

黄斑点之上。“若将这些作用加以仔细的研究，便可见网膜各点上所有光的印象和眼球运动的特殊冲动之间，有复杂微妙的通路。严格地说，网膜上的各点所引起的运动必彼此不同；**所以视神经的每一纤维和控制眼球运动的运动神经各有一条不同的中枢的通路**。”①这是彪勒的话，和我们关于反射器的知识全相符合；但若由下列的讨论看来，可见其所有的情形实更复杂于此。假使某儿先注视面前的 A 点之
79 上（见图 3）。在同平面的右首之 B 有一光点。于是两眼运动，而将 B 点带至黄斑点之上。假使又有一光点 B_1，在 B 之上，则眼将向上而动，而注视 B_1。又假使两眼复注视 A，而 A 点之上又忽有光点 A_1。由 A 而至 A_1，则其网膜的位置和其先见 B 而后注视 B_1 时所有网膜的位置相同。其眼之注视 A_1 当再有一种向上的运动。那时，A_1 所刺激的网膜之点，虽和第一次的网膜由 B 到 B_1 时 B_1 所刺激的网膜之点恰相符合；可是这两种运动却不是毫无差别，因为由 A 到 A_1 的运动和由 B 到 B_1 的运动所需要的眼球肌肉的神经，彼此不同。这个特例所宣示的，可以普通的词语述之于下：眼球肌肉有注视的动作中所根据的神经，不仅视引起运动的网膜之点的位置而异，且复视眼球前有的位置而不同。所以每一感觉的纤维，应不仅有和运动神经相接的一条通路；而且有为眼球各种可能的位置所需要的多种通路。这就是说，其通路非常繁复；而

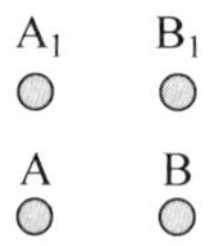

A_1　B_1

A　B

图　3

① 彪勒，*GE*，第 103 页以后。至于着重部分乃是我改的（按西文可用斜写体以表示着重之意，中文无此体。译者遇有原文之斜写体，译成中文时，一律于字下加点，以示区别，因特附志于此）。彪勒还未能断定这种联络或关系是否由于遗传或习得，或是否由于成熟或经验的结果。

每一特例中引起作用的通路，则由眼球的位置而定。这个构造既能实现一种适当的机能，而不赖练习以引导其发展，则其复杂盖可想见，生物学家如欲加以解释，便未免劳而无功了。

再就我们的例而言，由 A 至 A_1 的运动和由 B 至 B_1 的运动实际不同。引起这两种运动的视觉的向心的冲动经过不同的通路，而至相同的终点。换句话说，由两种运动的结果，原来在注视点之上的一点，便也成为注视之点。相同的目的和达此目的时所用不 80
同的方法之间的内部的关系，决不能如一般反射论所假定的。因为就这两个实例而言，其反应虽都和刺激相联；然而其所有感觉作用和运动作用，则十分繁复。因此这种通路的假定是否近理，便不免在我们心里成一问题了。我们若以纯粹经验的词语解释注视的运动，则这个问题便不免更有急待解决的必要；因为我们要知道流行的学说，以为学习不过是神经元间特殊通路的建设。先天论和经验论的争点不在于眼球运动中所需要的固定的通路的系统，而仅在于这个系统的建设。如此复杂的系统究如何能产生于未有机能的活动之前，而完成这些界限清楚、有条不混的动作，经验论亦自知不易解释。现在若再念及每一视觉神经都含有 100 万条纤维——而由脊髓的两边出发的，各有 634000 条纤维——而脑神经的第三对、第四对及第六对又都以其繁复的集合体调节眼球的运动，便更可明了其解释之不易了。

单就经验而言，也不足为解释之助——因为我们知道注视系与生俱来，而以经验论诠释经验也很难成立。因此，这个问题的解决应求之于经验论和先天论的争辩所援用的名词之外。近代心理学到了现在只得放弃旧的学说而接受新的原则，至于这些原则内 81

容如何，本书将再三加以论列。这些原则除了旁的功用之外，对于学习的理论更有重要的影响。

若回头来讨论眼球运动的旧说，则视觉的感觉器和运功器(optical sensorium and motorium 我相信这些名词是容易了解的)中，有两种器具只以繁复的通路而互相连接。因此，视野的感觉作用和运动作用也像和旁的反射一般，彼此不生关系。这是近日盛行的学说。但是我们却知道，眼球运动大半由其所有视觉现象的特点而定，所以和这种学说相反。要证明这一事实，我们所已说过的注视的反射，仅为种种实例中之一。若再举一例，眼球运动又随所见物的轮廓(the contours)而定。由适应作用的结果，对于轮廓的注视可在网膜上引起明确的表象。而且眼球运动的合作虽或不正确，但其结果，两眼的各种位置，都可以使外面刺激物的各点，有最多数投射于网膜上的相当之点；[①]所以两眼无论有如何位置，而经过其注视点的平直线，必常落于每一网膜的相同的线上。[②] 简单的说，调节眼球运动所有的原则，能使我们视觉的知觉对于周围的空间引起最明确的表象。

对于两眼视觉所有感觉机能和运动机能间的“和谐”(beautiful harmony)，海林也曾加以相当的注意；但是这些机能如果视为仅
82 由各个别元素的联络，则这种和谐的意义便无从了解了。因此，难道便没有旁的关系可用以解释这种和谐吗？据苛勒的要著[③]说

---

① 这最后的一种行为称为单视原则(The Principle of the Greatest horopter)。参看 E. Hering, *Beiträge zur Physiologie*, 4, Leipzig, 1864, p. 261ff。

② 见海林氏的“避免错觉运动”的原则，见同书，第 265 页以下。海林驳斥赫尔姆霍斯所提出来的“最易定位的原则”(principle of easiest orientation)，见前引赫氏书第 55 页。单由这个原则的名称看来，便可见看和眼的运动有密切的关系了。

③ *PhG*.

来，似乎还有旁的关系。但是苛勒的概念，和海林的完全不同；而和惠特海墨近在心理学中所提倡的观念相符合。这些观念究竟是什么，此后各章可使其更为明白；现在当仅以其所贡献于眼球运动的新解释为限。第一，旧说以为视觉的感觉机能和运动机能的关系，仅为相互的联络；新说则力斥其妄；因此上文所叙述这的种种结论都在排斥之列。譬如我们不再假定感觉的机能仅用以引起运动的机能，而和运动的机能之间竟没有一种**内的**或**实质的**联络。我们的假说以为所见物自身的特殊模型，也调节眼球的运动。所以视觉的感觉部分和运动部分，不能视为两种独立的机制；因为在多种的动作中，它们实组成一个**统一的器官**(unitary organ)——一个物理的系统——其个别器官的部分可以互相影响。因此，生机体内某一点的变动，不能不倚赖于，也不能不影响于生机体内他点所有的变动。这个新概念在心理学中究有何种意义，则细读全书，便可逐渐明白。

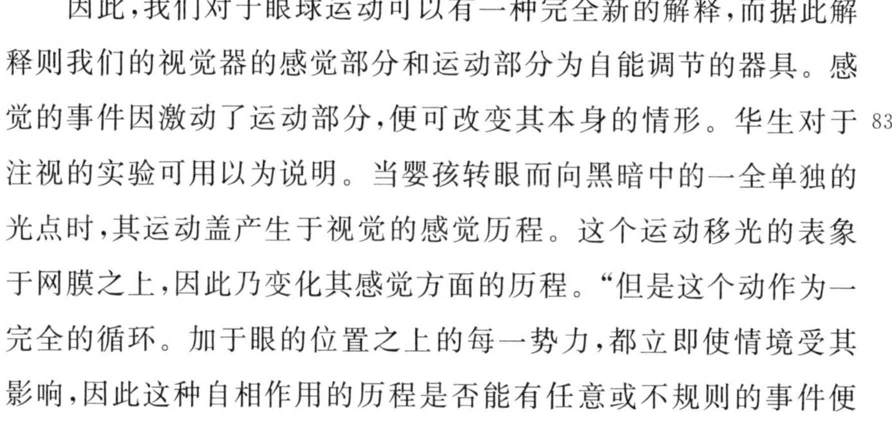

因此，我们对于眼球运动可以有一种完全新的解释，而据此解释则我们的视觉器的感觉部分和运动部分为自能调节的器具。感觉的事件因激动了运动部分，便可改变其本身的情形。华生对于 83
注视的实验可用以为说明。当婴孩转眼而向黑暗中的一全单独的光点时，其运动盖产生于视觉的感觉历程。这个运动移光的表象于网膜之上，因此乃变化其感觉方面的历程。“但是这个动作为一完全的循环。加于眼的位置之上的每一势力，都立即使情境受其影响，因此这种自相作用的历程是否能有任意或不规则的事件便成一疑问了。”(苛勒)对于这个问题的答案就是：眼球一有运动便足使知觉野(field of perception)之内成立一种更进一步的均衡。

黄斑点(或网膜上注视着的光点所投射之处)在机能上为一重要的位置,因为它是中心点,是最有效力的区域。所以,外面的一个光点若投射于此处,便较投射于他处为更足引致感觉器的均衡。较简单的事例,其情形虽不易描写,但苟有变化也必常趋于力之最大的简单化和最大的均衡。而最大视限的原则(参看第 81 页及第 75 页脚注)也和此条件恰相符合。

若由此讨论其物理上的事实,就不免离题太远,现在所要注意的就是这两种不同的机能,虽没有一种特殊的机制,也可互相联络(参看第 70-72 页)。[①] 我可以再说一句,读者对于这新原则的意义和重要,一时决谁了解;但是假使这同一的观念一再和不同的问题联带讨论,读者必将较易明白。那时可再回头来温读这几页的内容。

---

① 参看苛勒,*PhG*,第 27 页,201—202 页,262—263 页。欲更知其详,可参看"Gestaltprobleme und Anfänge einer Gestalttheorie",*Jahresbericht über die gesamte Physiologie*,1922,pp. 512f,引文见第 536 页。马利拿(Marina)氏所研究而得的结果先刊布于 1905 年,修改后,再发表于 1910 年。其观点和苛勒的观点完全一致。马利拿实验猩猩,先使猩猩眼球的中直肌(the medial rectus)和侧直肌(the lateral rectus)互换了位置;然后再以上直肌(the superior rectus)代替侧直肌。因此就第一次实验说,以前使眼球往里转的肌肉,现在用以使眼球往外转;而以前使眼球往外转的肌肉,现在竟用以使眼球往里转了。就第二个实验而言,转动眼球向外的肌肉已被割去,而代以转动眼球向上的肌肉。假使一种明确的冲动由中央出发,经过一神经路而至各肌肉,则此猩猩于割伤恢复之后,应当有最奇异的眼球运动了。然而其伤口刚恢复时,其眼球的有意的和自动的侧面运动,已和常态无异了。由这些及其他结果,马利拿乃断定由中央而至眼球肌肉的构造的联络决不是固定不变的;而传达的神经路也决没有预定的机能。他又以他种移植实验的结果,证明这个结论的重要;而且主张脑的生理学须有一种新的基础。齐亨(Ziehen)评述马利拿的研究时,因为尊重旧的学说之故,虽不免以为马利拿的实验也许有手术上的错误;然而承认其推理的可靠,及其对于脑的解剖学及生理心理学的贡献。参看马利拿(A. Marina),"Die Relationen des Palaeencephalons (Edinger) sind nicht fix",*Neurol. Centralbl.*,1915,34,pp. 338-345;又齐亨对于这篇论文的评述 *Zeitschr. f. Psychol.*,1915,73,pp. 142-143。

这里应该下一结论：眼之运动仍可称为反射；不过我们已知道解释此种运动，可不必假定其有联络的特殊的机制。因此我们乃以为这种眼球运动的解释，或可用以说明一切的反射。这里只提出这一问题便够，等在本章第九节内再徐求其解答的方法。

这至少是可以明白的：就是，眼球运动的先天论或经验论孰优孰劣的问题——或者这些运动的发生由于遗传的法则，或由于个
体经验的学习之一问题——现在可以有完全不同的意义了。因为 84
视觉的现象的本身，或至少其相当的物理作用，以其各别的性质调节眼球的运动，所以眼球运动在发展中，定视其相偕而来的现象而定。任何动作的进步，例如我们已讨论过的视觉的注视，都半视其观看的动作所有的进步而定。经验论和先天论于此复绝端相反，而其解决则只好在我们了解遗传的意义而讨论学习的问题之后。

现在若回来看新生儿所有的反射，则可以再举几个实例于后。

（乙）耳的反射运动

对于听觉刺激的特殊反应，初尚缺乏（参看第134页以后）；但是到第三个月或第四个月——据及基云的研究，即在头几天内——婴孩乃转头而朝向声音，而有一种和眼球的注视运动相仿佛的反应。就普莱尔的儿子而言，这种反应在第16个星期内，已得有“反射运动的固定性”。据先茵女士（Miss Shinn）的观察，则
转头而向来自左右的声音比向来自上下的声音更敏捷而正确；先 85
茵女士的侄女到第二年末，还很难作后一种的适应。赫赤（Hetzer）和都铎尔哈脱（Tudor-Hart）及罗恩费永（Löwenfeld）对于声的反应曾有系统的研究。在这些研究之内，都见有转头而向声源的反应，有一种且证明这个反应见于产后的头三天之内。我

们现在已知道来自左右的声音，其声波由声源而刺激左右两耳的时间有先后，所以较易知其位置。因为由两耳中间的平面而来的声音同时刺激两耳，所以将头转向的结果，可以使两边听神经的个别刺激合而为一，于是脑部中枢所有的刺激作用乃化而为简。而且这个系统也像眼球运动，可改变其本身的情形，以收最高度的化繁为简的功效。这一假说的便利显然可见，尤其是和以“连结”之类的假说相比较的时候；因为被连结的究为何物呢？难道是运动的冲动和时间的差异吗？据我们的假说，则时间的差异量能将“消除这种差异而允许两耳同时听到声音所需要的”运动的度数加以规定。

左右的位置比上下的位置有较大的效率一层，也可为这个解释的论据。而据先茵女士的观察，则**持续的**声音（例如钢琴的音乐），为引起其侄女的头的转向的第一种听觉刺激（第 45 天）；而简短的声音如喷嚏等，直至第 92 天才能够引起这种反应。她这一个观察乃为我们的假说之又一证明。他如罗恩费尔的系统观察也足互相参证。

86 先茵女士不仅像普莱尔对于头的转向有所记载，且兼记载儿童的注视的方向。罗恩费尔以为头的转动见于注视之前。但欲明了这两种反应之间的关系，尚有赖于将来的研究。[①]

---

① 参看 Guillaume, *op. cit.*, pp. 125f. 又他的单行本 *L'Imitation chez l'Enfant*, Paris, 1925, pp. 46 and 60; Preyer, I, p, 79; Shinn, I, pp. 22, pp. 109f. and 129. Hetzer, H., and Tudor-Hart. B. “Die frühesten Reaktionen anf die menschliche Stimme”, *Quellen und Studien zur Jugendkunde*, her von Charlotte Bühler, Heft 5, Jena, 1927, pp. 107-124., and B. Löwenfeld: “Systematisches Studium der Reaktionen der Säuglinge auf Klänge und Geräusche”, *Zts. für. Psychol.*, 1927, 104, pp. 62-65. 关于听觉的方向知觉的学说，参看 E. M. von Hornbostel: “Beobachtungen über ein und zweiohriges Hören”, Psychologische Forschung, 1923, 4, pp. 64f, 并列有详细的书目。

（丙）皮肤反射

刺激皮肤可以引起许多反射。其中有一种是新生儿所特有的，叫做巴宾斯基反射（Babinski reflex）；几星期后就有一种蹠部反射（plantar reflex）代之以起。就常态的成人而言，便不再有巴宾斯基反射了。我们若触新生儿的脚跟，其脚趾便向上而向外伸张。这就是巴宾斯基反射。稍大，若受同样的刺激，其脚趾便向下运动而屈缩。这就是蹠部反射。

巴宾斯基反射有保护性或逃避性。若触婴孩的眼睑或睫毛，也可以引起相似的反射，眼睑立即闭合。若就积极的适应而言，则即在没有皮层的婴孩，也还有另一种有效果的反射。你若触婴儿的手心，他的手指就卷曲而围绕其手所接触的物体。所谓握持的反射，于此也宜带述。在合手的反射中，儿童所施的力量很大。美国人鲁滨孙（Robinson）对于这种反应曾作过特殊的研究，发见大多数的婴孩，在产后一小时内，即能以其手指紧握一个小竿，以至可由小竿将他悬空提起。有 12 个新生儿被悬空提起至半分钟之久，好像是铁杠子上的体育家；有 34 个婴孩竟能紧握小竿满一分钟。[1] 而且我们还可以说婴孩的呼吸和脉搏，虽远较成人为快而无定；但是植物性的历程开头便照常态而进行。喷嚏和咳的反射 87
等在产后第一天内便已可看见了。

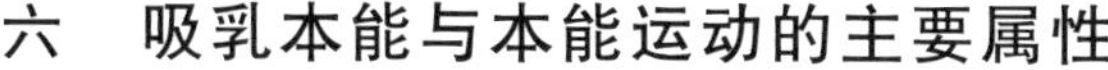

六　吸乳本能与本能运动的主要属性

我们现在可舍去反射动作，而讨论那第三种运动。婴儿行为

① 参看桑戴克，*EP*，第 48 页；普莱尔，第 1 编，第 256 页；华生，*PB*，第 262 页。

中所最常见而最特殊的吸食动作，我们到现在还没曾提及。婴儿生后便能吸食母乳。只须乳头放在两唇之间，便立即，或于数分钟内，引起吸乳动作；不过在这数分钟内，其动作较为笨拙而已。吸乳动作决不是那么简单的反应，因为它需要肌肉的合作。两唇须包围母乳以排除空气，而吸乳运动又须因肌肉的收放而成节奏，以便和吞食运动相应；然而“婴孩所有一切运动，几乎没有一种像哺乳动作那么完备”。[①]

吸乳运动的持续既不是无限期的，也不必等疲倦时才停止；因为婴儿若取得充分的营养，我们纵使把乳头放在他的嘴里，他也加以拒绝而不再吸食。反之，当他饿而要吃时，吸食动作不仅为乳头所引起，其母亲的指头或两颊，只须和他的嘴唇接触，也都可为吸吮的目的物。可见要引起吸食的动作，也不必灌乳于口；但是也不

88 是任何物品放在口内，便都可被吸食。因为据普莱尔的报告，那物品须不过于大或过于小，不太热或太冷，不太苦或太咸，而且那乳液须浓淡适当；否则吸吮动作便将停止。普莱尔说，他的孩子生后第二天吸食冲水的牛乳，并不迟疑，到第四天便拒绝不食了；及至加以少量的白糖之后，才可引起他的吞食。没有大脑皮层的孩子，也可表现这种行为。爱丁杰和斐西耶所描写的孩子，也能“于产生后接受母乳，而作适当的吸吮”。但是常态的。婴孩和呆儿，尤其是缺乏皮层的小孩，似乎也有区别。普莱尔说，常态的儿童能于最短时间内改进他的动作，大约两星期后，他的动作便可像机器之有调节了。据索利尔（Sollier）的观察，天生的呆童其动作则很少进

① 参看普莱尔，第1编，第259页；华生，*PB*，pp. 259f。

步。索利尔说，这种儿童每一次作这种反应，都似乎不受前一次经验的影响。[①] 至于爱丁杰和斐西耶所描写的缺乏皮层的小孩，到生后第六个星期，竟不复能把持母乳，其后须用调羹喂饲。他的母亲，留意观察，看见他到第四个月时，微露一点吸吮的运动，她因此用瓶来试，看他能否吸吮，这倒是一个成功；而且只是瓶内有乳的时候，他才捧瓶而吸。

常态儿是否开头便能找寻其母的胸口，却还是一个疑问。不过他若没有帮助，可决不能找着母亲的乳头；等过了几天之后便能够了，也许是由于嗅觉的指导——试看生而盲目的狗也有这种能力，可见其仅赖嗅觉了。但是和胸口接触之后，他的两唇的触觉，89
也许有相当的作用。

初看起来，吮吸似乎是一种反射动作。它的呈现，就初期而言，至少可算是对于一种刺激的反应；它的进行是很有规则的，它又属于先天的倾向，而又很有裨于种族的生存。但有仔细研究起来，就觉得它和反射有几种重要的区别。第一，吮吸是一种比较繁复的动作，这是前已说过的；但是因为这一层还没有确实说明，所以不算一种很重要的区别。第二，其反应和刺激的关系，和一般反射动作所表现的也有若干不同之点。

(a) 吸乳运动之和刺激相适应，尚不仅因为其反应适合于客观的刺激——好像是瞳孔见强光则收缩多，见弱光则收缩少——而且因力吮吸的动作随刺激物的特殊的形式而规定。譬如吮吸时两唇的位置随其所吸的客体为胸乳、橡皮乳、成人的指头或小孩自

① 据康柏勒，第 1 编，第 83-84 页。

己的指头而异。

(b) 刺激的物品如微有不同，也许可以引起相反的反应（如吸乳或拒乳）。这一层在生存上有时也很重要——譬如乳液须有适当的成分才被吸取。

(c) 除疲劳外，单是刺激也未必引起反应。整个生机体须先
90 有特殊的情状——例如就吮吸而言，则为食的需要；因为我们知道已饱的婴孩便不再吸乳而反拒乳。这些区别虽很特殊，然而假使我们研究动物，而尚未发现一种不产生于经验，又不起源于考虑的行为模型，则也不足以此为这种运动和反射的区别的特征。这些就是本能的运动，吸乳动作就是本能之一种。

为目前的目的计，我们可再举动物所有的几种显著的本能的动作为例。[①] 小鸡刚出壳后，便能啄食近旁的小粒的物体。这种动作不必母鸡或旁的小鸡给它以一种榜样。人工孵育的小鸡，其啄食动作于此也无异于自然孵化的小鸡。其所啄食的，只是那些距离很近而有某种大小* 的物品，如谷粒、毛虫等；其余则不加以选择而啄取，也能精确可惊。这种运动在短时期内便可完全发展，不过其初期的啄食也许有过和不及的欠缺；然而其过失也仅和目的物相差，间不容发而已。要而言之，啄食的动作，可视为视觉刺激和支配一大组肌肉的冲动的精确合作的好例。

筑巢本能是又一例。在不自然的窠内，没有母鸟抚养而长大的鸟，到孵卵的时期也能开始筑巢的动作。在筑巢时，它们便利用

① 首要参看摩尔根，然后参看普莱尔第 1 编，第 236 页以下；又詹姆斯第 2 卷，第 383 页以下。

* 原译为“容积”，今译“大小”。——校订者

一切适宜的材料，即在自然环境所不能得到的材料，如棉塞及染色的羊毛等，也能取用；然而其用此材料而造成的窠，也和**本种鸟所特有的巢**相类。所以燕所造成的窠和画眉鸟的不同。在不自然的环境中长大的燕，虽不曾见过燕巢，也没有摹仿同类鸟筑巢的机会；然而也能和自由长大的燕造成相同的窠。至于筑巢乃是一种很复杂的动作，那就不必申说了。因为鸟巢常成一种艺术，例如芦 91
鸟巢筑于芦苇间，定要造得深一点，才可使风吹芦苇斜向水边时，不至于倾蛋落水。

松鼠之于产后即从树上窟中取出，而在不自然的环境中长大的，可引以为第三种最后的例子。起初我们用牛乳饼干喂饲它，其后忽给它以一橡树的干果——这是它从生后第一次看见的干果。它细察这果子的外状，然后咬之使裂而食之。此后无论何时，只当它在房子内释放的时候，它所有的果子若一时不能吃尽，它常衔取一个果子把它储藏起来。它先向房内四面一看，然后跑到一个安全的地方——如沙发的脚后，或雕刻的桌脚的孔内——把果子放在妥当的地点内。这种行为以藏果的动作（有时也以取土掩果的动作）为终点。藏果之后，那松鼠便工作如常，并不以果子是否暴露于外，扰乱动作。你若想要了解这种行为，你就须知道松鼠在自然的环境中，实在是如此储藏果子的。它们把果子藏在地下有两三公分之深，后来以嗅觉的帮助，复能求而得之；但是我们所报告的松鼠，却从未到过露天下的空地之上。[①]

这些例子可代表本能的活动，我们由此可见生物不必经验的

① 参看摩尔根，第122—124页；又詹姆斯，第2卷，第383页以下。

帮助,也能够有所活动,而特别适宜于自我的生存和种族的绵延。
92 这些动作却并不简单——大部分是非常复杂的——而其动作和刺激的关系也复不简单。由其在不自然的环境中所表现的行为看来,可见其动作的结果完全非动物所能知晓;但是它也能**动作以达到一种确定的目的**,只当这种目的——为环境所允许——已经达到之后,才停止它的动作。例如母鸡饱后才不再啄食,松鼠于藏果之后才不再爬搔泥土。现在若想用这些例子为反对我们的结论的证据,而以为松鼠的行为并无目的,它只是完成其前所排定的一组动作,所以完成后便停止;我以为这是绝对不可能的。因为这是把关于松鼠在不自然环境中所有行为的概论,妄想推诸常态环境中的行为了。干果原不能埋在房间之内,所以原来的成就为不可能。但是在旷野之中,其用以达到同一目的,也许有不同的动作。松鼠掘土的方法视泥土的性质而异;其爬搔的方法,也必视泥土之松或实,干或湿而不同。

这些活动没有一种是简单的;它们都是繁杂的运动复型(movement-complexes)。试想筑巢所需要的运动如何繁多,而如何不同;然而它们都能适应环境,正像是吸吮之适应于接受滋养。我们所称为**本能的**就是这种活动——以昆虫所有的为最完全;然而我们可不得以这个名词为行为的解释。学者每易名动作为**本能**
93 **的**而以为可代替真的解释;但是老实说,这些活动在公正观察者心内所引起的怀疑,非本能之一名词所可消除的。从这一点看来,科学应承认本能还是一个未曾解决的谜。

由此可知我们为什么不以吸吮动作为反射,而以之为本能之一。因为吸吮动作和前所未知的成就,如寻乳和拒乳等,有相当的关系；且又因为它有繁杂的运动复型，所以合于本能动作的标准，而有异于反射(第 89 页)。

七　本能为连锁的反射　桑戴克说

我们以前解释反射时(第 70 页)，曾自问一个器官应如何构造，其机能才可为反射的。现在对于本能的运动也发同样的疑问。本能究应有如何的机制呢？

这个问题的答案比反射更为困难，现在实没曾有普遍承认的本能说。有许多学者不复想解释本能，而以本能为未解决的或不可解决的谜(例如斯腾)。然而有一个答案却很通行，所以我们应即予以注意。这个答案，以为本能的动作不过是一组反射动作，换句话说，本能为连锁的反射。一个刺激激动反射运动，而引起本能的动作。这种运动或为引起新运动的刺激，或引起体外的新刺激，而影响个体以唤起新运动。如此继续前进，而以本能动作完毕为度。譬如饿狮出发猎取食物，饥饿时的有机作用唤起猎取食物的 94
运动。狮子若以其感觉器觉知其目的物已将迫近，它便潜行于其后；等走得很近，它便一跃而攫取之；最后其爪牙若和目的物接触，它便吞而食之。所以每一运动引起一新刺激，复由新刺激而引起新运功。这个例子取自詹姆斯，詹姆斯就是这个学说的赞成者；[①]而这说的起源则由于斯宾塞。现在这说在比较心理学中为行为主义者所主张，那是我们已经知道的。华生的《行为》一节内，曾经以

① 参看詹姆斯，第 2 卷，第 383 页。詹姆斯的本能章笔锋带有情感，非常动人。其学理上的绪论，我虽不能同意；然仍以为本章很有一读的价值。关于本能观念的略史，可参看格鲁斯，*PA*，第 25 页以下。

为“本能是一组连锁的反射”。[①]

桑戴克也力主此说,且曾用以讨论人类发展的心理学。因此我们的评论可以桑戴克关于这一说的陈述为根据。桑戴克和一般的行为派相同,以行为的每一动作为一种情境的反应,且以为动作含有三部分:第一为体内和体外的情境,以刺激个体;第二为反应,为个体本身的作用,而为这种刺激的结果;第三为联结,使情境和反应之间有关系的可能。但是这便无异于我们所已知的反射模型了(见第 70 页以下);不过其应用的范围已很扩充,而包括一切智慧的动作。[②] 这种扩充,我们将再加以讨论;现在所要注意的,只是行为的遗传的模型。这些遗传的动作有一特点,就是其情境和反应之间的关系,视神经元的位置和排列而定。所以由这点看来,没有一种遗传的行为和反射有主要的区别。若将这一层记在心
95 内,则描写本能而顾及其所达到的目的,那就显然不大妥切了。因此,我们应以唤起本能的刺激而鉴定本能。你若以为动物有自存的本能,那就和认氧为有生铁锈的本能同其失当了。

因此,本能的机制遂被视为反射弧的系统(见第 71 页),不过本能的动作和其所达到的目的,为什么有如此密切的关系,还没有相当的解释;然而这一点,就是本能和反射的主要的区别。

我们现在可于这一问题加上几句。我们若将同一本能活动的个别情境而加以比较的研究,便可知行为因情境的不同而改变,所以情形虽变,仍可得同样的结果。鸟若将重的木条带至窠内以作

---

① 参看 *B*,p. 106. 华生在 *PB* 内,以为这个定义只是一种节要。

② 参看桑戴克,*EP*,第 1 页。

筑巢的材料，则其所有的运动异于携带轻的木条时所有的运动。这种行为的改变，有时可很便捷。但是有时先实行原来的动作，这个动作若不适于新环境，则可加以改造，而以达到目的为止——至于目的无达到的可能时，则成例外。这种手续可以吸吮为例。奶瓶若阻塞不通，则吸吮可较前用力而起劲。这种本能运动的特点很是重要。摩尔根名之为“坚持性”。

还有一个人的学说，也可附述于此。这就是托尔曼，他是决没有玄秘思想的嫌疑的。他说：“我们看见（生机体）继续试误，必俟至指定的**终点**业已**达到**或**避免**而止。这种目的为一客观的、行为 96 的事件，也就是行为之所以为行为的内在的特性。……它系存在于行为之内，而为组成行为的成分。”[①]我以为描写本能活动的这方面，当莫善于托尔曼的这几句话。但是我们要记得托尔曼之超越于极端的行为主义，正犹他的行为的定义之超越于通常行为主义的学说。托尔曼也观察我们所称的**行动**；而本能活动的全义，也只可由行动的观察而得。

桑戴克要想创造他的学说，以包括本能行为的这一特点。他想要知道反应为什么在同样的环境中改变，又为什么只是目的已经达到的时候方才停止。但是由反射弧说看来，便有两种不同的问题。你也许可以解释这种变化，而应用桑戴克的假说，以为反射弧不是一种简单的机制，因为向心神经或感觉神经和多种离心神经或运动神经的关系疏密不同，以至于相当于不同的关系的各种反应可继续呈其作用。至于这些不同运动的连续，便需要进一层

① Cf. E. C. Tolman, *op. cit*. p. 355.

的假定；然而这个解释依旧不甚完满，因为运动为什么改变，以达到一种特殊的终点呢？

于是桑戴克乃另提出一种新的假说。我们也许可以假定目的未经达到的时候，刺激依旧存在而继续有效；但是一个刺激为什么不常引起同样的反应，而直至疲劳而止？为什么动物必变化其行
97 为以求最后满意的反应？也须有相当的解释。桑戴克以为动物容忍某些情境而不加以反对，或且勉力维持其现状；厌拒某些情境而或且力求改造：这就是生机体的遗传性之一部分。[①] 他称这些情境为“原始的满足物”和“原始的滋扰物”。“原始的满足物”的例子，他引：“和人类为伴而不愿独居”；“倦则欲息”；“精神兴奋则欲动”。滋扰物的例子，他以为有：“口内苦味的物质”；“进行时为障碍物所阻”；“为他人所蔑视”。

举例纵使完备，也不足使人了解，反不如述一法则，而由此法则抽出这些实例之为愈。桑戴克说明其法则如下：“一个传导单位(conduction-unit)若已预备传导，则以传导为满足，而以阻止不通为不适意。”但是这一法则只足使我们再回到原来的问题；因为我们所欲解释的结果在解释内仍复存在。若不用兜圈式的辩论，则这个解释只是乞助于神经元的行为，才可维持。一个情境也许引出多种运动，而这些运动则全赖遗传的倾向而定；但是这种遗传倾向的机能，不仅在传导冲动于神经路以引起运动，而且使其他的神经路也预备乘机传导。所以詹姆斯的饿狮若要完全加以解释(见第93页以后)，便须再进一层。狮子因嗅得目的物的气味而潜行

① *EP*，第123页以下。

于其后时,其调节跳跃动作所有的神经链也须同时已有准备。他如撕裂、吞食等种种活动所依赖的神经路,在猎食之初也须有相当的激动。这种动作若可完成,则这些业已准备的神经路实际活动; 98
但是这种动作若未完成,则这些神经路保留不动。因此我们可以得到一个结论,以为业已准备的神经元——或者如桑戴克之所谓**传导单位**——以活动为满足,而以不能活动为不快。反之,神经路或未准备传导,或则情形不利而横遭障碍,则被迫传导反觉不快。

桑戴克于是乃应用这些法则,以解决一切原来快和不快的情境。这一工作牵及假说很多,我们可不必讨论。现在可立即研究桑戴克的理论,是否可为解决本能问题及解释本能的"坚持性"的帮助。前曾举出的一个原则,于此或可有助于桑戴克;因为一个情境不仅可引起一个反应,而且可引起多种不同的反应。假使第一个动作不能达到目的,而反生不快之感,那末旁的可能的反应,便因这一失败和遗留下来的原来的情境而引起,以至于最后乃获得满足;除非是疲劳来侵,而动物不得不放弃其动作时。这种原则以为可用以解释本能的"努力"的变化,因为努力的变化系由于不快的情境而起;而动作的停止则由于满意的情境。

这种对于解决本能问题的企图,有两点是必须注意的:

(一)桑戴克的理论,以为不成功的动作若继续进行,则常有
他种动作继之而起,视情境和神经元的交互的关系而定,直至最后 99
达到目的而止。但是以这一运动代替另一运动,不由于最后的目的而定,而全有赖于生机体的神经路。所以这个理论为**机械**的,其义已如上述(第71页)。一个运动如何能继那不成功的运动而起呢?这就是立即发生的问题。据桑戴克的意思,可有下列的答案:

由一动作而起的特殊的不快,加以旧情境中的遗留物,便产生一个新情境,而这个新情境则复引起新的反应。但是我们此处所有的困难和关于眼球运动所有的困难相同;因为它们都须有无限数的联络。请先让我们看桑戴克对于饿猫关在小笼内,而于笼外放置食物时所有的行为到底如何描写。小猫从前本未曾放在这种情境之中,现在乃"欲夺窗而出;以爪抓栅栏和缚线,而以牙咬之;伸爪洞外,而于力所能及的什物任意抓取;遇到松而不固的东西,则继续打击;也许以爪打笼内的什物。对于笼外的食物,则不甚注意;但似仅本能地努力逃出禁笼之外。它于奋斗时的动作则非常起劲。其不断地爪打,牙咬,而挤压,可继续至 8 分或 10 分钟之久"。[①]

若问这种反应有何刺激,而希望其以整个的情境及神经元的准备的情状——由这种准备,然后刺激才可引起遗传的神经路的运动——作答,则似乎完全不足以说明当前的问题。

杜里舒(Hans Driesob)和柏赫(Erich Becher)则有另一种的讨论。[②] 引起本能动作的情境常可于不同的时候释为完全不同的
100 刺激的元素;但就大致而言,其结果仍相同。这可以下例说明。某种蜘蛛有一种本能,可使它们见蜂而逃;它们刚才见蜂,便已逃避。达尔(Dahl)说蜘蛛这种逃避运动的有效的刺激,不是特殊的颜色、气味或大小。蜂虽可被认识而不至错误;然而其为刺激,则并不产生一种确定的视象(retinal image)。因为蜘蛛看蜂,可因自前看,自后看,或自侧看而异,复可因自上看,或自下看而不同。所以刺

---

① *EP*,第 134 页,或 *AI*,第 35 页。

② 参看 Hans Driesch, *Philosophie des Organischen*, 2nd ed., Leipzig, 1921, p. 321;*GS*, pp. 397f。杜里舒以为"特殊的,个别的,本能刺激的存在"还没有明确的证据。

激的有效的元素，应随其所占有的位置和蜘蛛的距离的不同而变化。但是纵使蜂的位置非常特别，而逃避的运动仍可引起。此地同一的实物，可以发生无限种可能的刺激；因此本能的器具若视为一组预定的神经路，则这些神经路的数目应多至无限。这个问题如何解决，固然是另一件事；但是反对斯宾塞的本能说以这一层为最有力，那是不可否认的。

（二）但是，桑戴克的理论对于这个问题也有积极的贡献，因为他的快和不快的情境说，可为这一问题解决的张本，以其能和下列原则相合：就是，生理的历程有“闭合的”* 和“未闭合的”反应两种。这个原则在桑戴克的著作中，仅具一种特殊的方式，和其所有的其他假定有密切的关系；但是这个原则不仅在本能动作的解释上，有极重大的意义，而且对于一般行为也都如此。

八　对于本能说的贡献与对于机械论及生机论的否认　本能与反射

斯宾塞说为桑戴克所袭取，可是若没有引用“闭合的”和“未闭合的”生理的系统而加以重估，则必不能完满；虽然，他的理论也还有一种不可救药的缺点。因此，我们须了解本能的动作而不受任何学理上的先入之见的阻碍。要想达到这一目的，则须对于本能的和反射的动作，有更明确的区别。我们已知道反射动作的概念和简单的反射器具的假说相符合。我们现在可半采取斯透特(Stout)的主张，而以三点补充先前的叙述：

---

* 原译为“结束的”，今译“闭合的”。——校订者

（一）反射链须含有多数个别的部分活动，其秩序则随生机体所有神经元系统的次序而定。假使我们名这些部分活动为a，b，c，……则b之引起由于直接受a的刺激，或受一种和a有关系的有效的刺激，c之和b的关系也犹b之和a。总而言之，每种连续的部分活动，只是和直接前行的活动，或其结果有相当的关系。而且假使我们承认桑戴克的预备说，则一特殊的动作可受多种或一切前行的部分活动的影响。因此，支配本能动作的神经元之间的联络若可改变，则其运动的先后的次序也有改变的可能。换句话
102 说，我们只须转移神经的联络，便可使母鸡同时起始其啄的行为和吞食的动作，而不先引伸其头和颈项，然后开口取食。马利拿（Marina）的实验（本书第80页注①），确已将神经的联络作此改变，但其结果如何，那是我们可以不必置疑的。神经的联络虽经改动，而运动的先后则不随而倒置。

但是我们若取一动物生活中所有的特殊本能的动作而研究之，则我们所受的印象并不是各相独立的部分活动的累积。其实一种本能的活动有**一致的进程**（uniform course），是一种**连续的**运动；不是个别运动的集合，而为一相接而有始有终的整体。这种活动的每一成分，不仅视其所占的位置和前行活动有如何关系而定，且视其和整个动作的各部分有如何关系——尤其是和达到目的的最后动作的关系而定。一个本能的活动，其所给我们的印象和小孩乱按钢琴时连续的音所给我们的印象不同，而和曲调所生的印象相似。换句话说，一个本能的反应，不仅为刺激所引起，且和刺激相**适应**，这不仅就结果言如此，即就整个反应说也复如此。我们前已说过，一种本能的反应，随引起这种反应的情境而变。在某种

情形之下，阻止本能动作进行的障碍业已打破；而倾向则依旧存在，以不同的手段，继续努力，而至达到目的为止。譬如筑巢，在造巢的任何时期内，你不能说鸟将有此运动或有彼运动；但是你可以说鸟须满足此要求或彼要求。

我们要知道这些话是没有偏见或学理上的成见的。所以我们 103
可以自由承认其真确；虽说是实际上的行为或稍异于此。我们又要知道这种描写，不仅就本能的动作说如此，即就高级行为如智慧的行为说，也莫不然。[1] 所以我们此后，可常用这些话来讨论本能。不过读者对于我们的叙述，殊不必有所怀疑，以为它或将引起一种学理上误谬的结论；因为你自然不能因本能和智慧有共同之点，便以为本能的动作中有智慧的意识——如斯透特之所揣度的。然而我们也不得轻视这种共同之点，而置之于不论之列。[2]

（二）反射为“被动的”行为，有赖于前行的刺激；本能的行为则为“主动的”，能搜寻刺激。例如鸟搜求筑巢的材料，肉食动物窥伺其被猎夺的动物。换句话说，刺激的环境不是这些活动的充分的原因。每一运动的产生都需要一种力；而产生本能活动的力则不存在于刺激情境之内——而存在于生机体之内。生机体的需要为其动作的最重要的原因；这些需要若已满足，则动作也即停止。[3]

---

① 参看苛勒，*I*，例如第 46 页(63)，及其他。

② 林克(H. C. Link)近为一文，其结论和本书相类似。参看“Instinct and Value”，*American Journal of Psychology*，33. 1922，pp. 1f。

③ L. L. Thurstone，*The Nature of Intelligence*，1924，and K. Lewin，Vorsatz，Wille，Bedürfnis，*Psychol. Forschung*，1926，7，pp. 330f.

（三）本能的活动和感觉器也有特殊的关系。一个本能的活
104 动以引起这个活动的感觉区域所受的特殊刺激为其特征。而这些刺激虽可使某一物种受最有力的影响，但也可使另一物种漠然无动于衷。[1] 翻过来说，动作实行之后，其呈现于感官之前的情境，也可决定其动作的应否持续；成功和失败是有区别的，所以不同的活动可达到同一的目标。

由此可见本能的活动和有意活动相类似的程度，远较大于其和纯粹反射相类似的程度。无论如何，本能活动含有有意动作所特有的“向前性”(forward direction)。

你也许抗议以为动物若能预知其所欲达到的目的，才可说有“向前性”。有意动作固然含有这种知识；但就本能而言则不然，动物在本能动作内向前活动，可没有预知其所欲达到的目的。既不明了其目的，又如何可以说奋力以达到目的呢？对于这一疑问，斯透特回答的很是。我们正很可以向前活动，而不知道其业已迫近的目的。我们等候，也许不知道等候什么。所以目前的情境不仅是如此组成，而且是常在变迁之中。或者可以说目前的情境不为**情状**(a state)而为**过渡**(a transition)，不为**已成**(a being)，而为**将成**(a becoming)。要了解这层意义，却并不困难。观剧时见第一幕便可觉知恐怖的情景或将发生，又可觉知戏台上已过的情景或只是悲剧结局的预备或迟延。但是你可不能说将来而未来的结局究竟是什么。[2] 譬如你第一次静听一种陌生的乐调，这乐调未完

① 参看 McDongall, *OP*, pp. 99, 106, 110, 及本书第 100 页注②。

② 参看格鲁斯, *PM*, 第 146 页。

毕前忽然中止。你可很明了的知道这种音乐应当继续。或者再举一个例罢。假使有一个人正在打拍,如 ·· — ·· — ·· ,最后一拍 105
虽未曾结束;但是其后的节奏总可推想而知。就这一实例而言,你所希望的原甚确定,而就前例而言,也未见得完全无定;虽说是这种不确定的程度在某种情形之下,或可较大于简单的节奏。即就戏剧而言,观众所见的悬而未决的悲剧的结局,也不是完全无定的。其所预知的,无论其如何不甚明确;至于其应当变迁的确定的情境——和其部分所有特殊的变迁——及其变迁本身的方向,总可以约略知道。前举各例中,其动作的进程若偶被打断,则所截断的不仅为各相独立而持续的动作,而且为一种整个的进程;这种进程当截断时,虽不完全,然而其本身及其进行时自有其前进的法则。我的推论比斯透特更为彻底,因为我想这也是本能的行为的特点,所以你可以说动物愈迫近于其本能动作的目的时,其变迁的方向所流露于尚未完成的目前情境中的,更明了而确定。

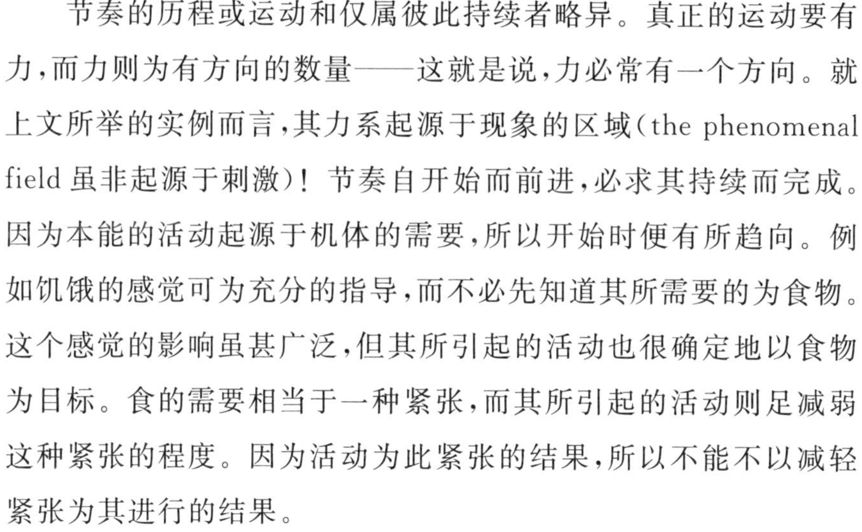

节奏的历程或运动和仅属彼此持续者略异。真正的运动要有力,而力则为有方向的数量——这就是说,力必常有一个方向。就上文所举的实例而言,其力系起源于现象的区域(the phenomenal field 虽非起源于刺激)!节奏自开始而前进,必求其持续而完成。因为本能的活动起源于机体的需要,所以开始时便有所趋向。例如饥饿的感觉可为充分的指导,而不必先知道其所需要的为食物。这个感觉的影响虽甚广泛,但其所引起的活动也很确定地以食物为目标。食的需要相当于一种紧张,而其所引起的活动则足减弱 106
这种紧张的程度。因为活动为此紧张的结果,所以不能不以减轻紧张为其进行的结果。

要想使动物作本能动作时的"外的"和"内的"行为较为明了，我们可即讨论人类本能的性质。假使有一个人忽然听见哀号的声音，他便向着哀声传来的方向移动。假使他看见哀号的人，他也许将救助这个人于患难之中。那末一个人听见哀呼的时候，究竟有如何"经验"呢？他也许感到哀怜之情和勇敢之气，他也许想要逃避他而不愿走近。所以个体的"内的行为"是**感情**的，而和动作相随的现象则为**情绪**的。而且这些情绪，或"内的行为"，和本能动作的外表行为全相符合，正如我们关于行为的概念之所需要的。麦独孤*曾力倡本能和情绪的关系论，他说："本能的活动自然有一种感情的激动；这种感情的激动若和某种本能相伴随，即含有某种本能的特性。"所以逃避时便觉惊惧，斗争时便觉忿怒，唾骂时便觉厌恶。摩尔根近为一文，也表示这种意见。[1]

我相信我们还可更进一步，要答复学者对于麦独孤说的批驳。
107 我们已以生机体的需要为本能活动之最后的原因。这些需要也许久伏而不动，或竟为生机体所未觉。但是它们可由其潜伏的状态起而活动，前述闻哀声而趋救的例子可用以为说明。就此例的情形而言，我以为闻哀声者的意识的第一种响应就是这些需要的内的方面。大概地说，情绪不仅为行为的反响，且可前于行为而为已引起的需要的直接表情。由此引起的情绪虽颇足使生机体感动，

---

* 原译为"麦克杜格尔"，今译"麦独孤"。——校订者

① 参看 W. McDougall, "Use and Abuse of Instinct in Social Psychology", *Jour. of Abn. and Soc. Psychol.*, 1921-1922, 16, pp. 293, 325, 330; *OP*, pp. 110, 128, 314f; Lloyd Morgan, "Instinctive Behaviour and Enjoyment," *British Journal of Psychology*, 1921, 12, pp. 1f。

但同时也可有他种力量，使生机体不能随这些需要而行动。我们可不能说当时的意识常反映潜伏的需要。据精神分析者的学说和勒温(Lewin)近时的主张，[①]当时的意识有时可反映表面的，或假饰的需要，如意向或决心，而整个行为的一般的趋向，则都受那些不在意识内的更强大的力的控制。

也许有人抗议，以为由突然而来的呼号而引起的反应乃非本能的，而为习得的；而其实行的方式也大要看行动者的个人的经验和其环境的性质而定。但是这个抗议可忽视了一个很重要的特征。本能的活动可用引起这个活动的力量为其界说。因此，由原来的需要而不由习得的需要而引起的活动都可称为本能的。但是本能的活动就其通常的意义及第 90 页以次所提出的解释而言，尚有一显著的特征：就是，其动作本身的实践似概受生机体的本性的
支配。不仅此需要，即满足此需要的方法似都为遗传的。这第二 108
个特征和第一个特征不常有明了的区别，似足为反射链说(the chain-reflex theory)等的本能的机械说的要因。这一层，下文当再加以论列。就现在说，我们可利用这个区别以证明此例所举的反应为本能的。我们一方面记得现在尚未讨论学习的意义，一方面可自由承认闻呼号而趋救，或避危险而他往等的活动为习得的。但是我们仍主张这些活动为本能的，因为它们起源于基本的需要。

我们若重复讨论原有的主题，则须知研究本能行为，不必以任

① K. Lewin, "Vorbemerkungen über die psychischen Kräfte und Energien, und über die Strucktur der Seele," *Psychol. Forschung*, 1926, 7, pp. 309f.

何假设为前提；而关于终局和过渡的情境的区别，可和桑戴克得到同样的结论。一种活动若未结束，则其所产生的每一新情境都仍为过渡的情境；反之，假使那动物已达到最后的目的，则其所达到的情境为终局的情境。因此，动物的现象的情境及其或明了而或否的部分都有赖于动物的活动。现象野(phenomenal field)的任何部分，无论其为起点，“过渡的情境”——或为到达目的的帮助，或为到达目的的障碍——或目标，都随动物的活动而异。同一物体可为起点，也可为终点；虽然，在现象上，它们实非同为一物。例如，一个高山，旅行家欲上去远望(有终点的性质)，山居者欲测量其高度(有起点的性质)，于是，这个高山，由他们看，遂不复同为一物。[①]

除了动物的活动之外，现象野的本身还有动的性质。譬如，其
109 部分的联接或密切而或否；其部分或完全而或否；其排列也或可为“闭合的”而或为“开口的”。联络的法则(laws of articulation)要不外隶属于现象野，于此乃得一说明。例如图 4 为一开口的三角形，只是因为它是开口的，所以并没有三个角。我们可以说这个图形表示一种“未闭合的现象”；但也明确地表示其“闭合”所应取的方向。

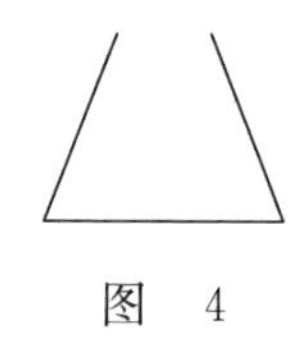

图　4

我们既以为经验附丽于行为，正像一切行为之附属于中央神经系统的历程，所以由本能动作的讨论看来，我们可以说不仅经验有“闭合”的现象；即整个的行为及其对付环境的一切反应，也都有这种现象。因此本能的活动为一种客观的行为，和节奏、曲调及图形等现象相当。

① 在勒温的战事经验中，也有类似的记载，见本书第 322 页。

然而这些机能的机制，究有如何性质呢？那又是一个问题。由本书后面各章及近代心理学研究的结果看来，可知连锁的神经元决不能代表这种机制。但是在这一点，以本能活动为反射的解释，可又有一种反面的主张了，以为这些机能的适当的机制的问题可全盘否认，而以为有生命的现象决不能和无机体受同一法则的支配。因此学者结论，以为生命的现象中有特殊的“生机力”(vital force)，其所利用的能力或基本上为精神的，或至少应视为和心灵 110
有直接的关系。

这种学说名为**生机主义**(vitalism)，或者生机力和精神的力若合而为一，则可名为**心理的生机主义**(psycho-vitalism)。苛勒说的好：“你若问经验中那种现象促使生机主义者承受这种学说，那末生机体和其行为中之所谓‘闭合的现象’就是多数生机主义者的动机。”①

在本书第一章内，对于“心理说”的各种抗议业已说过，但是假使我们须于机械主义及(心理的)生机主义中选择一种，那就不得不选取后一种，以免对于生命有完全的误解。然而惠特海墨于其脑作用的新理论中，②已说明我们不必作这种选择。因为假使脑

① 参看 *PhG*，p. 13。生机主义者在形态生理学中也有两种概念，类似于我们之所谓闭合的情境和过渡的情境。譬如杜里舒(Driesch)曾讨论“完全”和“不完全”的区别，以为前者由内部的原因不许有跟着来的历程；否则其原形便被扰乱了。参看 H. Driesch，*Die Organischen Regutationan. Vordoreitunqen zu einer Theoriedes Lebens*，Leipzig，1901，p. 84.。

② 参看 M. Wertheimer，“Experimentelle Studien über das Sehen von Bewegungen”，*Ztschr. f. Psgchol.*，1912，61，pp. 251f. (Frankf. Habil-Schr.，p. 91)，现重刊于 *Drei Abhandlungen zur Gestalttheorie*，Erlangen，1925。

作用和节奏、曲调及图形等现象相当——而脑部受伤，即不能产生这种现象，可见神经作用和这种现象的产生不无关系——那末这些同样的神经作用，应含有这些现象所有的一切特点。苛勒且证明无机历程也含有这些现象所含有的属性。

但我须又以关于本问题的几句话为限。我们的问题约有两种：第一，无机历程有没有“闭合的现象”？若是有的，那末第二，这
111 种“闭合的现象”，是否也有所谓终局的情境和过渡的情境？第一个问题较为困难，苛勒先就那些不随时间而变的历程而予以解决，以为休息和静止（即不因时间的经过而改变其属性的那些历程）——例如电流或水管里的流水——确含有“结束”的现象。读者若未知那“闭合的现象”的意义，便不易明白这个解决的涵义和重要。但是这种意义，往后若再加以讨论，便可较前明白；而同时这个解决的重要，也可逐渐显著。

第一问题的解决可立即引入第二问题。静止的情境，在无限量的状态和事件中，可以视为各种现象最后的情境。这些特殊的“闭合”的状态可以有两种特性：第一，它们可满足能力的某种条件，[①]第二，它们含有简单及坚实的属性，而这种简单和坚实的程度单提出来，则可用数学说明——虽说是目前还未能做到这一步。举一实例，或可说明我们的涵义。试在铁丝架上盖上一层皂沫的薄膜，而于此薄膜之上复置一条打活结的细线。其形状如何，可不关紧要。你若谨慎从事，则线可装在皂沫的表面之上：“但是假使

① 这些条件因恐读者不谙自然科学，故暂不附述，以免徒乱读者之意。苛勒说明这些条件如下（*PhG*，p. 250）：“和时间不生关系的历程，若发为闭合的情境，则其分配的方式为以完形能力的最低限度为准。”

你于那活结的中间(参看图 5)，* 以一针尖穿破皂沫的薄膜；则其表面必将破裂，而线则因那薄膜表面上的紧张力而被拉开。至于那表面上的紧张则欲使线外的面积减至无可再减，而使线所包围的面积加至无可再加。其结果则线立即变成圆形。”由这一实例而言，可知圆形为“闭合的情境”而穿破皂沫的薄膜，则为引起运动的刺激，至运动本身则为“过渡的情境”。一切事实都有这种同样的 112
情形，尤其是神经系统内所发生的作用。所以无机性也有“闭合现象”的可能——至少那些不受时间束缚的事实类多如此——和有机体的行为相似，也宜有闭合的情境和过渡的情境的区别。这个事实未必够得上解释本能，因为由本能的一致性看来，显见“闭合的现象”应和活动的时间发生关系；而我们所已讨论的，则暂将时间除外。但是这种保留，在原则上可不生困难；因为关于静止的事实的假设，原可兼用以解释动的事实——虽说是远较困难——所以即就物理学而言，可以证明动的历程也表示“闭合的现象”。在心理学中，我们这种新假说，也恰以视觉运动的动的经验为起点。

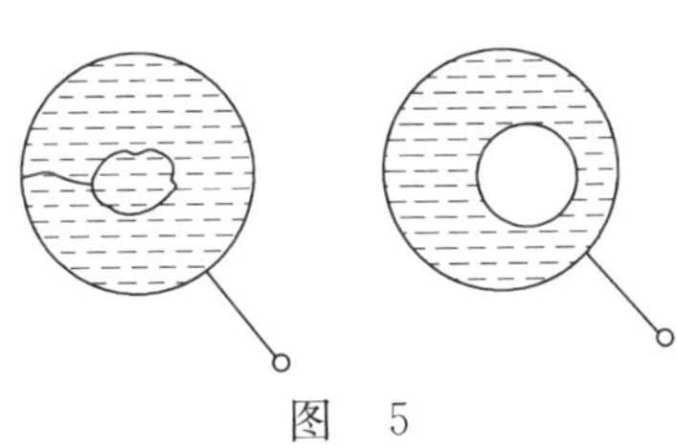

图　5

* 取自 C. K. Ogden，*The Meaning of Psychology*，p. 109，由译者插入。——译者

九　本能，反射与遗传的行为

行为主义对于心理学理论的影响，远超过于其所定的范围；因为它已得以下列的两对概念为心理学的基本系统的范畴了：一方面为刺激和反应，一方面为原始的行为和习惯。第二对的两个概念，等讨论学习时再说。第一对的两个概念可用以申说我们的反射和本能的理论，所以现在便须加以论列。近时有一种很普遍的趋势，欲求反应和其刺激的相关，以为行为的解释。这个解释或尚
113 合理，假使行为适如刺激反应说之所假定，而仅为简单的反射之和。据这个解释，则生机体对刺激而反应，乃因有感觉器，神经组织及运动器，所以刺激可引起一个或一个以上的反射弧的活动。

据此假定，则反应为对于刺激的反应和刺激的关系甚为浅薄。支配反应的，为反射弧——即神经的和肌肉的组织的联络，这个联络在受刺激之前，已具备于生机体之内。刺激之为一因素，只在决定其所要造成的，究竟为许多联络结之中的那一种。

读者当立即可以知道这个理论和上文对于反射和本能的讨论完全相反。在讨论眼球运动时，我们已知道它们系受视觉现象本身的调节，或至少也受这些现象的物理的相当物的调节（参看第82页），至一切本能的活动也莫不如此。现在若用“感受历程”(receptor-process)一词以称感觉中枢内随感觉器的激动而起的生理历程——无论这种历程有没有意识的现象相偕而至——那么我们便可将行为的涵义概括如下：“我们对于刺激之直接的反应，多系在心理或知觉平面上的感受历程。但是这种直接的反应只是整个反应的起始。知觉则据其组织而发为动作。动作乃知觉历程之

一自然的持续；受知觉的支配，而不受预定的联络结的支配。”[①]无论何时，只要动作位在知觉的平面之上，我们还可以说，生机体系反应刺激情境中的造成现象界的事物。例如我反应一美丽的面 114
孔，而非反应此物理对象的面孔所映入于我的眼睛之内的光线。行为的历程，由此观点看来，便可了解；而由机械的观点看来则否；因为我们若用刺激和反应，便没有权利问某一刺激何以引起某一反应。我们只得以事实为足。所谓神经结的解释，充其量而言之，也仅为一附加的事实；而不足以为基于刺激性质的反应的一个可以了解的理由。

我们对于反射活动的解释，也认反应起源于现象野或感受历程所原有的属性。这种解释的可靠尚可证以许多实例，而尤以眼球运动为最著。此外还有一例，可说明我们究如何应以此观点解释反射活动的发展。

我们前曾说过（第73页）婴孩在生后头几天之内，遇有物体飞速地侵袭眼睛，他可不能闪闭其目。从前解释这个能力的缺乏，以为必要的神经联络在产生时尚未可通，所以反射的发生尚有待于这些神经构造的成熟。但是我们还可提出一种不同的解释：飞速来袭的物体初不能引起特殊的感受历程，盖因初生的婴孩本不能看见飞速的运动（参看第65页）；因此，其相当的保护动作也不能随之而起。由此例看来，可见反射的发展起于感受器的历程之内。

假使反射和本能的活动可释以现象野或感受野的重要的性

① K. Koffka, “Mental Development”, *Pedagogical Seminary*, 1925, 32, p. 666.

115 质，我们同时不也将这些活动视为智慧的动作吗？下面就是我的答复：是的，但是我不认这个话便足以反对我们的学说。心理学者要解释所谓原始的行为（original behaviour），多将它释为反射的机制，原始的行为确比反射的机制为较灵敏。一个反应，若其性质和方向都受严格的外面的控制，则此由力之自然的分配而产生的反应，必较欠灵敏。无论发明者如何灵敏，但是一个计算机，决不及控制眼球运动的反射系统的灵敏。一个反射系统将必适应区域中的力而活动，纵使限制它的活动的情境已经改变。[①] 所以反射系统为灵敏的，而计算机则否；因为计算机的两个联络者互相交换，则一切答数都不免错误了。

我虽以反射运动为有智慧而不疑，但通常所承认的本能行为和智慧行为之间的区别则仍甚重要。本能和智慧的关系当俟后文再加讨论（第 242 页以下），但是这个讨论已于此开辟一条大道了。

反射链说的流行要以本能活动的呆板性（rigidity）为主因。这个特性虽言过其实者有之，误解其意者亦有之，但此不甚妥适的呆板性一词则用以称本能行为的某种很明确的属性。我们已将本能的活动区别为两方面如下：即动作之基本的需要，和满足这个需要的遗传的方式。本能行为的呆板性系用以描写各种动物所应有
116 的动作的实行。例如由上文所述的松鼠的行为看来，好像那干果仍放在森林中自然的环境之内，而不放在房间中不自然的环境之内。因为这个理由，所以松鼠的行为是呆笨的。还有一例系据福

① 参看本书第 83 页脚注中所述的马利拿的实验。

尔克尔特(H. Volkelt)的报告：[①]蜘蛛由窠内跑出，以攻取网内的苍蝇。蝇既被杀而系于网上；蜘蛛乃重回窠内，而吃另一死蝇的遗体。只是吃完之后，才再回网上而将新捕得的苍蝇带入窠内。反之，假使实验者引一活蝇直入窠内，这同样的蜘蛛便失其攻击力，而反表示一种逃避的行为。这个行为也似为呆笨的；但和松鼠相比则有一个重要的区别。就松鼠说，其常态的行为发生于不必引起这个行为的异常的情境之内；而就蜘蛛而言，则其常态的行为不发生于可以引起这个行为的异常的情境之内。

这两种呆笨性果能和我们的学说不相背反吗？请先由蜘蛛说起。假使蜘蛛的动的反应为其感受历程的结果，那么由其不进攻而反逃避的反应看来，总可见苍蝇当活送入窠的时候，其机能的性质已由“被猎物”而变为“危险的敌人”。因为同一物体如蝇可引起这两种完全不同的机能的印象和相当的反应，所以蜘蛛的感受历程的联络有足使同样的元素在不同的环境之内便不复相同。这个事实不仅就蜘蛛说为然，即就人类说也莫不如此。蜘蛛所特有的，是元素和环境相依的程度和种类。现在若采用拟人说的名词 117
(anthropomorphic terms)，则蜘蛛的呆笨不在于逃避一个弱小的被猎物，而在于误认其被猎物为强大的敌人。若再用同样常识的名词，以描写松鼠的行为，则其呆笨不在于埋果于硬地板之内，而

① 参看 Volkelt，pp. 15f。拉包特近刊布其对于各种蜘蛛的行为的观察。这些观察既很有意味，复和我们对于本能行为及其受物质条件的限制的见解多相符合，可惜本书为篇幅所限不能详加论列。拉包特似尚未知道福尔克尔特的研究，因为他无一语道及这种研究；但是他的解释则多暗合福尔克尔特的意见。参看“Recherches expérimentales sur le comportement de diverses araiguées”，*Anuée Psychologigue*，1922，22，pp. 21f。

在于误认地板为疏松的泥土。这两种呆笨，虽彼此互异，但有一共通的性质：就是，其感受历程都不足以对付刺激的情境。也许感受历程太不随情境而变——例如松鼠认房间为森林——也许感受历程因随情境而变的程度未免太过——例如蜘蛛在两种不同的情境之内认苍蝇为非相同之物。

现在若再研究行为的呆板性，则只有第一种的错误才表示本能活动的呆板性。现象野若愈不能随物理的区域而变，则动物的行动愈有似于机器，而脱离了情境。但是在实际上不然；因为动物的知觉虽完全不合实在的情境，但仍对于其所知觉的，作灵敏的反应。本能活动的方式既可用以区别动物的种类，可见每种动物以其个别的变异，各有一种感觉器官以决定其动物所可能的究为何种感受历程。

由此观点看来，本能和反射的活动尚有真正区别的可能吗？这个区别不易划定。譬如比较人类婴孩的眼球运动的反射，和新
118 孵化的小鸡的啄食的本能。小鸡的啄食便较为复杂；但是这两种动作都受视觉系统的调节以达到其目的。婴儿于运动其眼球时，照例并运动其头；我们现在若再将头的运动加入讨论，便更可见眼的反射类似于啄食的本能。这种类似尚可有许多旁的例；因为有许多动作究竟应隶属于反射或本能，往往不易决定。例如一个刚孵出来的小鸡，其嘴上若粘有蛋白，便在地上慢慢地擦净了它。

我们若取这些不学而能的动作，而讨论其实行的方面，便可见反射活动和本能活动没有严格分界的可能。但就极端的实例而言，却仍有显著的差异。一个反射原不是单用一反射弧而便可作完满的解释的，但是以典型的反射视典型的本能，则前者当较为一隔离的反应。反射的精确不变比本能的动作较因预先成立的构造而定。力之自然的分配说虽或可用以解释小鸡何以啄食，及其啄食的结果究如何能得食；但其行为的敏捷和精确则须假定其有预先成立的构造。

反射的呆板性和本能（例如胡蜂或蜘蛛的行为）的可变性若视为程度的差异而非种类的不同，我们便须设问如下：就是，反射究如何使死板板的机械的动作而引起一种机械的学说呢？这个问题，我们现在可不能作完满的答复，只能提示作此答复所应取的途径。

除了反射之外，还有许多他种行为的方式也具有一种反射性。这些便为所谓自动的活动——习惯的运动，这些运动本来不是自动的，而为有意的活动，只是反复演作的结果，所以变为自动的，但是学者常称它们为“习得的反射”。因为它们的反射性由此而得，所以我们或可假定真正的反射和本能的活动之间，也有一种类似于此的关系。假使习得的反射可视为死板化的有意动作，那么纯粹的反射或也可视为本能死板化的结果。我们要记得柏赫（Erich Becher）既拒斥本能的机械说，而拥护心理的生机说，乃也采取这个反射的解释，而试用解释本能的原则以解释反射的运动。

我们所欲提示的，若更明确地表示出来，就是：一个平常的机能可引起此较固定的解剖的构造，这种构造一方面因受控制而减少整个系统的自由；他方面又增加其精确和敏捷的程度。这种发展的结果可称一种“准机械”。但是因为这种机械的产生由于循环的影响，和前所述的眼球运动（参看第83页）互相类似——即机能

所遗留的痕迹复影响机能的本身——所以曾解释这种“准机械”的发展，便可援用行为的他种发展的解释。

这个解释和本能起源于反射之说相反，同时又说明一个反射
的机能究如何促进其发展而成一种印板式的行为。老实说，构造
120 系产生于机能——这也是权威的生物学者所得到的结论。[①] 因
此，我们对于一个重要的问题已可得一结论：就是，眼球运动所可
援用的解释，在原则上，也应可用以解释其他一切的反射。严格地
说，反射动作原非行为之基本的方式，乃系由较自由的一种方式发
展而成。[②]

① 参看本书第83页脚注所征引的苛勒的论文，该文对这些问题曾作深刻而明了的讨论。这里所承认的构造和机能的关系似和现代生物学所新得的结果及推论相符合。干布尔(F. W. Gamble)在其关于儿童的工作的讲演内也曾对于这个事实作简单而具体的陈述。干布尔以为机体的生命有一种“沉淀作用”(“Sedimentation”)，随生命的强度而增加，他又说：“构造愈臻稳固，则动力的活动不得不随而减弱。”(参看“Construction and Control in Animal Life,” *Proceedings of the 92nd Meeting of the British Association for the Advancement of Science, Toronto*, 1924, pp. 109f.；又Charles M. Child, *Physiological Foundations of Behaviour*, New York, 1924.)行为主义者郭任远完全排斥先天的成就，他的主张虽不尽妥切，但也足见我们不能遽以先天的特殊的联络结的假定为每一特殊的动作的解释(参看“A Psychology without Heredity”, *Psychological Review*, 1924, 31, pp. 427f.)。康脱(J. R. Kantor)似乎也有同样的主张，他问：“神经器控制肌肉将较甚于肌肉和腺之控制神经器吗？因为某种肌肉或腺需要活动，所以其有关的特殊的通路才牵涉在内，难道这不是一个事实吗？”据康脱的答复，他“绝对不相信任何系统之先有机能而后有其他”。(参看“The Psychology of Reflex Action”, *American Journal of Psychology*, 1922, 33, p. 28.)

② *GS*, p. 401。赫立克(C. J. Herrick)和科克喜尔(G. E. Coghill)关于蝾螈类*Amblystoma*的发见互相符合。较简陋而散漫的反射，在机能和形态上，都前于较精密而分化的反射而发生。两个神经元的反射确不发现于发展之始，而发现于发展之终。(参看“The Development of Reflex-Mechanisms in Amblystoma”, *Journat of Comparative Neurology*, 1915, 25, pp. 65f.)

但是反射和本能的活动还有一种区别的方法，和行为的实行方面毫无关系。我们若讨论二者所有引起反应的力，便可知本能的活动起源于生机体的基本的需要，那是前已说过的。现象野或感受区域，虽为实行活动时的要素，但其本身可没有引起动物行为的力。严格的反射活动，可不见有这种需要。其力即存在于感受野之内。譬如视野中的平衡的缺乏，便促使婴儿的眼睛注视黑暗中的一个光点；又如听野中的简单性的缺乏，便促使婴儿转首以向来声之处。所以，就引起活动的力而言，便可有一种真正的差异，这个差异比反射和本能的通常的基础，更大有意义了。

现在可再提出一个最后的问题：就是反射和本能的活动究以何义而可视为遗传的呢？我们现在已不再以为任何反应和神经系统的任何特殊的排列互相关联。同样的反应既可随不同的神经构造而起，而同样的神经构造也可引起不同的反应。每一反应都视为整个生机体的一个机能。据此说看来，反应之为生机体各部分的反应的总和乃仅为许多种可能的一种；但是这种可能很难成立。

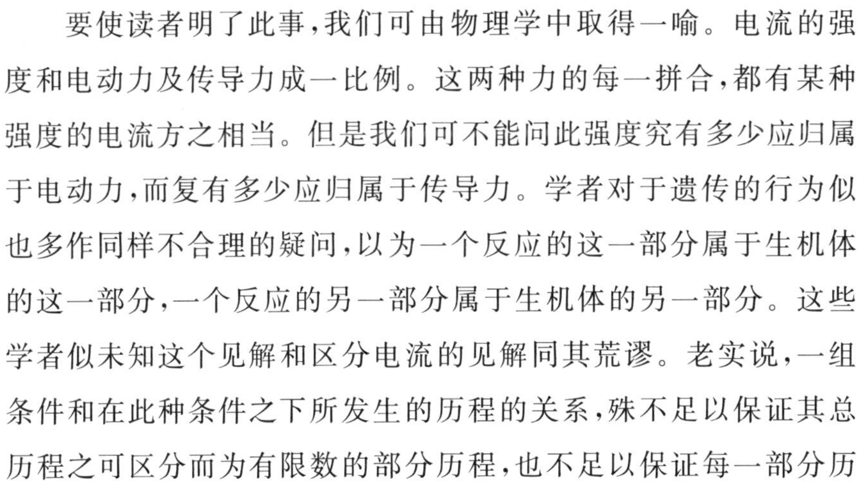

要使读者明了此事，我们可由物理学中取得一喻。电流的强 121
度和电动力及传导力成一比例。这两种力的每一拼合，都有某种强度的电流方之相当。但是我们可不能问此强度究有多少应归属于电动力，而复有多少应归属于传导力。学者对于遗传的行为似也多作同样不合理的疑问，以为一个反应的这一部分属于生机体的这一部分，一个反应的另一部分属于生机体的另一部分。这些学者似未知这个见解和区分电流的见解同其荒谬。老实说，一组条件和在此种条件之下所发生的历程的关系，殊不足以保证其总历程之可区分而为有限数的部分历程，也不足以保证每一部分历

程之有赖于总条件的一部分而定。哥德施泰因(K. Goldstein)[①]已证明神经历程尤不能作这种分析。我自己则得有下列的结论:就是,一个个体因其心理物理的构造而得有某种属性。这些属性和这个个体的外面的社会及物理的情境相合,乃组成其行为的条件。他若作一种反应 a,我们殊不必假定其有一种特殊的机制 A,因为其同样的构造在某种条件之下,以整个或部分而引起反应 a,在另一种条件之下,也许引起一种完全不同的反应。[②] 因此,我们受之于遗传的,不是一系特殊的反应,而为宜于反应的一组"内的条件",而这些条件乃和外面的物理的社会的条件相合而支配我们
122 的行为。若说我们受有特殊的遗传,那就是向某方向活动的需要或压力。这些需要或压力乃产生种种反应,而这些反应虽颇随行为的外的情境而异,但常求满足其背后的需要。

十　新生儿的本能与关于人类本能的概观

经过这种冗长的学理上的讨论之后,现在可回头来叙述新生儿的本能运动。所最足以注意的,就是婴儿很少运动,和很少发达完全的而可名为本能的活动。斯腾[③]于新生儿的活动中,描写其"趋就的本能",这个本能从婴儿生后第一天起,即吸引婴儿以趋就

---

① " Zur Theorie der Funktion des Nervensystems", *Archiv f. Psychiatrie u. Nervenkronkheiten*, 1925, 72, pp. 370f.

② 参看我对于 F. C. Bartlett's "Psychology and Primitive Culture", *Psychologische Forschuhg*, 1926, 7, pp. 285-286。

③ *PC*, p. 72。斯腾以为他所称的"趋就本能"和苛勒在黑猩猩内所观察的一种动作相同。猩猩以其所欲求而得的物体为其动作的目标,而不管它有无实用。参看 Köhler, *I*, p. 65(89)及本书第 20 页中所引苛勒的话。

各种不同的刺激，譬如以手指触婴儿的两颊，他便立即将头转向，而使指头和嘴相接。斯腾的长女生后第三天，尚未和他物有实际的接触，而和母亲的胸膛接近时，也可以引起这种“趋就的运动”——这种刺激显有赖于嗅觉。至于强光的刺激也可使头转向于光源方面。这些运动，尤其是最后的那一种，都和眼球运动有密切的关系，那是我们已经说过的。反之，对于不适意的刺激的逃避的反应也发展很早，例如据普莱尔的观察，他的儿子本来厌恶左乳，到第四天和第四天之后，若用左乳喂他，他便加以拒绝。我们殊不易决定这些反应究竟要满足原始行为的哪一种条件。它们究竟是目前情境所引起的基本需要的结果，抑仅为感受野内所活动的力的结果呢？人类初生时的本能，纵使在这两种运动之外，再加上本章下一节所讨论的他种运动；然也不足和动物本能的数目相比。彪勒说：“人类婴儿之所以柔弱无能，就因为现成的本能机制的缺乏。”[①]这句话固然很对；只是不应该引用这一个“本能机制”的名词。

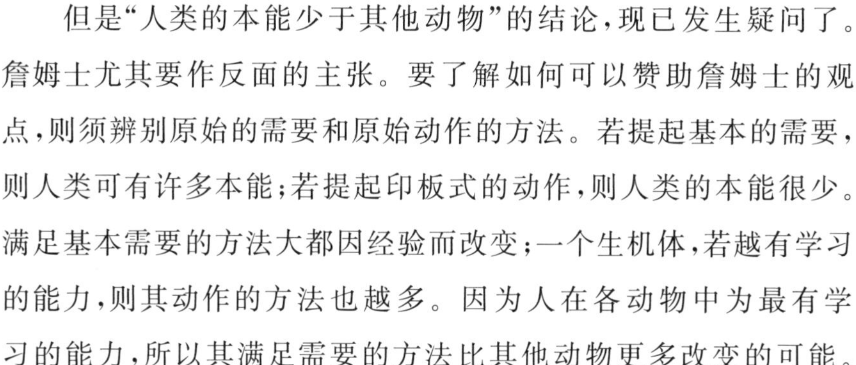

但是“人类的本能少于其他动物”的结论，现已发生疑问了。詹姆士尤其要作反面的主张。要了解如何可以赞助詹姆士的观点，则须辨别原始的需要和原始动作的方法。若提起基本的需要，则人类可有许多本能；若提起印板式的动作，则人类的本能很少。满足基本需要的方法大都因经验而改变；一个生机体，若越有学习的能力，则其动作的方法也越多。因为人在各动物中为最有学习的能力，所以其满足需要的方法比其他动物更多改变的可能。

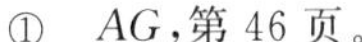

① *AG*，第46页。

假使我们以本能为呆板的行为，那么人类便没有这种行为。反之，人类的基本需要，其对于行为的影响，却不在下等动物之下。

我们可再举若干例，以说明原始反应所可有的改变。

才经孵化的小鸡对于力所能及的某种大小的物体，无所不啄。所以你若于小鸡之前，放一条朱砂色的毛虫，小鸡便立即啄而取
124 之；但又立即弃而不食，且摩擦其嘴，以表示厌恶之意。这种毛虫因为有黄黑相间的颜色，所以很容易辨认。假使一天之后，又作这种实验，则小鸡已有禁制啄食的倾向，于是毛虫不复被啄食。[1] 摩尔根对于本能如何因经验而改变一层曾详加描述。这种行为的改变有时仅在一次的经验之后。摩尔根又看见小鸟以同法制止其对于自己的排泄物的啄食。

另有一例则取自更为下等的动物。有些印板式的行为，叫做向性*(tropisms)，为下等生物所同有，这是大家知道的。这些向性对于某种刺激约可别为积极的和消极的行为，换句话说，就是趋就某种刺激，而避拒另一种刺激。蟑螂有消极的向光性(phototropism)，这就是说，它避光而聚居于暗处。若将一群聚居暗处的蟑螂予以电流的刺激，其结果则这些昆虫移集于笼内光明之处。但是其原始的向性不必因此而便消灭，也好像小鸡不因其误食朱砂色毛虫的经验，而失去其啄食的本能。所以若将这些昆虫移居于构造不同的笼内，它们便仍聚居于较为黑暗的部分。[2] 所以向性就在最下等动物中，也受经验的改变；反射亦然，但只在耐久的

---

① 参看摩尔根，第 41 页。

* 原译为“动性”，今译“向性”。——校订者

② 参看卡夫卡，第 466 页。

“交替”历程之后。

关于人类的本能，我们之所欲言的已尽于此；虽然是本能和经验的问题有许多材料，若为篇幅所许，也应有详论的必要。譬如摩 125
尔根曾以全书讨论本能和经验。不过关于这一问题，读者将于桑戴克、麦独孤及摩尔根诸家的著作内，可以得到许多宝贵的材料。他如詹姆斯对于本能的讨论也颇有趣味，他的论点和我们的虽很不同；但是他所著的本能章，殊有一读的价值。

但是本能还有为詹姆士所大加注意的一个特点，也应带述于此。这就是本能的所谓“暂现性”(transitoriness of instincts)。有许多本能或基本的需要仅有短期的存在。它们现于某时，而逝于某时；虽说是其来其逝都不是突然的，而为逐渐的。这些本能的需要，若在其存在的时期内，不许活动，或不能在行为中得一满足，则必将消灭而不再呈现。詹姆斯由一般的观察，得此法则；但是这法则尚未受实验的试验。耶克斯*(Yerkes)和布沦飞德(Bloomfield)以牛乳及大部分煮熟的鱼肉喂饲小猫，然后观察其对于老鼠的行为。在第二个月内，这些原出两种的八只小猫，对于老鼠都表示常态的行为——有一种表示较早，有一种表示较迟——和任何常猫相类似；虽说是这些小猫从未见过猫类对鼠的反应。所以这两位学者，以为杀鼠的本能常表现于第二个月之末，有时且早一个月。这种研究有特殊的意味，因为几年前在这个同样的实验室内，柏立(Berry)对于猫的行为也曾有一种试验。他于其他问题外，也曾讨论这个问题。据试验的结果，柏立以为小猫虽有奔走于奔走的物

* 原译为“叶歧兹”，今译“耶克斯”。——校订者

126 体之后的本能倾向；可是杀鼠一事却须由**学习**而能，因为它们的本能尚够不上这个工作。但是这些结论的纷争，是可以解释的；因为柏立的猫初和老鼠接触时，已养育五个月之久了。所以耶克斯和布沦飞德在第二个月内所看见的本能倾向，到第五个月时业已消灭了。这可为本能暂现的好例。[①] 关于人类的本能还没有类似于此的精确的观察。人类行为既若此其复杂，则这种观察是否可能，就很不易说了。麦独孤就几个例为限，以研究本能的暂现，以为暂现性初非人类本能的一个重要的属性。他引近时心理治疗的结果以证其说，据心理治疗学*，则症候可溯源于本能之受无意的压抑或不适当的导引。[②]

列举本能可不是我们的初意。桑戴克书的第一卷有三分之二用以讨论人类原始的倾向；詹姆士的书也可为参考之助。至于我们，则宁愿取人类发展中最初发现的几种行为而加以叙述，这些行为之为本能那是无可怀疑的；因为苛勒在黑猩猩中也见有同样的行为。我的意思尤其是指好洁本能和装饰本能。下章当讨论行走的本能。

关于好洁本能，苛勒说他所观察过的猩猩只有一个不吃粪的。然而这些猩猩若有一个踏入粪堆时，它便不免立脚不稳，正好像人类在同样的情形之下。离开粪堆之后，便去求一洗脚的
127 机会。一分钟前，它原曾用手取粪而食；可是现在洗脚，它决不肯用手，虽加以严重的责罚，也不肯随便。它总要用一竹竿或纸

---

① 参看华生 *B*，第 125 页以下。

* 原译为“心理疗病学”，今译“心理治疗学”。——校订者

② *OP*，pp. 111f.

或布，以为洗净的工具。你若观察它的姿势，便可知其于此种工作必不适意。好像是它的行为为避免污秽的行为。它的身体的任何部分若染有污秽，它也有同样的表示。去污以速为佳。据我的观察所及，其去污决不用手，而常用他物的帮助，有时且在墙旁或地上乱擦。[①]

关于装饰本能，苛勒说他的猩猩有一种悬物于体的倾向，“悬在体上的各种物件，有广义的**装饰**的功用”。苛勒以为：“原始的装饰不欲借以刺激他人的视觉，而欲赖以增高自己的身体的情感、威严及自我的意识，正和人类腰围玉带时相同。……”[②]

要观察儿童的类似的倾向并不困难。若观察得法，则装饰本能的存在更易决定。[③] 至于好洁是否为遗传的倾向则较难证明，因为教育早已使儿童趋洁而避污了。但是苛勒所看见的猩猩的矛盾的行为也不难见于儿童，只是儿童的这种行为不若猩猩的可厌。

十一　表情的运动 128

现在可叙述婴儿运动的最后一种。这种动作因为给我们看护小孩者以一种印象，所以占一个特殊的地位。我们对于儿童的态度，常受这种动作的影响；而因有这种运动，故引起看护人和儿童的亲密关系。譬如哭、笑、转头，前已述过，加以现在将要叙述的他

① *I*，第 58 页(80 页)。

② *I*，第 68 页(93 页)。

③ 奇怪的很，桑戴克以为装饰，文身等行为的方式，乃由练习而得的。参看 *EP*，第 140 页。

种反应组成通常所称的“表情的运动”。这些表情运动是出于自然的，不必有已往的经验。但似和他种本能不同，因为它们对于动作的结果没有直接的关系。这个区别也不是绝对的，由普莱尔所描写的转头的本能倾向看来，便可了然了。你可以说，儿童继续啼哭，至脱离苦痛的情境为止；但是这种反应和结果的关系也不甚密切，因为啼哭之有益于儿童原不同于吸乳本能。至就成人而言，则表情的运动似多完全无用；但是对于他人的行为仍有重要的影响。譬如奥达尔（Ordahl）观察鸟类，以为母鸟哺雏的时候，鸣声最高的，得食最多。[①] 这个社会的功能就是表情运动的最重要的功能之一。苛勒且描写黑猩猩在全身激动的状态中，究如何能立即互相了解彼此的表情。[②]

称这些动作为表情的动作时，读者请勿有所误会；因为这些动
129 作虽有所表情，好使我们知道这个人是否喜悦或忿怒；但是人之所以有表情的动作，并不欲借此以表示其情感。表情动作都有目的

---

① 这是桑戴克所征引过的，见 *EP*，第 158 页附注。大群动物中引起逃避的“惊号之声”也隶属于此，关于这些，摩尔根的观察也有特殊趣味。鸭蛋壳内的小鸭，将蛋壳弄破一孔，向外窥视。此时母鸭若发一惊号之声，小鸭的反应立即停息。换句话说，这些运动的势力从前较现在为大，且曾引致一种环境的变化或外面的影响。这个假定似可略促进我们对于人类的表情运动的了解；然而，究竟难免欠缺。第一，原始的运动，其本身便须解释；第二，它们究如何能变为现在“不完全的”运动呢？我敢坚决地主张，达尔文说在这两点上都未能完满。表情的运动决不能因偶然而起，因实用而被保留。读者只须细读赫胥黎（Julian Huxley）对于鸟之求爱的描写（参看 *Essays of a Biologist*，London，1923），便足证明此说的荒谬。至为表情运动之今异于昔，也不能释以实用。反之，假使我们不复以西欧受教育的成人为观察的对象，而研究较低等动物的行为（参看本书第 1、2 页），则生机体和其环境的关系的密切便可较显而易见了。

② 参看“Zur Psychologie des Schimpansen”，*Psychologische Forschung*，1922，1，pp. 27，28，31，33（Translated in *The mentality of Apes*，pp. 305f.）。

的理论——可并没有人作如此粗陋的主张——大为桑戴克所反对。他以为表示情绪的运动比情绪本身更为重要，而更为原始，其功用虽可改变情境，却不用以为传达的工具。据桑戴克的意思，表情动作的社会的功效可为直接的。一个人也许去安慰小孩，而未于小孩的痛苦加以考虑。母鸟以大部分食物哺饲啼声最高的小鸟时，在母鸟方面也未经过任何种的思索。

目前的问题有二：第一，如何始可了解其社会性的影响？第二，情绪和表情的动作有何关系？假使我们也像桑戴克之以表面的、先天的、起于实用的关系为满足，则我们所有的解释将无以胜于本能活动的解释。而且“外的”行为和“内的”行为若有什么实际的关系，则表情的动作实为好例。我们可信得过情绪之得有表情动作，或表情动作之得有情绪，都仅由于适和不适的选择吗？

在上文讨论感觉历程和运动历程的一般的关系时（第113页），我们已知道后者为前者的自然的持续。假使我们更详尽地规定感觉历程的概念，便可知道这个概念可直接应用于表情的运动。

现在请再回味桑戴克对于猫禁笼中时的行为的描写（参看第 130
99页）。猫的运动有许多可称为激动的表情。桑戴克以其“多重反应”（multiple response）为这些运动的解释；以为猫所处的情境，因无数的神经路，而和无数的反应——至少也和所可观察的一切不同的运动——连成关系。这些不同的神经路先后呈现活动，而引起不同的运动。我们不采用这个解释，而主张猫对禁闭情境的直接反应为分散的、富有机动性的激动历程，而由此历程乃发为一种同样分散的、富有机动性的反应，这个反应则定于情境的现象方面或感觉区内的历程。

表情运动，在要义上，实仅为我们所定的行为的一般原则的实例。苛勒描写这个历程如下："假使我们以时间曲线表示行为，则惊惧的行为在曲线上突然升高，然后逐渐下降。和这种行为相伴随的现象历程或心理历程的动力，也可用同样的曲线表示——光电元素中的纯粹的电动历程若忽然暴露于光线下，过一短时间，则也呈现同样的情形。"现在若假定这三种情形下所称的"突升"和"渐降"，不仅有类似的涵义，且也有相同的意义，"那么至少就原则上说，一个生物的心理历程和其肢体运动所给予观察者的整个印象可以有实质的关系"。因此，要了解情绪和动作及本能动作的关系，并须了解表情的起动。

131 在本书第一章内，我们会说过行为的某种实体，和动物行为所给予我们的整个印象相当(第 21 页以下)。于旁的特点外，还有一事对于这个问题的解决也极有关系：就是，和每种行为相当的有一种连合作用(articulation or phrasing)。这种连合作用起于动作者的神经中枢的历程，而此中枢的连合作用则和个体的"经验"相当，个体的经验也是如此连合的。于是观察者心内的知觉，假使其组织能含有动作者的心理作用，则必也有同样的连合作用。所以动作者甲的经验和观察者乙的经验应彼此相似。

苛勒对于这一点，会举例说明。譬如琴师因动于情感，而使其肌肉的兴奋，有不同程度的连合，于是便可决定音波系统内的固定的时间的关系，盖因音波就是肌肉兴奋的连合作用之所表现于外的。所以听者心内所有连续的听觉历程，和琴师所有的神经历程有密切的关系。[①]

彪勒以为生后数星期内可有四种表情的动作，就是啼哭、微笑、摇头以示避拒，及卷唇（pursing the lips）等。关于第一种，可说初生时只有呼号；到第三个星期后，才有哭和真正的微笑，虽说是即在此时之前，普莱尔所称的满足的表示也已可看见了。

“生后头几个星期内，若以一物触怒孩的嘴唇而忽即收回，便
可引起卷唇的姿势。嘴即呈现吸吮时所有特殊的形状。其后，这 132
种卷感动作也可见于注意的时候。”[②]其运动系以一种目的为其方针。目的物虽已撤去，可是嘴唇仍追求不止，就这一点而言，其为本能的确无异于转头的动作。

为酸、苦、甜等味觉所引起的皱面动作，也属于生后的显著的表情的运动。

十二　婴儿的感受性

我们已略述新生儿的运动。然而其感受性的性质又如何呢？换句话说，何种刺激引起他的反应呢？不同的感受器又如何接受这些刺激呢？我们很慎重地讨论感受性问题，因为试验新生儿的感受性，除观察制约的刺激之后是否有一反应外，可没有旁的方法。实验成人的时候，某种刺激是否可以使他感动——例如他是否听到什么——我们可以有直接的报告。我们可直接问某种刺激是否在现象上觉得，因此其反应乃以其“内的行为”为限。但就婴

---

① 参看苛勒 *Methoden*（本书第 11 页脚注），第 75 页以下，尤其是第 79 页及第 100 页以下。

② 彪勒，*GE*，第 91 页。

孩而言，我们只能看他外表行为所给予我们的证据。所以意识现象的问题千万勿和感觉的问题混杂不分。

生后一切感官都可引起反射的运动。[①] 所以一切感官部分都
133 可引起感觉，但是不同的感官对于刺激的反应所有精确细密的程度也各有差别。斯腾已明白记载这些关系，[②]我们可采取他的意见，而分感官为三组：

（甲）肤觉

(a) 触觉所引起的反应种类最多。刺激不同之点，便可引起不同的反应。这一事实已为大家所熟悉。譬如触眼，则眼睑合；触唇，则引起吸吮；触掌心，则手合；触脚跟，则脚趾开展。

但是皮肤各部的感觉不甚和成人同其程度。据普莱尔的研究，唇鼻的黏膜，在婴孩期内，感觉最灵敏，背和肘及大腿最不灵敏。

(b) 温觉的末梢器在产生时即有作用。浴水及乳须有相当的温度；否则即为婴孩所拒绝。

(c) 痛觉则较为迟钝。

关于皮肤的感觉，我们不得不自承其所知尚浅。据赫德(Sir Henry Head)辈的研究，[③]这方面可有两种不同的感觉，其一系有差别，位置和等级的(名为“精觉”[the “epicritical”])，其一则为模糊、散漫，而有若生理学者所称的“整或无”(all “or none”)的(名

① 耳官似成一例外。因为儿童初生时，其中耳为液体所充满，而缺乏空气，所以声的刺激不能传达而至于内耳中的感受器。因此新生的婴孩都是聋的；但是他们中耳的液体一旦消灭，他们便可对声音发生反应了。

② *PC*, pp. 13f.

③ Henry Head, *Studies in Neurology*, 2 vols, London, 1920.

为“粗觉”[the “protopathic”])。这个分类若应用于新生儿的感觉，或可说明许多事实。无论如何，我总相信关于痛觉的见解须重加修订，而以之限于精觉。

（乙）化学的感觉及视觉 134

(a) 味觉　味觉也有很不同的反应：甜的物质则被吞食；酸、苦或咸味的物质则被拒绝；而对于甜酸和苦的物质，面部即有特殊的表情。对于味的辨别出现并不甚迟，普莱尔的儿子第四天即能拒绝淡的牛乳，可引以为证。儿童对于糖食的爱好随时增进，所以瓶乳如果更甜，或将拒绝胸乳。

(b) 趋就和避拒的反应也可为嗅觉所引起。趋就母亲的胸部，前已述过。你若于胸乳之上涂以恶臭的物质，则也可引起积极的避拒。

(c) 眼部的重要反应及瞳孔反射，眼睑闭合以避强光，转眼以向光亮的什物等，都已加以讨论。但是成人视觉的反应和新生儿的视觉的反应很多区别。我们若来讨论知觉的发展，则可有机会以述婴儿视觉的特点。这种特点和其视野的浅狭都有关系。

（丙）听觉

据前人的观察，婴孩对于声音的第一次的反应，除了一个例外，都是范围很广的，[①]往往涉及整个的身体，而其范围的大小，则视刺激的强度而定。近时实验的研究与此正相符合。这些幼年时

① 就我所知，鼓膜能否作保护的动作尚未怔明。这种证明虽不甚易；然肯定的答案却似乎可以成立。参看赫赤及都铧尔·哈脱的论文，本书第 79 页脚注所举罗恩费尔的著作，又 Charlotte Bühler，“Die ersten sozialen Verhaltungsweisen des Kindes”，*Ouellen und Studien zur Jugendkunde*，Heft 5，pp. 1f。

135 的反应大都为肌肉的收缩，如眼睑的闭合，前额的折皱，嘴唇的卷合等。罗恩费尔释此总反应为逃避的反应，其欲逃避刺激盖和见强光而紧闭眼睑互相类似，虽然其特效不相及，因为耳之自护以拒声，不及眼之自护以拒光。这个解释虽若可信，但和前述的一个特效的反应，即转首以向声所自出之处的反应，殊难适合。

翻过来说，据前人的观察，婴孩即在生后的第一个星期，已可用声的刺激（如笛声）使他寂静。人的声音似在生后即足感动小孩，其对于听觉刺激的第一次差别的反应似即由此引起。赫赤和都铎尔·哈脱（Tudor-Hart）及彪勒夫人的研究既足证实前人的观察，复足加深我们关于这些反应的知识。

就赫赤及都铎尔·哈脱的实验而言，反应可为多种不同的声音所引起，至人类语言的声音则强度最低。因此，对于语言的反应在头两个星期内较属少见，但是到了第三个星期则增加甚速。那时对于人声并始有特效的反应，但对于他种声音的反应则仍少特效。这些结果的重要意义，当俟后文再加论列。

这三种感觉就能力说，大概有等级的高下。如将痛觉除外，则肤觉的辨别力最高，听觉最低，他种感觉则介于其间。但不同感觉
136 的发展，即在生后头几个星期之内，已甚复杂，所以这个感觉和那个感觉时相交换其领导的地位。因此，我们现在尚不能为发展的程序作最后的决定。

在本节的开端，对于婴儿的感觉一层，已规定其讨论的方法；而且所会讨论的，都仅以客观的行为为限。但是在这种限制之下，已予感觉的问题以一种的答复；所以我们可进一层讨论这种限制的本身，而研究那由感觉的刺激所引起的行为是否有什么特点，可

以使我们确信其有相当的“内的”经验。换句话说，我们现在已预备于本章之末节，讨论所谓意识问题，不过在讨论意识之前，还有一个当前先决的问题。

十三　倾向的可塑性

我们以前所研究的为新生儿的运动和感觉。在这两种研究中，都离不了行为的遗传的方式或倾向。但是我们尚未尽举婴孩的天性而无遗，因为有许多遗传的反应，在初生时都未能工作，只到后来才渐臻成熟。即使研究了成熟一层，我们的知识也不无欠缺，因为发展不仅为成熟的问题，且兼为学习的问题。那些为成人所有而为新生儿所无的反应的方式，若和那些为母鸡所有而为雏鸡所无的反应的方式相比，则大不相同。雏鸡发展和人类发展的区别，是以个体所习得的多寡为根据。母鸡和成人的差异不仅在于其倾向使作不同种的反应，尤在于人类习得各种反应的程度远 137
较母鸡为高。这种学习的能力也可算是一种遗传的倾向。和前所叙述的印板式的倾向比起来，这种学习的倾向则以可塑性为其特点。而高度的可塑性，就是人类的一个显著的特征（见第二章，第43页）。彪勒说的好，何种行为行将发生，不完全定于可塑的倾向，因为可塑的倾向实因活动本身而变。[①]

假使我们以为倾向只是神经元的预定的联结，则以可塑性为倾向的理论很易引起纠纷。因为我们不免以为可塑性只是确定的联结的缺乏。有人说，一个生机体出世时，越缺少固定的联结，或

① *GE*，第1版（1918年），第355页。

越不必应用确定的反应，则越能够因经验而学习。桑戴克采取这个解释，而加以彻底的推论。① 但是“一个生机体没有一种固定的联结，可使其由一种情境 S 而发一种反应 R^1”的一个事实，也决不能用以说明其为什么有 R^2 或 R^3 等反应，假使 S 之和 R^2 或 R^3 初没有此和 R^1 更确定的联结。譬如只是我的喷嚏的反射失其功能，决不足以使我用手巾，或使我往访医生以去鼻腔中的阻碍物。这些种的反应，也像喷嚏本身，都须有一种积极的根据——如桑戴克所称的确定的联结。我们也不得以为解释可塑性，与其说有多数反应，每一种都和特殊的情境有确定的联结；不如说有多数反应和任何种特殊的情境，都没有确定的联结。其实每一联结都可算
138 是某种确定的联结；因此不确定的，不能为可塑性的注释。桑戴克以可塑性为对于一个情境的多重的反应，所以由他说来，可塑性实有赖于多数不学而能的联结，由这个引起那个，以达到最后的目的。

桑戴克没有指出固定的倾向和可塑的倾向的区别。由他看来，一切倾向都不过是或较简单而或较复杂的神经元的联结。因此他演绎可塑性的问题，而为：人类究竟有哪种联结为其他动物所缺乏的？或者反过来说，人类缺乏哪一种联结，才使他能够比其他动物习得更多呢？②

我们既否认桑戴克的基本的假定，所以这一问题对于我们便觉大不相同。我们觉得既没有理由可承认不学而能的机能的机制

① *EP*，第 301 页以下。

② 桑戴克确不免遇到困难。他将那些使有改变或学习的可能的倾向也列入原始的倾向之内；但同时他又将一切遗传的倾向释为神经元的联结。桑戴克要承认可塑性，但是要如此承认，他便于不知不觉间扩充其关于遗传倾向的概念了。

为一组神经元的联结，我们便可不必于遗传或习得的神经联结中求学习的机制了。这个问题究竟如何解决，可于次一章中详加讨论，现在可以说的就是：假使我们否认“学习仅为已有的联结的新组合”之说，则可塑性将较彪勒所看见的还更重要而确定。因为我们现在的问题就是个体的行为中是否有什么新事件发生，而非旧元素的改组。假使这个问题可予以正面的答复，那末那些能够创造新反应的生机体和那些不能创造新反应的生机体之间可以有一
界线，或者可以说他们的创造的才能有高下程度的差别。[①] 因此， 139
我们可以说，可塑性决不仅为记忆——决不仅为生机体已有的反应路的改组——而且我们现在可以说，人类之所以较高于一切动物，就因为有此可塑性。此外还有一层可能的推论，由此推论而可远测研究的进步。我们在第九节中，曾称有两对概念为“现代心理学的基本的系统的范畴”；即一方面刺激和反应，他方面原始的行为和习惯。现在可知道本能和习惯之间所常有的区别，不足以尽举行为的可能。此外还有一种新的重要的反应，既没有本能的基础，也不曾成为习惯。

若将桑戴克的行为的解释和本书所提倡的加以比较，则可见这两方面进行的方法实根据于很不相同的原则。桑戴克的问题是以其动作发生于何处为限。因为由他看来，一切动作全相类似，所以他的问题乃演为个别神经元间所建设的联结。至于我们的疑问则在于发生的动作究为哪一种。所以我们所要注意的不在于常有同种激动的神经路，而在于适所讨论的行为所需要的特殊的激动。

---

① 参看 Volkelt 关于“学习能力”及“学习能力的缺乏”的讨论，第 120 页以下。

十四　婴孩的现象经验　关于意识问题的方法论与心理完形的现象

我们现在可讨论本章最后的问题。我们以前都把婴孩视为由外观察的对象。我们曾讨论过其所作的为何事，而决定其反应的，
140 究为何种刺激。可是我们还有一个问题：就是婴孩的行为和婴孩有如何关系？他是否觉知自己的行为？当他受刺激而反应时，他是否有何经验？他的行为是否有“叙述的”方面？或者用一个普通的名词，婴孩于自己的行为是否能有意识？这个问题可分为两层：第一，婴孩有没有意识？第二，假使有的，那末这种意识，其初究如何组成？第一个问题不难答复，而且比较上也不甚重要。因为婴孩迟早总有意识，所以其意识发现的或早或迟，比较不大紧要。我们也没有绝对的标准，可予这问题以一解决。学者常以为新生儿是纯粹古脑的动物，所以决不能有意识。假使这句话是对的，那么新生儿决没有经验，其生活也必和植物相类似，既不能有饥饱，也不能有苦乐了。但是由爱丁杰和斐西耶所报告的缺乏大脑的婴孩看来，常态儿和没有大脑的孩儿相比，由初降生之时起，便觉不同了。所以婴孩期大脑没有作用的假定实在不能成立，我们似不必否认初生时之有意识。而且婴孩早期的表情运动和面部的“表情”，都可引以否证婴孩缺乏意识的假说。普莱尔[①]说即由第一天起，一个面部的愉快的表情已有别于不愉快的表情。据爱丁杰和斐西耶的报告，则缺乏大脑的婴孩不能有丝毫表情的痕迹。所以

① 第1编，第295页。

我们可立即讨论那第二个问题：就是，新生儿究有何种经验？ 141

因为婴孩的意识非直接所可研究，所以我们之不能直接揣想新生儿的世界，实无异于我们之不能以婴孩的眼睛来看，以婴孩的触官来感觉，以婴孩对我们有所报告。所以我们须设身处地构造起他的情境来。至于为什么不能完全放弃这困难的工作，我们前已说过（参看第15页以次）；但现在究如何入手呢？一般不懂心理学的人以为新生儿看见事物比成人所看见的虽较欠完备，较欠清楚，而较欠面熟；然而他们总以为这个世界对于任何人都显然是大致相同的。这种人若说婴孩有一种心理的动作——譬如说婴孩"思想"了——他实以为婴孩的思想和他所有的同其种类；不过略欠完满而已。一个稍懂心理学的人对于这种浅薄的概念，也许嗤之以鼻；但是他所取得的观点是否一定较为优胜，却还是一个疑问。因为他常不过由流行的心理学取得一种理论，而应用于婴儿，以为心理方面的不完全之处，就在于感觉的较少、联念的缺乏等。至精确的儿童心理学之不能如此研究，那可不必再说了。老实说，我们应该由发展的"特殊的起程"(specific beginning stage)说起，至于发见这种发展的特性则为我们的工作。

对于那些初学心理学的人，下例或许可说明这一问题。两个人实际上虽生于同一的世界之内，可是这个世界所引起的意识却未必一致。为嗜好而争辩，常说是无甚益处；因为甲所视为不满意 142
的情境，对乙也许有点迷恋。心理学者的工作在对于这种行为的不同作溯源的研究。假使能做到这一步，便常可见嗜好不同的人们实感受不同的经验。例如看画，甲所看见的只是杂乱无章的彩色；而乙所看见的为一种富有意义的美术的作品。又如听乐，甲所

听见的为乱杂的声音;而乙所听见的为富丽悦耳的曲调。我们所举的例实再肤浅没有了,好使读者明了表面相同的情境,可引起内容全异的经验。就这两个例而言,我们可以说,甲所有的经验没有乙的经验那么完备;但是其欠缺则决非感觉和联念的缺少。现在让我们以这些实例说明婴孩的意识。你若问新生儿的经验中的世界到底如何,则成人经验中的世界也彼此大异,我们尽可以这种差异为根据,而描写婴孩心理的欠缺。

前所有的消极的论点,现在可变而为积极的了。客观的世界须再加以个体主观的构造,才可决定个体所有的经验。新生儿对于世界的**经验**之有**异于**成人,正好像不谙音乐的人**听**乐之有**异于**音乐家。

但是我们如何知道这种差异的性质呢?我们将如何描摹新生

143 儿的经验中的世界呢?由我们前有的讨论,可知描摹婴儿所有的经验,须“切合于”由其“客观的”行为观察而得的事实。换句话说,婴孩的意识和行为之应相符合,和成人的现象中的世界之和其客观的行为相合一般,因为如上文所说,一切表现于外的行为,如每一运动,每一动作,都是最广义的感觉区内所发生的总历程的继起者。[①]

所以,我们谅可利用实验心理学的结果,求这个问题的解决而不至于陷入我们所欲预防的误谬了。假使我们觉得婴孩的行为和我们自己的相比,其分化的程度甚低,那么我们便须知道我们自己的行为有几种运动,和其他运动相比时,也较欠分化。知道了这一

① 参看斯腾对于感觉运动器的原始的统一的讨论,*PC*,pp. 61f。

层之后，我们就可以比较这两种运动，而参考其相关联的经验。假使我们看出任何特殊的区别，我们就可以引用这种区别，以揣度儿童的经验。就具体的例来说，我们须先研究婴孩的行为，而明了其如何有异于成人所有的相当的行为，才可对于其经验方面加以切实的描写。若说“主观的”和“客观的”行为没有内在的关联，只是像钱币的前后面可以任意印入的，那可绝对不能承认；因为假使真正如此，那末我们殊不必想描摹婴孩的经验了。我们以为行为不能描写得完满，除非我们明白行为的两方面；而且只是做到这一步，才可以给行为以完满的解释。我们这一种理论不仅就婴孩言 144
如此，若就意识方面说，则全部儿童心理学统应采取这种见解。一个较大的儿童不是一个缩小的成人；其行为既有异于成人，则其经验也应有此差异。

那末我们究如何描摹生后数天内的小孩的经验呢？我们首须研究其行为所有重要的特点。我以为这些特点，为饥饱、疲倦、兴奋等身体的状态——这些状态纯由客观研究也可了解。现在请先讨论我们自己对于这些状态的经验。“觉得兴奋”的时候，可没有很确定的反应和这一状态相关（好比得上驱钉入壁时的反应）。我们若正在运动，则各种运动都可用以说明兴奋的感情。至疲倦而要休息的时候，则其情境和此相反，不过也没有什么更为特殊的反应。就是饥饿的时候，这种经验所指使我们的，也不过是我们总要作些动作以求得食物而已。至我们是否切开面包，或往寻餐馆，或作其他运动，则有赖于无数和饥觉无关的事件。食而饱时，我们不过是停止不食。就这些例而言，婴孩的客观的行为实和我们相同。精神舒畅的时候，他便运动；疲倦时便静卧；需要食物时，便啼哭，至有乳可吸时才止；满足时，便停止不吮。他的行为固然很少分化；然而我们在类似的情形之下，也不免如此。不过他的行为有很大的生物的意义，所以我们可以持平地断定我们所承认的饥饿的状态是婴孩所有的第一种经验之一；就现象说，实在和我们自己的十分相同。

145 然而和外界接触的经验又有如何性质呢？婴孩的知觉究竟如何组成呢？我们知道新生儿当外界的刺激和其感官接触时，或其身体的状态失去平衡时，他便有种种运动。例如，光体现于视野之中，他的眼睛便引起运动；有物和其手中任何点接触时，他便卷其手指。诸如此类，不必尽述。就每一例说，他的休息的状态忽被破坏；他所安居不动的世界内，忽引入一种新的分子而扰乱其静默。假使我们要将这种客观的行为的现象方面加以揣度，那就须将儿童的情状当作一个**整体**。因此我们便不得说，儿童看见一个光点；我们应得说：他看见**一个光点在一模糊的背景之上**，或者就触觉说罢，手上觉得一种压力，而这个压力在以前是不甚明了的。概括地说，**从一个无限制的不确定的背景之上起有一种有限制而确定的现象或图形**。至于这背景在有新成分发现之前，是否存在于现象内，则可等后来再说。现在只须记得图形成立的时候，其“模糊的”背景也须视为“一致的”。我们曾以为刺激发现之前，儿童是休息而不动的。由行为推想其经验的现象，则和绝对休息的行为相当的，总该有不明了的现象。读者须记得我们在讨论意识的最早的起始，而且要知道我们所要描写的是儿童最早的经验。据我们的推想，最早的经验为**一种背景上的图形**，我们若于此引入一个新的概

146 念，则可说这些图形是最简单的**心理的完形**(*mental configuration*)。

意识的现象分作一个确定的图形和图形所占的背景，或图形所从出的平面；但是一个图形定发现于背景之上，或者也可以说，起于一平面之上：这可算是图形的本性之一。假使有一种经验的现象，其每一成分都带有其他成分[1]；而且每一成分之所以有其特性，就因为其他部分及其和他部分的关系，这种现象便将称为一种完形（*Gestalt*）。照这个观点说来，最原始的经验乃为图形的。例如由一致的背景上所起的光点。又如皮肤的其他部分为平常的温度，而仅一点感有冷觉。或者如太热和太冷的乳汁和口腔的温度相对比。他如拒绝温度不适宜的牛乳时所有的反应，我们也算它是完形。譬如口内的乳汁也许引起“适当”的或“不适当”的完形。

这种关于最原始的现象的理论，有许多人或将深为怪异。因为这个理论以为经验自始便有一种秩序，而流行的学说则以为只是经验的结果才有秩序。由流行的学说推论起来，新生儿的意识可只是混乱一团的个别的感觉，有些感觉因为其相当的脑中枢成熟较早，所以其发现也较早。若以这种理论为根据，则视觉器官似供给儿童以混乱一团的无色及有色的印象，好像是画师的调色板上的各种彩色。经验乃由这些印象选择其所需要的，以组成儿童的知觉的世界。这种理论所根据的久为心理学所采用的一个基本 147
的假定，就是：单独的心理单位，叫做感觉，简简单单地为刺激所引

[1] 参看苛勒 *PhG*，第 57 页以下，第 192 页。第 207 页。关于图形和背景在意识现象和机能上的区别，读者欲知其详，可参看罗平（E. Rubin）的 *Synsoplevede Figurer*，Köbenhavn og Kristiania，1915（German ed.，*Visuell wahrgenommene Figuren*，Copenhagen，1921）。

起，而由这些感觉的联想作用，乃发生各种经验。[①] 但是由儿童的行为看来，可引不起这种推断。我们现在有几个论点，既直接和这个理论相抵触，又为最早的感官经验的完形论的证据。

（一）若描摹儿童的经验而和儿童的行为相符，则决不至于使我们假定新生儿有许多心理的现象。其实由他的行为看来，似乎引起他的动作的只有很少数的动机。[②]

（二）假使原始的经验确混乱而无秩序，那末最初引起儿童的反应和兴趣的当然是“简单的”刺激；因为由这种混乱中选出以互相造成联想的，应首推简单的刺激。但是这可和我们的经验相冲突了。因为对于儿童的行为最有影响的，不是心理学者所视为和元素的感觉相当的简单的刺激。对于声音最早的分化的反应乃为人类的声音所引起，而人类的声音的刺激（和“感觉”）不必说是很复杂的了。例如婴孩在第一个月的月终，若听到他孩啼哭。自己也啼哭。在第一个月和第二个月之间，对于人类的声音作微笑的
148 反应，初不能辨认友谊的，怒骂的，或介于二者之间的声音。这个辨别见于第四个月或第五个月，那时乃以微笑反应和悦的声调，而以啼哭或不快的表情反应怒骂的声调。就颜色说，引起新生儿的兴趣的也不是单独的颜色，而为人类整个的面孔，例如先茵女士对于她的侄女生后第 25 天时的报告。“在第二个月之内，成人的友

① 此说也为斯腾所屏斥（*PC*，pp. 102f.）；但是他的见解和我们的见解有重要的区别。我们既不既接受斯腾的关于感觉的概念（参看本书第 238 页关于响乐分析的讨论，及本书第 6 页脚注所引的论文），也不能承认单举散乱性（diffuseness）便足形容意识的原始的状态。关于这一层，参看 Wertheimer's“Untersuchungen zur Lehre von der Gestalt，I，Prinzipielle Bemerkungen”，*Psychologische Forschung*，1921，I，pp. 47f。

② 穆尔夫人尤看重这一事实，例如第 52 页。

谊的注视，可使婴孩微笑。在第二个月的月终，仅有成人在场，便可使他安静。这个反应很是特殊，半岁之内的小孩只是对人类而始微笑——例如对玩具则否，纵使这个玩具很足引起他的注意。试想在无数种混乱的表象中，辨别父母的面孔（更辨别友谊的和非友谊的面孔），加以这些面孔的感觉又时常变换，这是一种多么繁复的历程，而和这种历程相当的又应有何种经验呢？而且“即在生后的第二个月内，也常可见儿童受某些印象——尤其是母亲的面孔和声音——的影响，而引起微笑。再过了三个月，这种认识已发展而成辨别的能力，于是对于认识的和不认识的乃有完全不同的行为”。[①]

生后半年的时候，父母面部表情对于儿童的影响已可显见。照经验混乱的学说讲，则和人面相当的现象，只是混乱一团的明暗颜色的感觉，且复不断地改变——随被观察者及儿童本身的运动和光线的改变而不同。但是儿童在第二个月就能够认识母亲的面容，半年就能够对于“友爱的”面孔和“怒视的”面孔而有差别的反应。而且这个差别足能促使我们断定“友爱的”和“怒视的”面孔对 149
于婴孩乃为现象的事实，而不仅为明暗的分配。若以为原来混乱的感觉中，单独的视觉互相集合，而又和愉快及不愉快的结果组合而产生这些现象，那就似乎没有以经验解释这种行为的可能了。苛勒有一种观察和这一点很有关系。[②]“你若忽然有大惊的表情，而像煞有介事地注视于某点，便不难使这班黑猩猩立即注视于同样的处所。他们惊跃而起，好像是猛受电击；且虽无物可见，也仍

① 参看斯腾，*PC*，p. 108，Bühler，Hetzer and Tudor-Hart，etc. 。

② 参看 *StF*，第 49 页（脚注）。

加以注视。由流行的学说看来，黑猩猩能够由揣想‘我的意识’而加以类推，所以有这种表情。”可是这些动物实立即了解惊视的方向，若说它们对于苛勒惊惧的意识而加以类推，那就是完全荒谬的解释了。

这些现象如“友谊”和“非友谊”等，可不是很原始的吗？——或竟更原始于“蓝点”(blue spot)的视觉的印象？心理学若以为意识根本上乃元素所组成，也许觉得这个理论荒谬绝伦；但是你若记得一切心理的现象都和客观的行为有很密切的关系，便可不再以我的理论为怪了。“友谊”和“非友谊”确可影响行为，至若说像人类婴孩那么简单的生机体能够受一“蓝点”的影响，那就不易领会了。假使我们可由行为诠释现象，便不应以为现象也有种种引起
150 活动的性质吗？其实，我们若正在做事，便即可推想其有某种现象伴随此行为而起。但是这就是说，“威胁”(threatening)或“诱惑”(tempting)等特性比心理学教科书所讨论的“元素”更为知觉的原始而基本的内容。

此说和经验论显然绝对相反，因为据经验论，凡属这些情绪的或动的性质都由于习得或交替。但是像皮亚杰(Piaget)及里涅诺(Rignano)之称此为先验论(aprioism)则亦欠妥适。皮亚杰界说其所谓心理学的先验论如下：生机体根据自己的构造以迁移其环境的影响，而此构造则可离环境而独立且复拒绝因外力而引起的改变。[①] 我们的学说和这种先验论也不能相容，因其违反事实正不亚于因袭的经验论。我们对于表情运动如何了解的解释(本章

① *CP*, pp. 291 and 271.

第十一节)必可使读者明了此意。我们现有欲有一种关于一般的你的先验的知识(an apriori“Knowledge of general you-ness”, Driesch[①])的假定,我们已证明解悟的经验为**特殊**的外力加于生机体之上的结果(生机体虽也为特殊的,但仍以外力的特殊性为主)。因此,有许多事是不假已往的经验而了解的。换句话说,生机体随各种不同的情境而作妥适的反应。假使它仅“根据自己的构造以迁移其环境的影响”,它便不能作此反应了;因为这种先验论将永不足以解释反应何以适于环境的缘故。生机体自然也须实现某种情境;例如最伟大的提琴师倘没有良好的提琴,也不能拉出最美丽的曲调。但是决没有人能够于此辨别出孰为琴师的贡献而孰为提琴的贡献。关于这一层,读者可回味本章第九节对于遗传概念的 151
讨论,那里也有类似于此的一个论点。

据我的见解,每一反应都涉及生机体内的力的分配。这个力的分配和其他物理的力的分配不相差异,视生机体的构造和其体面上的力的分配而定。每一反应为许多可变的因素的一个机能,这些因素非意即不同历程的总和,那是前已说过的。因此,经验论和先验论(先天论)的反抗便不复存在了。

我们前已说过图形背景的构造中的背景是较欠明确的。现在须再加一句:就是,图形是有积极的或消极的“兴趣的”。瑟勒尔(Scheler)以同样的理由说:“人所领悟的外界的客体,以‘表情’为最早。”[②]假使“表情”一词的涵义很广,包括那种在黑暗中反应光

---

① H. Driesch: *The Crisis in Psychology*, Princeton, 1925, pp. 107f.

② 参看 Scheler, *Sympathie*, (本书第 22 页脚注),第 275 页;又苛勒以其对于猩猩的观察和实验为根据的讨论, *Psychologische Forschung*, 1921, 1, pp. 37f。

线的行为，那么我们对于瑟勒尔的话尽可完全同意了。

我们若记得前所说过关于“表情”的知觉的话（第129页以次），则这一问题只须再加一层讨论便够。假使我们承认“友谊”和“非友谊”等的现象是原始的，那就须主张原始的现象，不能分析而为知觉的及感情的元素；而且“主观的”感情和“客观的”知觉分隔，可不和“客观的”知觉相并。不过原始的经验现象，却含有情感的现象和我们所称的客观的现象。因此我们和许多著名学者的意见全相符合。[①] 民族心理学也有同样的主张，以为由低等文化的人看来，我们所称的情绪的、纯粹主观的、自我的成分满布于世界

152 中。[②] 但是我们的意思以为最早的知觉的经验已带有客观的特点，而为兴奋之感和饥觉所没有的。至于我们所用“客观”一词的意义之应有异于哲学者所用的意义，那就可以不必申说了。我们的意思只是以为知觉的经验有异于“机体的感觉”；而且在婴孩心理最早的经验中，主客的区别不为习得的，而为现成的，不过较略简陋罢了。

（三）布洛特（Brod）和卫尔次（Weltsch）[③]提出下列论点，以反对心为多数感觉混合而成之说。有时候或有意，或无意，或由于疲劳，成人生活的已发展的经验的现象乃重返于不甚发展的状态。我们大家都经验过那些“心不在焉”的状态，以致意识一变而为模

---

① 参看 *PC*，pp. 75f.，以及 Guillaume，*l'Imitation*，*loc. cits*，p. 144。

② 参看 Lévy-Bruhl，pp. 27f 和 T. W. Dazel，“Prinzipien und Methoden der Entwicklungs Psychologie”，Abderholden's，*Handbuch der biol Arbeitsmethoden.*，Lief. 46，Abt. VI，e，Berlin and Vienna，I. 1921；又我的书评，见 *Psychologische Forschung*，1923，3，pp. 189f。

③ M. Brod and F. Weltsch，*Auschauung und Begriff*，Leipzig，1913. p. 6.

糊的一体(unity)。于是世界也似缺乏变化而成为单调了。意识原来为感觉混合而成的假定，由这种经验看来，很难成立。因为我们那时所有的为一种模糊的一体，是前曾视为图形所由起的现象的背景。试想我们成人的知觉界若忽极模糊起来，我们便不可以假定我们方复返于最早的而最原始的意识的现象吗？其唯一的问题就是要规定那里为极限，因为超过这个极限，便算是一无所有的境界了。临了，到了绝对的单调的时候，究竟还有没有意识呢？以前我们对于“经验的图形所由起的模糊的背景是否起于图形发现之前，或和图形同时发现”的问题还未曾予以解决。假使背景离开其所发生的质或图形便不复存在，那么最原始的意识的现象，便不为模糊的背景，而为图形背景的构造了。我以为这一说较为合理，因为一致的背景的现象，若没有平衡的扰乱，对于行为将没有意义可说。而且知觉的扰乱，由于脑部机体的毁损，更直接可为此说之证；因为有些病人，当其不能有相当的复杂的心理物理的历程时，便不能看见一个复杂的图形。[①]

背景和图形，在现象上既不可分(见上)，所以必发现于同时。譬如世界中有一部分分明而现为图形，其余则现为单纯的背景，虽说它也非常复杂。我申明这一句话，目的只是要说明下一事实：就是，我们不得以为意识的现象和刺激模型相当，好像是每种特殊的刺激都有其特殊的意识现象，更不得以为由心理实验可将刺激模型分析而为各别的刺激，而分别研究其相当的意识现象。老实说，感觉为刺激所决定的假说决无成立的可能。

① 1912年，惠特海墨在柏林举行第五次实验心理学讨论会时，曾作过如此的报告。

（四）临了，还有直接的证据，可以证明简单的图形应视为很原始的经验。在动物心理学中常做下列的一种实验，叫做“选择的训练”（selective training）。以两种刺激呈现于动物之前，例如淡灰色和深灰色的纸；训练它反应甲种刺激而得食，而不去反应乙种。学者以为由此可以试验二事：第一，动物是否经验得两种现象
154 或感觉而相当于这两种刺激？第二，它的记忆在训练时和在训练后如何作用？将第二个问题姑置勿论，且来研究第一个问题。通常对于训练的解释以为动物学得追求甲种感觉，而避免乙种。所以每种感觉和不同的行为方式相连而成关系。我们可以称动物所追求的感觉为“正的”，而称其他为“负的”；其相当的刺激也可仿此定名。苛勒曾作下列的实验。他先训练其动物，使选取两种灰色中之较淡者。训练成功之后，便作“决选的试验”（critical tests），复以两种灰色纸呈现于动物之前；不过前所用过的较淡的，正的刺激仍旧保留，而深灰的，负的刺激则被取去，而代以一种比正的刺激更淡的灰色纸。这一张新纸，从前训练没有用过；所以它既不是正的，也不是负的。看图 6，便可领会这种实验的全范围。其符号为“灰色零”。那动物竟如何反应呢？新灰色既不是正的，也不是负的，而为中立的；至附近的灰色，则因多次实验的结果，而已成为强度的正的了。假使特殊的反应针对特殊的刺激之说为正确的，那末这正的刺激应常被选取；我们可没有理由揣想中立灰色被选取的次数反更多于正的灰色了。

这个试验也可加以变化，而使深灰色为训练系中的正的刺激，
155 而用一灰色更深的纸于“决选的试验”中，以代替灰色更淡的纸。

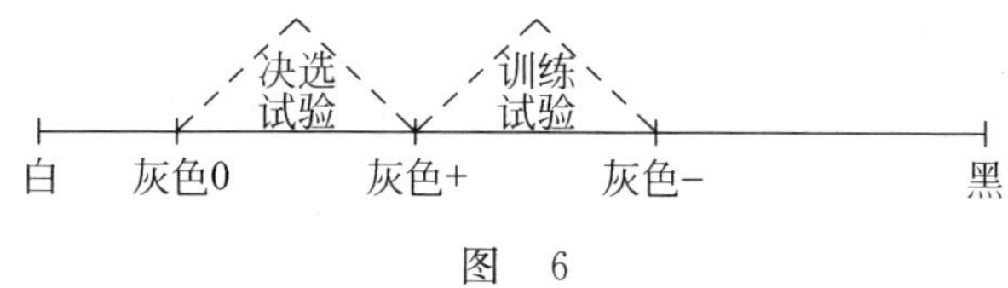

图　6

或者，我们可于"决选的试验"中，留用其负的刺激，不用正的刺激，而另用一种在同方向上和正的刺激相去更远的刺激。为简单计，我们将以第一例为限。

苛勒对于母鸡、黑猩猩及将近三岁的小孩，留心地作过这种种实验。为欲使读者明了其如何作这些实验，我乃简单地描写其对于母鸡的经验如下。一个母鸡放在笼内。笼有一面的铁丝篱较疏，鸡可易由此伸首和颈项于外。在这面前，放一平面板，好使鸡啄食于其上。在这个板上，放两色纸互相靠近，以为训练之用。而于每纸之上，置有分量相等的谷粒。鸡若啄食正的纸之上的谷粒，它便可将谷粒任意吃完；但是假使它啄食负的纸之上的谷粒，它便被逐他去而不许啄食。[①] 这种手续继续做去，直至鸡不再啄负的纸为止。两纸的位置时相交换，正的纸有时放在右方，有时放在左方，好使鸡不常在同位置的方向啄食。要完成必需的训练，则须作400次以至600次的尝试。这种训练成功之后，苛勒乃进而作决选的试验，鸡可自由选食那一种纸上的谷粒，而不加以阻止。实验的手续以此为止，且可照样复做。

这些实验的结果和感觉说所揣想的相反。四个母鸡中，有两

① 卡次(Katz)和勒微次(Révész)使米粒紧粘盘上，致鸡不能取食。此法可不能用以实验较大而有力的鸟类，因为它们能够拉开米粒。读者可参看苛勒，*OU*，第58页。

156 个学得选取淡灰色，有两个选取深灰色；而新加入的中和的（即不“正”不“负”之意）纸在 85 次决选的试验中，有 59 次当选，而原来正的颜色的纸只有 26 次当选。感觉说的预料可和此相背，因为感觉说所揣想的，必以为正的颜色的纸和中和纸当选的次数至少也该相等。所以这个理论必错误无疑。

我们将如何解释这些实验的结果呢？前次训练的情境所遗留于决选的试验中的，除了正的刺激的客观的存在外，还有什么呢？“在这种特殊的排列中，两种不同的颜色互相靠近的放在一个很简单的对称的图形内。由内省看来，这个经验的特点不仅是独立的甲色，或独立的乙色，而为两种颜色的‘集合’（“togetherness” of the two colors）。”[①]这种明暗的模型，这种颜色的图形显然可由训练的试验至决选的试验而不变。由此可知选择的决定多靠着这个模型，而不靠着训练中绝对的正的刺激。假使鸡的行为全赖完形的特点而定，而不定于颜色绝对的性质，那末我们可以说这种试验所引起的意识现象也应为完形的。而且这些试验的客体既为母鸡，可见不仅智力发展之后才可有这种完形，纵使心理的程度很是幼稚，也应有这种完形。

苛勒对于儿童的试验，用两个盒子放在儿童面前，一个有淡灰色的盖，一个有深灰色的盖。儿童可任意选取那一个。他不必有
157 进一层的帮助，便能常选取那装糖果的淡灰色的盒子，而拒绝那深灰色的空盒子。两天（25 次试验）之后，儿童已算能选取无误了，

① 苛勒，*StF*，第 12-13 页。

于是乃给以决选的试验。这种决选的结果和母鸡的试验相同，而且还更为坚决。就明暗的比较及“绝对”的颜色的拒绝而言，儿童常选取其新而颜色较淡的盒子而不疑。①

我们曾说过母鸡有时也作“绝对的”选择。苛勒于某组特殊的试验中，变化其条件，看那种情形适宜于“绝对的”选择，而那种情形适宜于完形的选择。由苛勒的结果看来，“绝对的”选择过时便不生效力，而且很易遗忘。苛勒说：“学习的真正的、经久的、确定的结果实有赖于完形作用。”②这句话，就较为原始的动物界而言，大概可以成立；但就人类言，则否。成人的选择，不像小孩，不必常随完形而定。成人将要问一问他的行为到底参考完形，或参考他所已知的绝对的灰色。只是要我们判决两种性质相似的颜色，——就是正、负及中和的颜色的中间很少区别时——我们才不得不采用完形的选择，我在教室内所做的实验已屡证实这个结果。158 由成人和儿童的行为的这种差异看来，显然可见绝对的选择并不是较为原始，而且还是心理较为发展的结果。李克尔(Riekel)对于儿童作类似的实验，证明其反应绝对灰色的次数随年龄的增加而增加。③ 所以这些绝对的因素，非即旧说所称的训练的基础的

① 佛朗克(Helene Frank)复作这些实验，而以11月起至7岁之间的儿童6人为对象，且复以大小的差异代替颜色的差异。参看“Untersuchungen über Sehgrössen Konstanz bei Kindern”，*Psychologische Forschung*，1926，7，pp. 137f。

② *StF*，第24页。

③ 参看 A. Riekel，“Psychologische Untersuchungen an Hühnern”，*Zeitsch. f. Psychol.*，1992，89。

“简单的感觉”。[①]

由这种观察而得的差异推论起来，我们可以说简单的完形是原始的行为的方式，而不必有绝对的感觉的存在。我们的揣想以为婴孩心理最早的经验有这种完形的性质，现在更可以这种试验的结果为根据了。

（五）卡次（Katz）研究触觉的结果更可引为原始现象的完形性的最后的证据。[②] 卡次由多数不同的事实，得到一个结论，以为在知觉内，运动的形前于静止的形。他又以为运动稍速的物体比静止的物体更易引起小孩的注意。从1912年[③]以来，已有过多种实验的研究，范围很广的或范围很狭的，其结果都足证明运动知觉为一完形的历程。所以，原始心理的特征为完形，而非个别刺激的感受和反应。

这里应再声明我们所谓“心理最早的现象”的完形应视为很简

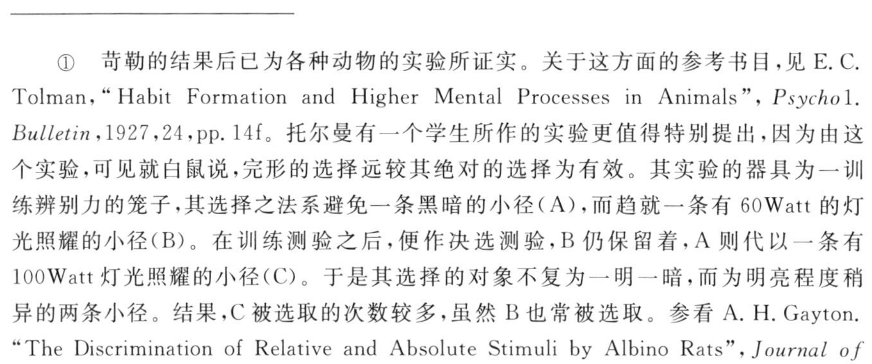

① 苛勒的结果后已为各种动物的实验所证实。关于这方面的参考书目，见 E. C. Tolman，“Habit Formation and Higher Mental Processes in Animals”，*Psychol. Bulletin*，1927，24，pp. 14f。托尔曼有一个学生所作的实验更值得特别提出，因为由这个实验，可见就白鼠说，完形的选择远较其绝对的选择为有效。其实验的器具为一训练辨别力的笼子，其选择之法系避免一条黑暗的小径（A），而趋就一条有60Watt 的灯光照耀的小径（B）。在训练测验之后，便作决选测验，B 仍保留着，A 则代以一条有100Watt 灯光照耀的小径（C）。于是其选择的对象不复为一明一暗，而为明亮程度稍异的两条小径。结果，C 被选取的次数较多，虽然 B 也常被选取。参看 A. H. Gayton. “The Discrimination of Relative and Absolute Stimuli by Albino Rats”，*Journal of Comp. Psychol.*，1927，7，pp. 93f。

② D. Katz，“Der Aufbau der Tastwelt”，Erg. Band 11 der *Zeitschr. f. Psychol.*，1925，pp. 71f.

③ 参看 M. Wertheimer，*Zeitschr. f. Psychol.*，1912，61；又我的“对于完形心理学的贡献”各文，见同杂志及 *Psychol. Forschung*。

单的；只是由单纯的背景而起的一种图形。因此，我们不应以为这种现象和我们成人所有的经验相类似；这些完形其初只是很简单 159
而不确定的。但在下面各页，我们将讨论程度较高的完形，且由此而研究其发展。

最后，前所描写的表情的运动，可和这种原始的图形背景的构造发生关系。号哭(crying)和哀啼(whining)在表情上颇多变异，可兼和背景及图形相关联；前者见于疲劳，饥饿及休息等的状态之内，后者用以反应可厌的物体和明确的痛觉。幼时满足的表情显然纯粹为一对付背景的反应，而较后发现的微笑则为一个图形所引起。他如转头、卷唇及眼之注视运动等都可视为图形的反应。

160

第四章　心之生长的特点

A　关于行为新模型如何习得的问题

一　心之生长的四种方式

我们现在已知道一个新生儿究如何开始生活，又如何有种种准备，以进为成人，加入人类的社会而为一独立的分子。因此，现在乃可观察其生长和发展，而求其生长和发展的法则。我们的注意可仍集中于原则；因为为我们的目的计，发展本身的问题，远较重要于行为的详细的事实。因此，我们现在乃欲研究人类在生长过程中的成就。

有了这个目标，于是首要的问题就是：婴孩所要习得的是什么，而其行为的发展又应取何种方向。对于这些问题，我们可以说心之生长可有四种不同的方式。

第一为纯粹运动现象的发展。初生时所已有的运动和姿势将
161 更臻完备，而新的运动也复组织起来而逐渐精巧。譬如先有握持、走路的活动，然后逐渐有说话、写字、弹琴、体操、运动、游戏等动作。

第二为感觉经验的发展。这一方面的任务更为巨大。我们已说过人类最早的知觉经验很是简单;不过和所谓“简单的”感觉,不同其种类。由这种简陋的经验,乃发展而为我们所有繁复的、杂色的(multicoloured)而组织完善的知觉经验。我们已知道儿童的环境所有种种事物,在一个时间内,只有少数对于他是发生影响的;但是当他发展的时候,这许多事物统须习得。成人的生活对于他的行为的要求,甚为复杂,决不是婴孩的原始经验所能满足的。所以儿童的心理现象对于引起这些现象的无数刺激必须逐渐适应。譬如看谜画,由乱七八糟的线忽变而为猫的图形。又如有谜画于此,其构造不仅表现一个猫或其他图形,而且其线和面都杂乱无章;然而你迟早可由此看出一种风景或一大群的人。这个实例,和前章末尾所讨论的问题,有联带的关系(第142页)。那时我们曾说过各人虽在观察实际上相同的事物,而其所引起的经验现象或 162
彼此互异。所以选取这一实例,其目的只是要说明人类在感觉能力的发展中所遇到的问题。简单地说,婴孩所有原始的,不相连续的现象模型,应逐渐变为完整的,有组织的知觉经验。

第三,然而外的行为和内的行为,不是两种相反而不生关系的系统。因为所谓行为者,就是个体由感官方面领会其情境,乃复由运动方面发为相当的动作。所以在纯粹的运动和感觉的习得外,须复有感觉合运动的习得;所谓感觉并运动的习得意即显著的行为方式和潜伏的行为方式的合作,也就是那些适应经验现象的而为独立生活所必要的运动。若举一个简单的例,我们可以引“被灼的儿童怕火”那一句话。火的现象所以引起拒避的反应,就由于原来的握拿动作,曾引起被灼的苦痛的经验。普莱尔的儿童宁愿吃

瓶中的甜牛乳而不吃母亲的胸乳，其本能的改变，也可引以为例。

感觉方面和运动方面的关系之密切既经申明，我们还得明白第一类所有的纯粹的运动的习得，也含有感觉的成分。就说话、写字等活动而言，这个成分更为显著。聋者尽其力之所及，也不能学好说话。那些有赖于特殊的运动练习，而始可纯熟的行为也莫不
163 如此。例如拍网球，不仅是复演同一拍球的手续；还要看得见球如何来，自己如何拍击。

即就那些初期的活动而言，也有一种感觉的成分。譬如走路，决不是印板式的运动。走路的疾徐，不仅随目的之不同而大异；而且于不知不觉中，要适应街道的性质。这种手续是有点机械性的。换句话说，支配走路的脑部中枢，须由外面接得街道性质的报告，于是走路的运动，遵受这些感官的报告的支配；不过没有引起意识而已。要举出一个显著的例，你只须想一想脚痛的时候，走路如何和平常不同；而且在这种情形之下，纵使用心想学平时的走路，也困难已极。我们若将前章所详述的那种动作拿来再研究一番，则更易明白感觉方面和运动方面的关系。譬如我们偶于远眺时，忽然近处有一怪物，我们便加以注视，眼睛也与之相适应。这种反应，尤其是这个适应动作，完全是无意的；只是这种运动已被实行，而两眼已凝视这个新物体之后，才由感觉方面的活动，在意识中引起一种现象。我们已知道要讨论感觉和运动间的这种关系，最好假定这整个的作用，为一种互相关联的系统，运动历程和感觉历程不是两相独立的。我们此地仍保留这个概念；因为即就纯粹的“运
164 动的”习得而言，也须先有一个完整的感觉运动的作用。每种运动，都在脑中枢内引起一种新的感觉的冲动；而这种感觉冲动又于

运动作用有所补助，由运动失调症（locomotor ataxia）所表现的走路的艰难，更可见感觉冲动对于运动作用的贡献的重要。这个病症，患不在于运动中枢，而在于感觉中枢；然而其结果则为完全的瘫痪症。病者如能于其所失的触觉外，学得别种感觉冲动的使用，则可复能走路。譬如视觉的冲动也可利用，不过那时病者须用两眼支配走路；换句话说，他须常注意他的脚。他的动作既可由此而大有进步，所以其病初无关于运动中枢；而且由此更可知每种运动都有赖于感觉冲动。你若取一种感觉中枢有病的动物，而做生理的研究，则也可得同样的结论。

现在若将这个命题翻过来说，则也可以成立；因为第二节所描写的“纯粹的感觉的”知识，也不得不和运动相合作。连续的知觉和辨别的知觉都因运动而便利。试想一想握拿和抚摩的动作，视觉中的“注意之线”（the line of regard）及头部的转向的运动。卡次研究触觉，以为在原始的发展期中，运动乃为知觉的必要条件，而成人的触觉仍很接近原始的阶段。[①]

我们已说过，严格地说，实没有所谓“纯粹的运动的”或“纯粹的感觉的”习得，但是我们仍得举出这两种习得和“感觉运动的”习得的区别。分开来说，感觉组的职务，在习得内的感觉的行为模 165
型；而运动组的职务，在习得外的运动的行为模型。至于感觉运动组的问题，是要兼举这两方面而言。所以经验现象和运动原都可分离存在，这第三种发展，就在于融合这两方面于一整个的行为方式之中。譬如母鸡可以跑路，也可以看见朱砂色的毛虫；但是见毛

① Katz，*Tastwelt*（见本书第158页脚注）。

虫，而跑开去的倾向乃是习得的。

第四，由第三种发展，我们可立即讨论那第四种。我们若忽然有适应新环境的需要，我们大概不能够就用一种适宜的行为来作反应。我们那时不得不有所考虑，于是反应便迟延了。这就是说，刺激的情境和反应的行为之间，意识中有些种现象不必直接相当于实际存在的事物。下例或可为一种简单的说明。譬如小孩独自一个人看见面前有一碟动人的糖果。他想起母亲曾告诉他，没有得到允许之前，不得试食糖果。因此他于自己的动作便不得不迟疑了。假使他置此糖果而不食，那末他对于这种刺激情境的行为，是受哪种记忆的支配。在发展的历程中，这种干涉行为的势力，常增加其重要。原来是反应直接随刺激而起，后来则这种干涉的成分，随发展而更增加，而更重要。我们最重要的成功，便有赖于这种干涉成分的习得，所以这个作用，是心理发展的主要工作。因为
166 有这些干涉的成分，所以我们逐渐可以摆脱直接的环境，而控制自然。鼓励这种发展，乃是教育的主要工作之一。因为在学校中所须求得的，不为绝对的知识，而为思想的方法。所以我们若能以相当的观念对付当前的情境，我们就可以有独立的能力了。

我们前已由所谓理智方面举例说明；但是伦理的行为，也应附属于此。行为也应有伦理的发展，所以不必仅视环境的情形而定。

这种行为，我们将称之为**观念的行为**(ideational behaviour)。这个行为由那分类看来，似可和他种方面，不生关系了；其实也不然。因为观念的行为，也极有赖于感觉方面；而且我们所赖以脱离直接知觉的方法，也以知觉为其基础，实只是引导我们由这一知觉而至另一知觉。下章讨论那些由感觉方面至观念方面的行为，那

时对于这一事实将可更为明白。

我们曾说过一个小孩，须**习得**这一行为或那一行为。我们所以要采用这一个浮泛的名词“习得”，只是因为如第二章所说的，发展可有两面——就是成熟和学习。说到习得，我们就须将这两层记在心上。因为学习虽说是更有效力的历程而引起我们大部分的注意；但是我们若以为各种习得的动作都须由于学习而得，那就不免错误了。

二　成熟与学习　学习中之记忆问题与成就问题 167

生后头几个星期内，“新脑”生长而逐渐行使其机能。这种生长有各种表示，反射的感应性(reflexive irritability)即为其一。这种特性，其初虽很微弱；其后则逐渐强大，可于数星期内达到最高点；到后来则复衰退。其衰退的原因，大半由于脑部及脑部与脊髓的联络稍微发达之后，大脑遂成产生反射动作的系统的一部分。反射动作现既由新系统出发，乃取得一新方式。哥德施泰因近已证明这种变化不复可释为制约的结果。[①] 譬如巴宾斯基反射变而为蹠部反射(参看第 86 页)就由于这些部分的成熟。运动区(pyramidal tract)内脑和脊髓间的联络若因病而损伤，则巴宾斯基反射可复代蹠部反射而起。其他如排泄的反射的控制，也有赖于大脑的成熟。前所描写的缺乏脑部的小孩，则永远不能有这种控制的能力。虽然，这种行为也不能全视为成熟的结果，因为学习也

① Goldstein, K., “Zur Theorie der Funktion des Nerven Systems”, *Archiv. für Psychiatrie*, 1925, 74, pp. 370f.

不无关系。

但是学习可引起一组完全新的问题，我们现在应予以相当的注意。一切学习都有赖于记忆——已往的事不是过去便罢；它在我们的心物(psycho-physical)的生机体中，多少留一点痕迹。我们若已适应过一种新情境，或解决过一个新问题，则第二次遇到同样或相似的情境，对付同样或相似的问题，我们的行为就可以较为
168 便捷。学习的这一方面，已有人研究，而且学者会做过各种不同的实验，以决定记忆的法则。不过记忆的问题，还不是学习中唯一的问题。因为此外还有一个问题，至少也有同等的重要。我们已说过，生机体因有记忆，所以动作一次，便可保留其结果。现在请更仔细地讨论这仅发生过一次的动作。假使它属于遗传，有如本能的动作，那末，它第二次不必比第一次较便捷而灵巧。因为本能的活动开头说已颇完备了。纵使可以看见一点进步，我们也不必把这种进步归功于记忆，因为这也许完全由于生长。在本章中，我们将要晓得一个动作的成熟，实可因练习而增进。

假使那些活动习得不易，那末第二次动作之较灵敏于第一次，便更易明白。我们可以由前四种的发展中，依次举例说明：(一)游泳学习很难；但是一经习得，将来若在水里，便永远不至于手足无措了。(二)若曾看出一种谜画，则第二次便更易看出。关于相类似的谜画，也可有同样的便捷。(三)假使有一次曾在木板上，渡过溪水；第二次若在同样的情境之中，便不必有所迟疑了。被灼的儿童一例，前曾以之隶属于这种行为之下，似乎和这个例子不同；但是我们想要到后来再讨论这个问题。(四)在数学的某种特殊的范围内，若已能懂得一种例证，则对于同范围内的旁的问题，也必较

易对付。

这些都是学习的重要的实例。在这些实例之中，第一次的动 169
作，都含有决定的成分。所以学习的问题，不仅在于明白其第二次的动作如何有赖于第一次——这根本上就是记忆的问题——而且还有下列一个疑问：就是第一次的动作如何发生呢？此后，我们将称这个问题为成就的问题(problem of achievement)。[1]

这个区别，虽然在心理学内没有人给它以其所应得的重要位置；可是仍不失其为一种基本的区别。学习问题屡被视为记忆的问题，而成就的问题则很少有人加以独立的讨论。因此，本能动作，屡被视为不必先有经验而能实行的动作。而且因此，生物在一种情境内的第一次动作便以为是全有赖于遗传的倾向。[2] 我们将否认这个学说，而以为一切学习都不是由于遗传。至于这句话究竟有什么意义，我们现在便可加以研究了。

三　试误学习的原则　桑戴克的研究与其机械的学习说

我们现在就要讨论比较心理学中一个最重要的问题。有人以为试误学习的原则，或可作这个问题的解决；但是这个原则却不是
一种解决，只是一种躲避解决的方法。因为照这个原则说来，既没 170
有什么“不遗传的”行为；也没有第一次的新动作。我们若要懂得这试误学习的原则，必须把这一层记在心上。

我们可先讨论这个原则所赖以成立的具体的事实。这些事

---

① 克拉帕累德对于起源和练习二事也作类似的区别(法文版，第173页。)

② 参看桑戴克，*EP*，第25页，第201页。

实,可得自动物实验。桑戴克第一个做这种实验,其后美国做这种实验的人很多。[①] 关于这些实验的大概,可略如下述:把饥饿的动物禁在笼内,而于笼前置食物,这食物也许可以看见,也许可以嗅到。然后观察那动物在这种情境中的行为,尤其要看它如何脱逃得食。[②] 笼或有门或有旁的机括。只要动物完成某种动作,如或拉绳,或扭锁,或按板,或以旁的机制而拉起门闩,门就可以拉开,动物也就可以脱逃得食。

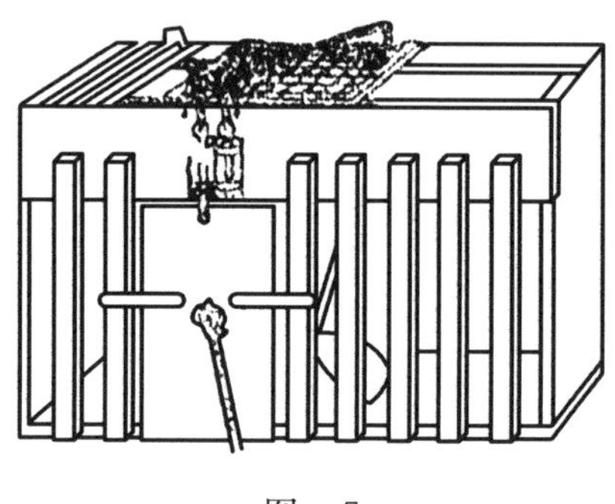

图 7

图 7 取自桑戴克书,可略示笼的构造的方法。实验时所用的锁也许只有一个,也许合用几个,依次打开便可逃出。譬如要开丙
171 锁,须先开乙锁,要开乙锁,只是在打开甲锁之后。

桑戴克的实验,我们现在想更加以详细的研究。他把猫或狗关在这种笼内(惟常仅用一个动物),然后看那动物在这种情形之下,究竟做些什么;而计算其由试验的开始,以至脱笼时所需要的

① 关于实验情形的详尽的叙述,可参看桑戴克,*AI* 以及华生,*B*。

② 和此相反的布置也无不可,例如将食物放在箱内,而将动物放在箱外;但其原则则依旧未变。参看华生,*B*。

时间。动物得食之后，或迟或早，又把它放在笼内，实验便又复开始了。如此重复试验，到几天之后，动物便可立刻脱笼。每种试验中，禁在笼内的时间既经算好，然后可画成一个时间曲线，以重复的次数记在横线之上，而以每次所需要的时间记在直线之上(参阅图 8 与图 9，第 180、182 页)。

有时动物也许永远不能脱笼；但是刚刚禁在笼内，它就表示一种烦躁的样子，而求所以恢复其自由。桑戴克关于这种行为的描写，已见于第 99 页。这个手续任其进行下去，直至动物于无目的的奋斗中，忽作某种动作以脱笼而出。譬如它在乱动时，也许偶以爪拉绳，或锁，以恢复其自由。这个动作虽然是第一次；可不是新的，因为是遗传的反应中之一种(参阅第 99 页)。

假使继续实验，动物的行为便可因而改变，无用的动作逐渐减少，而有用的动作渐较完满而精确。这两种结果，对于时间曲线有 172
同样的影响，因为动物脱笼，一次快似一次。

这些乃是事实。可是要如何解释呢？美国心理学者，自夸已提出一种很简单的假说。这个假说经过不同的阶段，我们想择要加以叙述；但其要点约略如下。因为动物所赖以脱笼的动作，既不受“顿悟”[*](insight)和“意旨”的支配，则这些主观的历程，在动物已能控制这种情境之后，也必不能更有效力。由于淘汰无用的动作，改善有用的动作而发生的行为上的改变，可以说**未经动物的参与**，动物简直不知道自己的行为何以改变的缘故。这整个的保存有用动作而淘汰无用动作的手续，是纯粹机械的。

---

[*] 原译为“理解力”，今译“顿悟”。——校订者

这就是试误的原则，或成败的原则（The Principle of Trial and Error，or Success and Failure）。但是被保留的如何能为有用的动作，而不为无用的动作呢？对于这个问题的第一个答案以为情境和有用的动作之间，逐渐成立一种确定的联结或联想，因此情境的知觉，立即引起相当的活动。情境和适宜的动作之间有一种联想，而情境和不适宜的动作之间则否；因为适宜的动作引起快感，而不适宜的动作引起不快之感。这个几乎可说是摩尔根的理论。但是快感或不快之感，何以一则成立一种联想，而一则阻止一
173 种联想呢？对于这进一层的问题，摩尔根只能说："我想对于这些疑问，只得老实承认不懂。"①

这个理论，经过了许多时间而不能修正。近来彪勒要解释训练或练习——这一层我们将再讨论——似乎也承认这个学说。因为他说成功的快感和失败的不快之感，足以"于某种感觉的印象和成功的行为的动作复型之间，成立一个明确的联想"。② 他以为这个关系纯粹是联想的，换句话说，动作由感觉的印象而定，可没有动物觉得"我当"或"我愿"的意识。③ 因此摩尔根的理论已经过一度的修改，现在已以为联想直接成立于知觉和动作之间，而没有任何意识材料的间隔。桑戴克先也承认这个理论，然后进而作实验的证明。他的第一个理论以为联想只成立于动物的感觉印象和运动冲动之间。④ 现在姑且让我们看"联想"这一名词有何意义。联

① 第165页。

② *GE*，第6页，又第119页以下。

③ *GE*，第2版，第209页。此句在第四版中删去。

④ *AI*，第108页以下。

想不是遗传的各历程间的关系，而为习得的各历程间的关系。摩尔根和彪勒都采用这个意义。彪勒说："训练时有'多余的运动'和'无目的的乱动'，可以因缘机会而达到目的。但是明确的联想既经成立之后，偶然的动作便可减少而消灭。"[①]你若解释这所谓"多余的动作"为不因遗传而和目前情境发生关系的动作，那末实际上所成立的，必定是新的联络结了。

但是桑戴克的见地不同。他以为多余的动作，只是继续活动 174
的遗传的行为。我们前已说过桑戴克以为其动物所借以恢复自由的动作都属于本能的倾向，完全靠神经元的预定的遗传的联结。所以学习时所成立的联结都不是新有的。其整个的结果，只是任何情境和许多可能的反应之间有多数预定的联结；而这些联结之中，有少数被保留而加强，其余则统被汰除。桑戴克固然沿用"联想"这个名词；但是由他看来，这个机能不在于成立生理学中所谓新的联结，只是使已有的神经路更易活动罢了。[②]

华生主张同样的学说，而更趋极端。他很郑重地说，没有所谓新动作的建设，所以尽可不必谈到联想。他以为我们不必讨论新联结的成立，只是要研究其如何于已有的联结中选取其少数。这个选择的结果，遂使无用的动作逐渐淘汰，而使有用的动作组成合宜的次序。[③]

学习的解释可以此为最机械的了。就是那些问题如选择不同的反应如何有效，以及无用的动作因何种成分而逐渐汰除，华生也

① *GE*，第 6 页。

② *AI*，第 108 页以下；又 *EP*，第 2 卷，第 1 页以下。

③ 华生，*B*，第 186 页，第 259-260 页。

予以最简单、最粗陋而最忽略动物方面的情感的答复。[①] 他以为被保留的动作，只是那些最常实行的动作。这些动作之所以成为有效的动作，也只因为它们是在每次实验中达到目的时的主要的
175 动作。失败的动作没有这种必然性；因为动作若对，实验便完结了。你若以为许多可能的动作开头实行的机会是均等的，而且动作不同的次序也都有均等的机会，那末对的动作比错的动作当然有加倍的机会了。

一个简单的图表，或可使这个关系较易明白。假使可能的而有均等机会的动作只有两种，甲和乙；又假使乙可达到目的，而甲则否，那末前后次的试验也许有若下列的结果：

1. 甲乙　　2. 乙　　3. 甲乙　　4. 甲乙

5. 乙　　6. 乙　　7. 甲乙　　8. 乙

甲若实行，则乙继其后；但是乙若先实行，便没有第二种动作的可能，因为试验已因乙而完结了。由这个表，可见在八次的试验中乙实行八次，甲仅实行四次；不过其为第一个分子的次数，则彼此相等。

由华生和旁的美国心理学家[②]看来，这个频因律*(Law of Frequency)是学习的主要的法则。华生且补充之以一次要的法则，叫做近因律**(Law of Recency)。照这个近因律说来，最后发

---

① 参看华生，*B*，第 257 页。华生在其第二本书内似更慎重。他在学理上讨论了四种可能的假设之后，却不承认其任何一种。见 *PB*，第 315 页以下。

② 参看桑戴克，*EP*，第 185 页以下。

* 原译为“多次律”，今译“频因律”。——校订者

** 原译为“时近律”，今译“近因律”。——校订者

生的动作比其他动作有较好的机会。有效的动作既为每次实验中的最后的动作，则其在第二次的试验的开始时当然是最近实行的动作，所以它实现较易。至于原来的解释，以为成败由于快感和不 176 快之感，至此都不复存在，以为和学习及习惯全没有关系了。[①]

这个极端的学说，学者多不赞许。频因律或桑戴克所称的练习律(The Law of Exercise)，[②]虽然是大家承认的；可是他们以为只有这一个律，还不够给这些事实以充分的解释。因此华生所否认的效果的解释*，旁的学者仍保留着以为补充。譬如彪勒以为快感和不快之感，帮助婴孩和动物选取适当的反应。“由成功而发生快感，由快感而有用的动作得以反复演作，而反复的演作乃使其动作有固定永久的性质。至于失败则可生不快之感，不快之感可不能引起复演。因此，失败的动作不被保留而被淘汰。”[③]所以保留作用，虽用频因律来解释；而动作的复演则又以快感说明。这话说来虽很简单；但是一经讨论具体的例子，如刚所述过的动物的实验，就立刻发生困难了。例如动作和快感的关系决没有这个假说所揣想的那么密切。一个猫正在咬啮禁笼的栅栏，也许偶然因头部触锁开笼而恢复自由。由释放而来的快感，以为可引起同样动作的重复演作。但是想要这个动作再有成绩，势必至于使这个动作复演于绝对相同的情形和地位之内；否则猫头虽也和锁接触，可

① 参看 Watson, *B*. p. 257；又本书第 174 页注②。

② 桑戴克以为这个法则之下有两种事实：其一，为联结因用而加强；其二，因不用而减弱。参看 *EP*，第 171 页以下。

* 即以快感和不快之感为解释的理论。——译者

③ *GE*, p. 120.

177 不能开笼。但是猫果何以再取得同样的位置呢？和布豪斯
(Hobhouse)曾经观察过，动物**不复演**绝对相同的动作，可只是再作大致相同的行为。譬如猫第一次以脚拉绳而恢复自由，第二次也许以齿拉绳。[①] 我们还可以更进一层。因为假使我们承认彪勒的假说和其推论，那么第一次的动作如何达到目的，第二次的复演应严格地相同；但是我们若以为复演的动作和原来的动作绝对相同，那就不必说是荒谬的揣想了。要证明这个论点，其结果也必失败无疑。老实说，动物乱动时的行为含有许多种的运动，除非它已经学得选择工作，而其习惯也已完全成功，则决不能重演同样的动作。譬如猫以头的运动而恢复自由，在第二次的实验中它的位置，或许略有更动，因此要想开锁，便不得不有稍微不同的动作。所以学习的技术决不能以引起快感的动作来解释。

据批评家的指摘，试误说还有一层困难。原来要保留适当的运动，其满足之感须有逆溯的影响；至逆溯到哪里，则无从确定。我们要知道紧要的动作和最后的满足之间，还有他种运动，至少也还含有达到目的的动作。满足本不附丽于紧要的动作，而附丽于其后取得食物的动作，那么紧要的动作何以也被保留呢？这就非试误说所可解释了。快感的发生常远在动作之后，因为在达到目
178 的之前，也许须作过许多或对或错的动作。譬如动物的禁笼若有两个以上的锁，则打开第一锁不能引起快感，而在别种障碍物打破之前，那动物也许作许多错误的反应。然而即在这种情形之下，它

---

① 据斯透特的 *Manual of Psychology*，3 rd. ed.，London，1913，p. 382；又参看斯透特对于桑戴克说的一般批判。关于本书所引的例子，可参看桑戴克，*AI*，第 72 页。

也能学得做这些动作中的这一个动作。

假使需要的动作的保留，由于食的满足，那么满足越紧随着这个动作，则动物的学习也越加容易。瓦敦(Wazrden)和哈期(Haas)要试验这个假设的真伪，乃以白鼠走简单的迷津。白鼠分作两组。有一组只须走了迷津，到达食物的盒子时，便许它们得食。另一组则迟延其得食的时间。五分钟的迟延对于学习的速率可没有看得出的影响。[①]

我们还没有批评频因律；但是要证明它的不恰当，要证明它的机率说的缺乏根据，却也不难。桑戴克很简单地攻击这个法则，[②]以为其整个的推论都建筑在一个错误的前提之上；这个前提以为动物作这些个别的动作，只须作了一次，便进而作一种新的不同的动作——这显然和事实冲突了。动物于改变其行为之前，对于不成功的动作，常做多次的复演。就这种情形而言，重复将可有不同的结果了。试再讨论前项的说明，甲为不成功的动作，乙为成功的动作，我们前会假定只有这两种可能的反应。乙在每次实验中只能实行一次，因为第一个乙已解决了这个问题；至于甲则可有多次的重复。再采用第 175 页所用过的符号，假定甲在每次都复演 3 次，我们对于动物各次试验的行为，可有下列的图表： 179

1. 甲甲甲乙　　2. 乙　　3. 甲甲甲乙　　4. 甲甲甲乙

5. 乙　　6. 乙　　7. 甲甲甲乙　　8. 乙

由这个记载看来，甲实行 12 次，而乙则仅实行 8 次。照频因律讲来，

① Carl J. Warden and Edna L. Haas, "The Effect of Short Intervals of Delay in Feeding upon Speed of Maze Learning", *Journal of Comp. Psychol.*, 1927, 7, pp. 107f.

② *EP*，第 188 页以下。

被保留的应为甲而不为乙，可见这个法则不能为学习的充分的解释。

桑戴克要克服这个困难，乃于练习律外再加一**效果律**(Law of Effect)。[①] 假使一个动作达到“满意的状态”(satisfaotory state of affairs)，则反应所有的联结便可强固。假使这个动作引起“不满意的状态”，那么其所有的联结便因而微弱。这个补充实只是把先前的快和不快的效果律还原而为原始的倾向。但是这个原则何以有效呢？我们前原未懂，现在也莫明所以。但是桑戴克想以这个效果律根据于个体遗传的倾向，而置这个问题于不论之列。

但是假使我们把这个法则加以详细的推论，而研究桑戴克用以解释动物的学习究竟有如何结果，我们便立即可引反对彪勒说的理由以反对桑戴克说。但是在我们讨论这种批判之前，我们要知道桑戴克，至少由我看来，似乎对于他的原则的机械观的倾向也不能完全满意，而且他想用效果律以作补救。无论如何，他于发展
180 的伦理的方面，也想有所讨论。他说“人们觉得自己本性的欠缺，因此常改造自己以适合自己的要求。他的改良能力实在是一个无上的优点。这个能力，这个学习以满足己意的能力，这个效果律所代表的能力，是为世界上理性和道德的主要的原则。”[②]可见他并以这个效果律，解释伦理的进步的可能了。因为我们将不得不訾议桑戴克的原则，所以为持平起见，似应指出他的机械论的假设里

---

① *EP*，pp. 172f；又 *EP*，vol. 2，pp. 1f。桑戴克于此用同样的观点，再讨论学习的特点。效果律与郭任远的实验相矛盾。在后者的实验中，老鼠学会对两条路的选择与频因律相反，尽管事实是对路的拒绝会导致成功。参看“The Nature of unsucessful Acts and their Order of Elimination in Animal Learning，” Journal of Comparative Psycholozy，1922，2，pp. If.

② *EP*，第 281-282 页。

头，也有这么一个非机械论的倾向。

四　对于桑戴克说的批判

现在可回来讨论桑戴克的学习说。据桑氏的理论，动作似可因动作而改造；动物决不参加自己的动作，也决不能了解自己之所以恢复自由而得食，就因为做了一个重要的动作。他的理论全以假定动物的愚笨为其基础，所以我们应先测验这个假定的真伪。桑戴克这个极端的理论大概根据于两种事实：即动物动作的时间曲线与其所犯的过错。181

时间曲线，前已说过（第 171 页），其构造的方法，以在直线上的 1 毫米代表 10 秒钟，而以横线上的一个小符号表示前后实验相隔的时间。若没有加上旁的记号，则这些隔断的时间代表一个整天。假使过了几天，才做一个新试验，则于符号之旁记一数目；假使少于一天，则另加一符号 h 以表示小时的数目。猫移转木锁，使由水平的位置变而为垂直的位置，因以恢复其自由时所有的动作，当以图 8 的曲线为代表。（锁可见图 7 的门上）

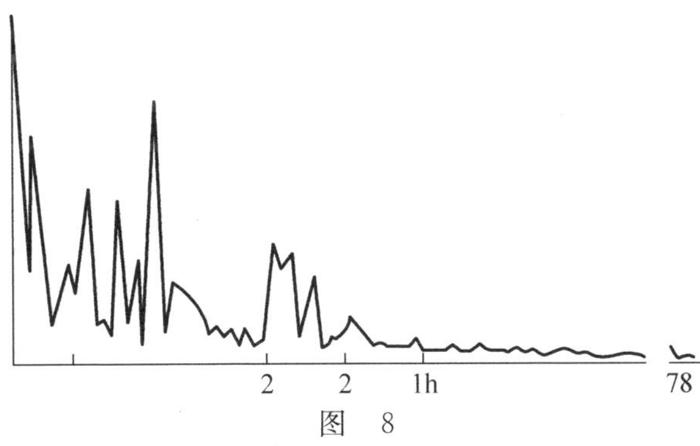

图　8

桑戴克说动物若有一点智力，则必不至于已脱笼过几次之后，仍不能复演其适当的动作；而且它若已实际领会其情境，则必能立即解决其问题而不错误。因此，时间曲线必骤然低落，而不复提高；但是实际上可不然，时间曲线常是逐渐低落而屡复提高的。这个论点若用以攻击“空谈的心理学”（“arm-chair”psychology）的解释，也许有相当的理由；因为这些实验中的动物确没有表示“连续的思想”。但是我们可不能因为要反对以人类的经验解释动物的行为，遂假定一切动物都完全没有所谓顿悟。第一，有许多曲线确曾骤然低落，而和桑戴克所定顿悟的标准相符合。关于这个问题的曲线，有两种已见于图 9。

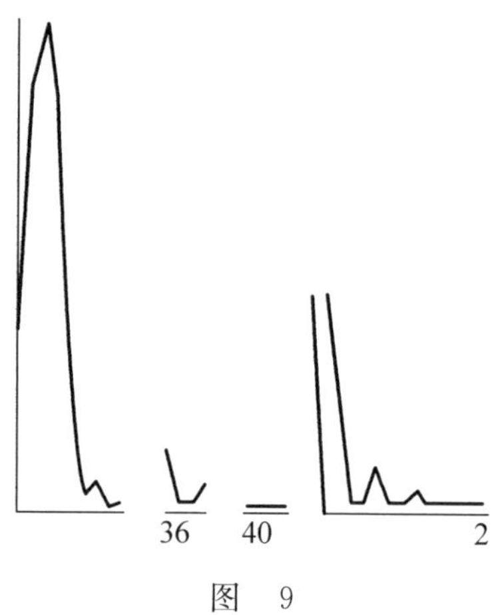

图 9

182 这些曲线不仅表示一种骤然低落的现象；而且隔了许久之后，也没有重复增高的趋势。这个结果且复和练习律冲突；因为隔了许久之后，前所成立的联结应复变为微弱（见第 175 页以次，第 174 页注②）。我们为什么不从这些例子出发，而着重在学习的速成的方面呢？但是桑戴克由试验而得的，多为逐渐而成的学习。他受了这个印象，所以他对于速成的学习，只说：“由冲动而来的动作若很简单，很明白，而很确定，则单次的经验自然可使联想完全成立，我们虽可于时间曲线中有骤然的低落，但不必假定动物也能推理。”[①]但是他的观点也不无可议之处，因为这个解决是否“简
单”、“明白”而“确定”，只是就实验者而言；可不是就动物说。据桑 183
戴克自己的前提，动物并没有参加自己的动作；且于问题业已解决之后，也莫明所以。所以若说动物“明白”这种解决，便不成话了。由我们这几种时间曲线看来，可见不同的动物在同样的情境之下有不同的行为；但是桑戴克不得以为这个事实是由于个体的差异，因为个体在他的理论内是没有地位的。所以凡是“简单”或“明白”的问题，只是就客观说，可不是就动物的主观方面说。

这些实验的时间曲线既然有骤然低落的现象，动物既能于一次的尝试之后便能控制其动作，那就不免和频因律相冲突了。因为照频因律说来，客观上纵使最容易的工作也须久学而后成。初次试误的时候，动物既须于多种可能的反应里头选取一种，所以只能以效果律作解释的根据；可是我们已知道这个法则本身，就很需要说明了。

实际上讲来，动物也常以一次的尝试而学成一种动作。摩尔根对于鸡的观察曾有过下列的报告：他把生后七天的小鸡带入研究室内，而置之于新闻纸造的笼内，小鸡于是抓破笼之一隅，脱笼而出。若再拿来将它放在原来的位置内，它便跑向前之一隅，再将

---

① *AI*，第 43-44 页。

184 报纸拉下，脱笼而出。摩尔根又将小鸡放在笼内与前相反的一边；但是它仍趋向于前之一隅，照样脱笼而出。①

桑戴克的原则更显然不能解释这种行为。你若以为小鸡拉下笼之一隅和其脱笼的结果不生交涉，那就太无意义了。而且第三次实验时，小鸡之仍趋向于前之一隅，由桑戴克看来，只好释为偶然的事实。因为可视为以盲目的机械的学习而成的，只是拉落报纸的动作，所以它的趋向于笼之特殊的一点，不能视为原来的反应。

由时间曲线的证据，既不足以得到动物学习的全属盲目的结论；而桑戴克以动物所犯的过错为根据的那一论点，也未见得更足令人信服。动物有时完成某种动作至一二次之后，仍不免于失败；假使它们真正了解其动作，则必不至于此。苛勒称这种动作为“愚笨的过错”。这些过错在动物实验中，实屡见不鲜。猫有时于笼门已开之后，仍以爪打绳或横梁；有时候某种机括不得不以爪打击，到了这个机括已经移去之后，它们却仍做同样的动作。② 可是我们不得因为动物有时不能完全领会其动作，便承认一种纯粹的机械论。这个问题若和另一问题联带讨论，则将更为重要。这另一问题，就是试验者于其实验中所采用的条件，是否可以使动物领会自己的动作？③ 你只须略看一看第170页内所画的谜笼图，便够使你对于这一个问题，答复一个“不”字。就是一个人若没有技术
185 的经验，关在这种笼内，恐怕也不能领会那些开放的机制；因为有许多重要的部分放在外面，所以非里面所可看见。因此，其动作和

① 参看摩尔根，第152-153页。

② *AI*，第119页。

③ 参看苛勒，*I*，第16页以下（第22页以下）。

对于动物的影响，不得不成为一种纯粹偶然的关系。纵使简单的转动的木锁，可以产生那么好的时间曲线；可是实验者用起来，却并不问这个锁是否可为被试验的动物所了解。然而除非你知道这一点，决难确定其困难之所在，以及动物究如何解决其困难。

关于这一层，我们要知道，有时情境虽特可引起愚笨的过错，但这种过错也不常发生。喜金孙（Higginson）会做过一个巧妙的实验，以含有若干条绝路的迷津训练老鼠各走百次。因为一个老鼠照例以25次的尝试便学得这个迷津，所以训练百次所成立的习惯必非常强固。在训练的时期之后，迷津中便开一扇门，使老鼠避免绝路之一，因此乃更可直抵食盒。受试验的共计9鼠，有5个立即改变其反应，采取捷径而达到目的，其余4个则略作迟疑之后，也有同样的成绩。①

桑戴克实验猴子的结果，和其已往关于迷笼的试验所得到的结论大致相同。但是我们要知道他的证据可有异于前。由猴子的时间曲线看来，显见有速成的学习，而缺乏愚笨的过错。桑戴克以为猴子的学习也属盲目，其主要的理由盖根据于教练及摹仿的进步的缺乏。教练摹仿的影响拟留待下章讨论，因此，我们对于动物 186
学习的这些特点暂可不述，而继续研究较简单的个体的学习。

在作进一步的批判之前，桑戴克的试验所记载的和旁的研究者所证实的有些事实，不得不先加以说明。譬如动物曾经过某种实验的训练之后，若遇到大同小异的实验，此初受试验的动物，定

① Glenn D. Higginson, "Visual Perception in the White Rats", *Jonrnal of Exper. Psychol.*, 1926, 9, pp. 737f.

必反应得更为灵巧。这大半是因为锁在笼内的新情境，对于动物逐渐失其恐吓的势力。动物被刺激的程度既然减小，它所有无目的的动作也因而减少。图 8 和图 9 的时间曲线都有关于同一的问题，我们若加以比较，其所有的差异可算是受这种势力的影响。因为第一种曲线，是表示一个动物在第一次迷笼的实验中，学习那个移动木锁的动作；至于图 9 的曲线所代表的其他两个动物，乃曾受试验于旁的笼子里头，而学得打击，咬啮，而摩擦地上 15 公分高所悬挂的铜丝结。[①]

已往的经验所有的一般的效果之外，还有些更为特殊的影响。动物在实验中若更多经验，便能逐渐淘汰那些无用的动作，如咬啮笼的栅栏，或奋力冲出洞口太小的门窗等。这些事实可以用桑戴克的原则解释，当然可以缩短学习的曲线。

但是我们若讨论桑戴克所报告的另一种行为的变化问题，那
187 可就不同了。这另一变化就是，“动物**对于它的动作的注意的倾向**渐占势力，这或可名为智力程度的改变”。[②] 但是动物既说是对于动作和成就的关系没有丝毫的知识，那么这句话又如何可免冲突呢？我们也许可以问一句，它们为什么要注意呢？而且桑戴克为什么在这个地方要用**智力**这一名词呢？

这个话所根据的事实却很重要。猫和狗若已因打击笼的前面所悬挂的结子而恢复自由，则第二个禁笼虽悬挂那绳结子于后面，它们脱笼所需要的时间也较短暂。就某一狗而言，在一二天之后

---

① 此地转载的仅少数曲线而已。有一动物先在闭门的箱内受过试验，而其曲线则和本书图 8 所转载的第二曲线更多相似之处。

② *AI*，第 48 页。着重号是我添的。

再放在同样的笼内——绳结子所悬挂的地点远高于前一次——也立刻解决其困难。这前三次的试验，一个经过 20 秒钟，其余各 10 秒钟。“九天之后，它放在禁笼之内，于前次试验悬挂绳结子的地方，现在挂一面方方两寸半的木台。木台和绳结子相比，除位置外，虽没有相类似之点；可是它脱笼的时间只有 10 秒，7 秒和 5 秒”。因为动物对于某种情形中有用的动作，于情形改变之后仍能利用；而又能和情形的改变相适应；所以我们称这些事例为真正的“训练的迁移”[*]（transfer of training）。你也许以为这些事例，非严格的机械说所易解释；然而桑戴克则以为他的假说不必更改，也可以解释这些困难。因袭的心理学看到这些事例，将以为动物

应有“普遍的观念”，应知道打击绳结的结果为自由的恢复；或者应 188
知道“我的笼内这一物件为绳结子”（不过绳结子表面的形式纵使屡经更改，也不足以破坏其练习的影响）。桑戴克反对这种心理学，固然有充分的理由，我们决不能以为动物也能够知道某一物件是不得不加以打击的，无论其位置之前后高下；但是桑戴克因此便轻忽了动物这种成绩，而不以之为训练迁移的证据。譬如桑戴克以为动物不能看清我们的世界中所有个别的事物，以为动物对于它的情境只有一种模糊的总印象。因此，鸟入池塘海洋的水内和入溪水之内时，将不能辨别其情境的异同。由鸟看来，只有这总情境的“水”；所以在已经报告的试验中，“猫之对于绳结，好像梦中落水者之对于海洋”。[①] 反之，人类若遇到一个问题那总情境便立刻

* 原译为“类化”，今译“迁移”。——校订者

① *AI*，第 119 页。

被分析而为元素；而重要的元素，则占重要的地位。动物可不能作这种分析。和它们的反应冲动发生关系的，只是一种部分不大分明的总情境。你**若于这个情境中保留着一点可以引起那个冲动的成分**，则其余的成分，纵使有所增减，也不至于使这个关系发生变化。所以由桑戴克看来，训练的迁移之一事实不足以表示进化的心理，只足以表示一种最原始的而最不发达的心理。

这是桑戴克的论点，可乃是自相矛盾的。因为他一方面以为
189 总情境及其所有的各成分和冲动成一种关系；而他方面虽然如上面加着重点的一句所说的，有一个成分须保留不变，否则这原来的关系便不能成立，却又说这情境是可以随意增减的。

我们的目的并不是要将桑戴克所极力攻击的“拟人说”(anthropomorphic hypothesis)加以修正。其实我们的理论正以为原始的经验不能释为各自分离而独立的一组现象。然而由事实看来，我们既不必承认旧说，也不必接受桑戴克所提出的理论。桑戴克所描写的模糊的总情境，不是我们前之所谓完形，纵使是很原始的完形；因为我们所称原始的完形不是一个单独的模糊的总图形，而为“一个齐一的背景上的图形”。而且我们也未见得桑戴克的“模糊的整个的图形”可以解释真正的训练的迁移。假使“愚笨的”过错较多于其实际上所发生的，那末这总情境的理论便较易成立。假使迷笼内的绳结现在悬挂于后而不悬挂于前，而笼内的动物却只是朝着模糊的总情境的方向而反应，那末它应直扑绳结前所悬挂的方向；尤其是因为其自然的行为将要迫得它直取其目的物，而不必转向以取现在改挂于后的绳结。[1] 但是它却不采用那

① 参看 *AI*，第 117 页以下；又苛勒，*I*，第 8 页(第 11 页)，第 130 页(180 页以下)。

自然的倾向而向前扑取，它可常能随着情境中最重要之点的改变而调节其动作。所以我们以为动物既学得逃出第一禁笼，便也能学得明确地重组其情境。假使这个推想是对的，那末那个绳结纵 190
在第二个笼内挂在不同的位置之上；而同样的完形却依旧有效。所以“愚笨的”过错，或者不顾目前的情境而乱动的反应（例如动物向绳所不在的位置上扑取），和真正的训练的迁移似乎根本不同了。所以只是“愚笨的”过错才代表低程度的成事的才能；而在相类似的情境内的重组的努力则否。

若以本性的欠缺，解释那种出人意料的积极的成就，则常不免令人怀疑。因此，我们须有谨严的方法，好使实验决定动物的成就是否可成为缺乏能力或进步的一证。即由桑戴克的实验看来，也似可见动物不仅经验着某种模糊的整个的情境；而且因学习的结果，而将这个情境组织起来。绳结既有别于他种环境，遂不复为某种大小和颜色的圆周形或椭圆形；而仅为“可以扑击的”或“移去的物件”。因此，这绳结遂于整个的现象情境中占一个中心的地位。但以动物看这情境，则必以为“我若要得外面的食物，我便不得不从这个情境内逃出”。假使这绳结成为这个情境的中心点，那末我们可以知道动物未必不知道绳结和对于绳结的动作的意义；因为它多少总明白那对于绳结的动作和笼外食物的关系。所以盲目学习的理论简直不能成立。

绳结在现象上若描写为“可以移去的”物件，我们便可由此记 191
起前章“过渡的”和“闭合的情境”的区别，绳结就有这种“过渡的”性质，附带而来的，还有对于这种“过渡”的性质及种类的觉知。换句话说，对于实物的知觉已有一重要的变化；因为这个绳结起初在

总情境中的关系多少不免模糊，现在因为学习的结果，可引起一种新的现象了。这个变化不能只算是由于联想，也不能仅算为已有的关系的贯通。我们对于整个的联想论的基本原则即将有所批判。所以关于这一问题的讨论姑且从缓，等到我们能够作更详尽的批判时再说。现在总算已经得到一个重要的结果；因为绳结既得有一种明确的过渡的性质，动物必已有一种确实的**新的**经验。或者，更普通地说一句，桑戴克的实验中所成就的学习已引起一种新的知觉的现象了。

即由桑戴克研究的结果看来，也可见我们没有勉强把事实拿来，迁就我们的学说。桑戴克实验七个猫的时候，其实验的方法和前所描写的既异；而所得的结果也复不同。做这些实验时，有四个猫，只等它们以舌自舐的时候，便由实验者将笼打开；至其余三个，则须以爪自抓时才可得同样的结果。这个实验也有所成功。所以我们很想知道“动物在这些状况之下，和其在旁的较有智力的行为
192 的可能的实验中所有的行为是否不同，因为这显然是重要的实验问题”。[①] 行为确实是不同的。桑戴克也说过：“在这些试验里，有一种显著的倾向要将动作逐渐减削，到后来只有很微很微的一点舌舐爪抓的痕迹！至其原因如何，我现在还不会明了。……而且假使它轻轻按门而打不开门来，它或将重按一次；可是假使你因为它的舌舐爪抓的动作太不起劲而不许它出来，它却不立即重演其动作。这两方面的不同究竟为什么，我现在也还不懂。”[②]

① 苛勒，*I*，第17页(23页)。

② 桑戴克，*AI*，第48页。

苛勒以为这是桑戴克的成绩中最饶兴趣的一种。我们或可述之如下：恢复自由的动作在客观上若没有意义，则动物的行为将必不同。动作和释放没有一种内在的关系时的行为，和动作直接可以达到目的——其关系纵使不甚明了——时的行为有别。动物行为的不同和其情境的不同相当，可见就这两种实验而言，其紧要的动作和动物对于情境的经验有不同的关系。这就是说，在动物的经验中，动作和情境必有关系。而且由此我们可以说，至少就脊椎动物而言，决没有所谓完全盲目的学习。

这个结论可以引麦独孤的一个实验为证。[①] 麦独孤在其狗的面前，把一块饼干放在箱内，然后把箱盖好。箱的盖子可易打开，只须将横梁的柄一推。后来那实验较前复杂；不过和桑戴克的谜笼的机关相比，却远较简单。由这些实验的结果，麦独孤以为“狗的行为早就是有目的的……可是等到它的工作更臻精巧的时候，193
其目的，尤其是达到目的的步骤，乃更加明白了”。这个结论所根据的事实，有一项是狗既学得其工作之后，即永远不再演作凝固的习惯的运动；它可以不同的运动而常达到同样的目的。托尔曼曾多方面研究动物的学习，其结论以为凡属学习都是**问题的解决**。[②]

五　鲁格尔对于人类的比较的试验

我们现在可以继续讨论试误的学习，而研究人类若遇到相类似的问题，究竟有何种行为。这个问题在美国曾有人研究过。鲁

① *OP*，第 196 页以下。

② *Psychol. Bulletin*，1927，24，p. 25.

格尔[①]先在桑戴克的指导之下,研究动物的行为;其后则从事于这个问题的实验。至其何以要如此,那是容易了解的。鲁格尔不能将人类关在笼内;好使他们因欲得自由和食物,而不得不施其技。因为人们本来有解决其问题的意思,而且也有想求解决的欲望,所以用不到那些引起下等动物的原始的冲动的刺激。鲁格尔所用的问题是如何解决一种机械的谜。被试验者接得一种"连环结"(Wire-puzzle),要他来解开一部分。由试验的开始以至于问题的解决,所需要的时间则加以计量。试验可重复的做,常测量其时间,以至于问题能立即解决为止。连环结合有互相钮锁的铜圈或他种机括,被试验者要知道这个连环结里有哪部分可以解开,而且
194 如何可以解开。这些被试验者和桑戴克的狗及猫等相比,却有一种很大的胜利;因为他们的问题比之以脱笼为唯一目的的动物的问题远较确定。但是这两种实验却也有很相类似的地方;因为他们起头都不易领会其解决的方法;加以他们所有的谜又含有长高阔三量,更非多数被试验者所能尽解。同时我们却知道人有求了解的欲望,了解对于他就是一种目的,和解决无异;至就笼内的动物而言,则释放为其唯一的目的。虽然人类解连环结时所采用的手续和桑戴克实验中的动物所用的方法,常极相类似。"就有些例而言,第二三次成功的时间仍久长而多变化;而在某种指定的一组试验中,后来尝试的时间常较大于初次成功所需要的时间。……要达到目的,则无目的的乱动常不免发生;而就多数的试验而言,

① H. A. Ruger, "The Psychology of Efficiency", *Archives of Psychology*, No, 15, 1910.

这些乱动竟占很重要的地位。”[①]连续的思想自然也会发生的，而且因此可使时间曲线忽然低落而不再提高；但是这可不是常例，而且被试验者的行为有时极其愚笨，以致不足以使情境改变的动作竟一再演作。可见桑戴克的推理未免太欠斟酌；因为他的论据既建筑在时间曲线和“愚笨”的过错之上，那就可以用他的结论以直接推定人类的行为了。然而人对于这种工作无论如何地缺乏能力，至少总知道他的动作和其所要解决的问题是有关的。人类的 195
行为若和动物的行为有许多相类似的地方，那末我们便不得下极端的结论，以为较低于人类的动物全没有所谓顿悟。对于人类的试验，较之动物的试验有一层好处，因为人类受试验时可告诉我们以其如何动作的经过。我们因此稍微知道被试验者的内的行为，而不至于全靠推理。我们若问这些实验的学习如何组成，那末我们可以说学习除手腕的工巧更臻完备之外，其主要之点尤在于整个手续经过一番**组织**。对于那些解决由推理出来的几个例子暂置不论，姑在旁的例内看这种组织的经过。假使成功的动作是偶然来的，那末其第一个结果总是：其工作做成的地点及这个特殊的动作将特别看重，而且在整个的手续中占主要的地位。所以就大多数的例子而言，所谓解决几乎全是一种“轨迹的分析”或“地点的分析”(locus-or place-analysis)；换句话说，被试验者知道了到底须从何处入手。此后其时间曲线便有一种显著的低落而不再提高。从前所有的无关系的动作不是逐渐消灭的，有许多是忽然除去的。鲁格尔也很恰当的，以为动物的时间曲线所有尖锐的低落多由

① 同上书，第9页。

于此。

这种很简单的实验内所有的事实，在较复杂的实验中也复呈现，可以达到目的的动作，其由于无意或侥幸而来的，比较其由于
196 有意而来的更多。不过其对于时间曲线的影响，则直接看这些“侥幸的变化”所相随而来的究竟有何种意识。换句话说，只是对于有效的动作能够了悟其意义时，才能保留这种动作以为已有。了解愈深，其影响也愈大。我们要知道，这个结果在纯粹的运动的学习上虽没有意义；但在判断动物的行为时，实占一很重要的地位。

鲁格尔曾详述被试验者的了解的性质，以为这不是以人类的观念为限的一种历程；这乃是全在知觉现象的平面上，所发生的一种历程。在知觉的现象上，知觉的材料虽也经过了一度变化(常急速而深远的变化)；可是用不到什么“观念”。动作的运动方面当然也为所影响，而和新组成的“知觉野”(field of perception)相适应。所以这种组织实含有行为的知觉的和运动的两面；不过这种组织完备的程度，可大有高下的不同。最下的，其整个作用只是前后发生的一组任意的步骤。这些步骤的彼此相随若越有调节，则其关系也越趋紧密。最高的，其活动由始至终成一个统一的，而以达到目的为终局的活动。

由此可知实验动物，其动作也多少有点组织，动物的行为不仅是客观上连续的动作。

就鲁格尔的实验而言，“学习的迁移”或这里所学得的到哪里去应用，都不得不先有一种了解。鲁格尔有一个实验可由消极方面证实这句话。有一个被试验者，先受一种问题的试验；其次，乃
197 将本问题的解决所需要的个别动作依次练习。然后再用同样的问

题给他；但是他不知道前所练习的动作是和这个问题有关系的，所以不能应用其前所学得的动作。由其成绩看来，可见他虽有过练习，可是和未经练习的不相上下。由这个实验说来，可知运动方面和知觉方面的组织有同时进行的必要。

反之，我们也常看见被试验者虽全知道某种学成的手续和其所要解决的问题是无关的，可是容易将这种手续转变而为他种。这个“坚持的倾向”（perseverative tendency）无论就前已述过的实验而言，或就我们将要陈述的动物实验而言，都值得特殊的研究。

由鲁格尔的实验，我们可以知道人类在不易了解的情境中应有何种行为。我们也已经明白其效力的增进，和其对于问题性质的了解有相联带的关系。我们用**顿悟**这个名词，没有什么学理上的成见，其意义和一般人所用的意义相同。假使有一个人知道他要从某连环结解出一节，又假使他知道要达到这个目的，他不得不先移动这一部分而再移动另一部分，那末他的手续和一个没有计划而乱动的人比起来，就可算有更深刻的顿悟。但是假使又有一个人知道这一节是如此和某些部分相连结的，而且知道这些部分又如何可以移动的，那末这个人的手续更表示一种深一层的顿悟了。鲁格尔试验中的条件随便选来，好使它和动物实验特别相似。所以被试验者如有顿悟，也只是一种缺乏顿悟的行为或侥幸成功 198
的动作的产品。[①]

① 托尔曼对于试误的学习也如此解释，参看 *Psychol. Bulletin*，1927，24，p. 27。

六　智慧的学习　苛勒对于黑猩猩的实验

我们可否构成一种动物实验，而证明它的行为确有顿悟，而非侥幸的发见呢？我们若讨论这个问题究竟有什么意义，就立刻可以明白动物和儿童都可为这种实验的对象。成人不宜于这种实验，因为他能应用一组现成的方法加以改造之后，便可以解决其新问题。至于这些现成的方法如何起源，则不易判定。假使要选择一个问题，好使这些现成的方法无应用的可能，可又难得一个适宜的实验；因为实验常很难做到这种工作。所以研究低等的顿悟，最好以儿童和动物作试验品。

要作这种实验，又须利用那些对于解决问题而较有把握的动物。因此我们乃不得不选用人猿或猩猩等。所以普鲁士的科学院在腾涅立夫(Tenerife)岛上设立实验室以观察猩猩这一回事，在科学史上占一重要的地位。苛勒掌理这个实验室时，以大部分的时间为本问题的研究。其所得的结果不仅大有科学的价值，而且只是他观察而得的对于黑猩猩的描写也很有兴趣，所以无论何人
199 若想研究而指导人类的智力，苛勒的书便值得他仔细研究。[①] 假使黑猩猩能不仅因侥幸的发见，而以顿悟解决其新问题，那末这些动物的行为该可使我们明了顿悟的性质。因为我们成人所有已经成为当然一回事的行为，在猩猩的生活中或可取得一种较易塑改的形式。假使最简单的智慧的动作可以用科学实验的观察，则其结果在学理上该可为重要的材料。反之，对于成人便不复可作这

① 苛勒，*I*。

种最简单的智慧动作的研究。

因为苛勒的实验给我们以所需要的知识，所以值得我们仔细研究。我们主要的问题，一般的如**学习**的性质，特殊的如**成就的问题**（参看第 169 页），苛勒的试验对于它们都有重要的贡献。

因此我们跟着苛勒提出这个问题：黑猩猩的行为是否表示所谓顿悟？苛勒研究的计划大致如下："实验者布置一种情境，使其目的不能直接达到，而可用一种间接的方法。动物放在如此布置的情境之内，而又使它对于情境**完全了解**，于是我们便可知道它所能的是何种程度的行为，尤其是它能否以间接的方法解决其问题。"[①]顿悟的标准，便看动物能否不求助于人而选用间接的方法。实验者因为要动物完全了解，所以他所计划的实验和桑戴克实验所用的谜笼不同；因为苛勒的动物不必懂得人类的机智，却也能用间接的方法以达到其目的。

然而间接方法的选取，仍不至于碰巧吗？因此苛勒的标准不是错的吗？我们只须将实际的情形作简单的观察，就可以给这些问题以否定的答复，因为真正的解决和侥幸的解决表面上彼此大 200
异，我们很容易加以区别。若是侥幸的解决，则动物东跑西走，每种动作和其前行的动作不生关系，所以我们只须用几何的加法，便可追溯其由出发点起以至于达到目的所经过的路径的曲线。至于真正的解决则大异，动物由出发以至于达到目的为一单独的连续的曲线。虽说真正的解决，常先之以莫明所以的尝试；然而其区别却更显著，因为动物突然出发，停止约一分钟之久，然后忽然换取

① *I*，第 3 页（4 页）。

一新方向而直达其目的。

这种实例立即可以举出;但是我们先要知道动物若如此,则儿童也如此。苛勒对于儿童作过类似的实验,彪勒后来且加以补充。[①] 就儿童言,我们常可以观察他的面部的表情,而决定他已否得到真实的解决。这种表情的改变,苛勒在黑猩猩的面部上也看见过。

苛勒常由最简单的问题入手,然后很有系统地变为更困难的问题。只是照这个办法,才可以知道就某一实验而言,动物以问题的那一部分为最艰难;而且可以知道为什么它们有这一过失,或另一过失。

201 第1个试验,他作下列的一个(见图10)。一个装有水果的开口的竹篮,以经过笼顶上的绳挂起。绳穿过一个铜圈,篮则离地约2公尺。绳之他端有一阔结,挂在附近一树的短枝之上,这短枝也在笼内。结和篮的距离近3公尺,高则和篮几乎相等。结若离开树枝,篮便立刻落地。这似乎不是一个容易的工作;但是其情境和谜笼试验的情境相比,却较易领会。实在说起来,这个试验,起头也太复杂;因为最聪明的黑猩猩苏丹,其解决这个问题有如下述:"过了一回,苏丹当时很表示不安,他在类似的情境内常如此,而和同伴分离的时候则更如此,他立即走近树旁,升登绳子所挂的地方,静伏不动约一分钟之久。然后眼看篮内,将篮拉起和笼顶上的铜圈相近。次又将绳放松,再行拉上;不过这一次用力更猛,篮和

① 并参看 J. Peiser, "Prüfungen höherer Gehirnfunktionen bei Kleinkindern", *Jhb. f. Kinderheilkunde und Physische Erziehung*, 91, 1920, pp. 182f;又见本书第34页中所引论 H. Bogen 的著作。

上头的铜丝相碰，而倾侧，于是香蕉落于地上。他乃攀缘而下，取得水果，复猱升而上，再开始拉篮的动作；但是这一次用力更猛，绳断，篮落地上。他便一跃而下，取篮和水果而走了。”①三天之后，稍变其情境而再试验时，苏丹立即采用其最后的解决之法。

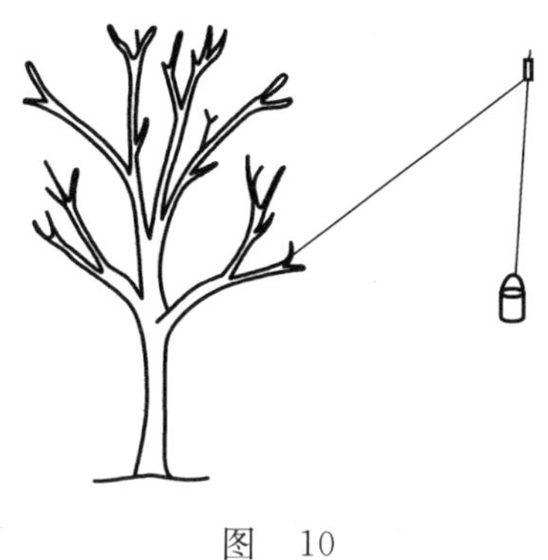

图　10

这个结果，对于我们没有多大的帮助。苏丹固曾利用绳和篮 202
的关系；但是那实验者意中的解决，为什么竟不实现呢？我们可不曾明白。这难道是因为猩猩没有注意绳和篮的关系吗？或者因为它不能领会这个关系吗？这里的困难或者在于实验者意中的解决，乃欲使水果落在地上而不落在动物的手内，因此要它用一种间接的方法，先使水果离己而去，而不向己而近。我们对于这些问题及其他既不能明确地解答，可见这个实验还不很适宜，尤可见我们千万要由简单的问题逐渐引入复杂的问题。

现在可依次叙述苛勒的研究，好看他有几种有力的例子，可以表示这些动物所能做的和所不能做的究竟有哪种动作。苛勒以所

① *I*, pp, 6f(8f).

谓间接法入手。这些动物在日常生活中原常用简单的间接法，如破除障碍物等。因为要研究更困难的间接法，所以苛勒选用下列的实验。第一种用一个篮挂在屋顶之下，而非由地面所可及。实验者于是将篮摇动，便和一个平台相近，动物若升登台上，便可取篮了。

在旁的实验中，动物和水果可因某种动作而得以相接。就其最简单的实验而言，动物和水果的关系由实验中的情境已可看出。
203 其问题就是这动物究竟能够利用这个关系否？譬如第 2 种实验，水果放在笼外，非动物所可及；但是水果上系有一绳，绳则可以拉取而得。第 3 种实验，动物和其所欲达到的目的尚未成立一种关系，因为没有绳在那里；可是笼内有一手杖，只是利用这个手杖才可达到目的。第四种实验，目的物缚在屋顶上，笼内放一个箱子；若用箱子便可取得那目的物。这个方法的第三种变体(实验第五种)，目的物高高挂起，离目的物——篮——2 公尺处挂一条绳，动物若附在绳上摇去，便可达到目的。这些实验统须**应用工具**。所谓应用工具者，就是利用一种媒介物之意。

这个原则的又一面就是**障碍物的征服**。第六种实验，水果放在笼外，手内拿一手杖，可易用以取果。笼内放一重箱，恰在目的物之前，动物因此不能用手杖达到目的。

这就是一个新的难关。要达到目的，便须用一种工具；可是这工具又不是立刻可用，因为先要作旁的动作，才可利用这个工具。这个预备的活动组成一种新的中间活动。动物若要从原来的位置达到目的，则不得抛开这个中间活动。这个手续可名为**工具的构造**。

第 7 个实验，水果复放在笼前而非动物所可及；而且近旁既没有手杖，又没有和手杖相类似的东西。但是笼的后面有一株干枯的树，树枝可易折断以为手杖之用。

第 8 个实验，由横木上挂落一条摇动的绳子，可以供秋千之用。绳绕横木三度，由人类看来颇易领会。若要达到目的，则须利 204
用这条绳子；不过先要将绳伸直，才可应用。

第 9 个实验更难，因为绳已不在钩上，而放在地上。若要用它，须将它重复挂起。

第 10 个实验，要取得水果，便须于目的物之下放一箱子；但是箱内满装石块，太重了不便移动，所以先要取出石块才行。

第 11 个实验，有两条竹竿，都嫌太短不足以达到目的；但是有一竹竿可置入另一竹竿之内，两相连接之后便够长了。

第 12 个实验是“建筑”的试验。目的物太高，非一个箱子所可及；但是假使有两三个箱子相叠起来，便可达到目的。

间接达到目的的方法，现在可更复杂了。在原来的目的之前，又介绍进去一个不能直接达到的目的。第 13 个实验，动物坐在笼的栅栏附近，和笼外的目的物面面相对。动物手内拿一竹竿，可是竹竿太短，不能到达目的。栅栏外，和目的物的一边相距约有 2 公
尺而较近于栅栏的地方，放一较长的竹竿。这条长竹竿，非伸手所 205
可及；但若用短竹竿，即可取得（见图 11）。第 14 个实验，可用以达到目的的竹竿挂在屋顶之下，只是放一个箱子于其下，才可取得。箱内如又装石，则可使这个实验更趋复杂。

间接法的原则于是又可有两种变化：第一利用工具的间接法：动物可能间接地利用那个达到目的的工具吗？第 15 个实验采用一种方法，我们可名之为“迂回法”。动物坐在栅栏附近，约离开 45 公分的地方，有一个四方的抽屉。抽屉的上面既没有盖，后面

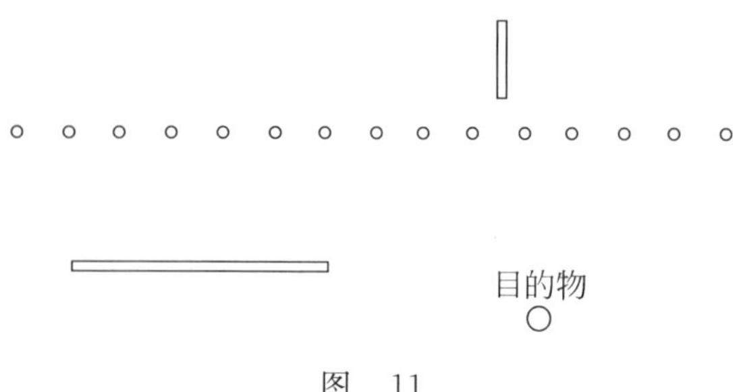

图 11

又没有隔板，放在笼外面前(见图 12)。水果则放在抽屉内和动物相近的一边内。动物手内拿一长竹竿；但是要达到目的，须先将水果推去，而离己愈远。这就和平时直接拿取食物的方法不同了。水果既经推到抽屉的后面，而不在抽屉之内了，于是又须将它推向旁边而去。只是全在抽屉外面之后，才可引之使前。这个迂回所用的间接法，才算名符其实了。

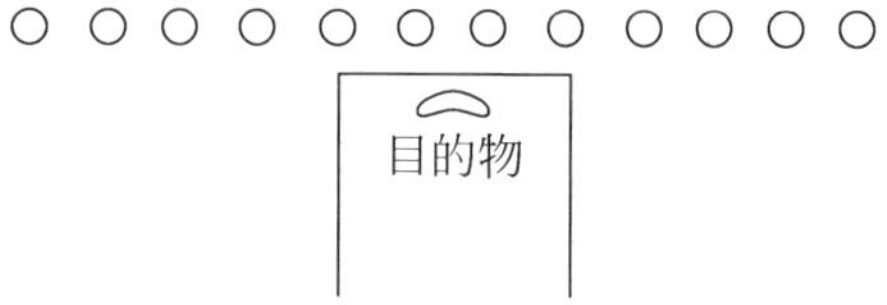

目的物

图 12

206 第 16 个实验则更复杂。箱子上有一垂直的铁钉，长约 35 公分。手杖则以直径 6 公分的铁圈挂在铁钉之上。动物若想得到食物，须先得到手杖。若要利用手杖，先须由铁钉上将手杖取出。这就是说，必须向着 90 度角的方向将铁圈拿出来。

间接法的第二种变化如下：“将目的物放在某处，使动物要达到目的，不得不改变自己的位置。”第 17 个试验(见图 13)，一个大箱以平面的木板盖好，而于笼的一边(A)放置水果。盖上有一块木板，故意取去，动物好从此伸手至于笼内；可是还不够和水果所在的位置相接触。笼之他一面（B）设有栅栏，动物也可由此伸手笼内，可是水果和 A 边相近，所以虽已伸直手臂，也不得达到目的。A 边附近有一株树，手杖以绳缚在树上，所以这手杖只好用在 A 边。动物若要取得水果，须先用手杖将目的物往 B 边推去； 207
然后走至 B 边，伸手到栅栏之内以取水果。

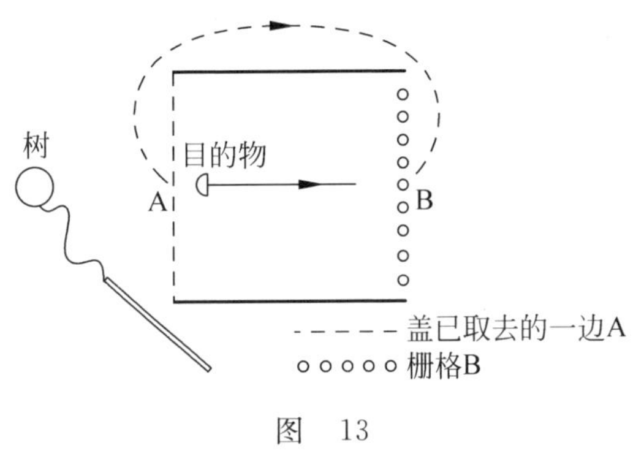

图　13

这些实验的计划统为动物所易了解。较简单的实验已经成功之后，才进而作更复杂的试验。因此，新的成分依次介绍进去，以使其解决，一次难似一次。若用这个方法，我们便可由其所有的失败，而推知其困难之所在。

读者也许问黑猩猩是否能解决这一切问题。但是在答复之前，我们要知道个别差异非常显著，所以关于某一个物种的才能，实不能下一概括的判断。这个动物所能做的，另一动物可就不能了。在这些实验里，显著的个别差异是可以说明和测量的。有这个限制之后，我们对于读者的疑问，可答复如下：这些实验只有第 9 个完全失败，那些动物都不能解决。这个实验，要先将绳子缚在笼顶铁钩之上。至于其他问题则统被解决，有许多解决得非常满意；不过就某些实验来说，黑猩猩的才能确已到了一个极限。

若于这些实验中，取其最重要的实验所有具体的历程而加以讨论，则其主要的结果可如下述。我们可先由利用工具的实验说起。第 2 个试验于此尤值得详细记述。水果缚在绳上，其绳纵使很长，这些动物也统知道拉绳而取水果。这个试验用过 3 公尺长的绳也能够成功。而且这个工作的做成，不像是偶然看见地上有
208 绳，拿起绳来玩弄，而偶然得到绳端所缚的水果。其实你可以看见动物拉绳，常“顾到其所欲达到的目的”。它往往先看一看目的物，然后开始拉绳。其行为往往针对目的，而不仅针对绳子。我们也许以为无论那一种动物都显然有这种行为；但是苛勒对狗作过比较的实验。这狗在旁的平易的间接法的实验中，已经表示过很大的才能；可是它却不能做这个实验。它虽对于目的物表示很活泼的兴趣；可是它却不能对于鼻子底下的绳子而加以注意。①

对黑猩猩而作这个试验时，则还可略变其情境，使于和水果确相联接的绳外，复以他绳放置其旁，也像和目的物相连。这个实验

---

① *I*，第 19 页（27 页）。瑟帕特（W. T. Shepherd）在类似的实验中曾得有同样的结果。狗和猫等不能利用绳的关系（或更简单的关系）；但是费萨斯猴（Phesus Monkeys）——不属于人猿类——便没有这种困难。参看“Tests on Adaptive Intelligence in Phesus Monkeys”，*Amer. Jour. of Psych.*，1915，26. 夫朗垦（A. Franken）于 1911 年也曾刊布其对于狗的类似于此的实验（参看“Instinkt und Intelligenz eines Hundes”，*Zeitschr. f. angewandte. Psychologie*，4）。受试验的狗对于绳的关系约略知道；究竟如何关系则不大明了。参看 Lipmann and Bogen，pp. 13 and 15。

还有几位实验者得到相类似的结果，就猴子说为正的，就狗说为负的。参看 Tolman，*Psychol. Bulletin*，24；又 H. Nellmann and W. Trendelenburg，“Ein Beitrag zur Intelligenzprüfung niederer Affen”，*Zeitschr. f. vergl. Physiologie*. 1926，4，pp. 180f.。

中的绳子，无论其缚于水果之上或否，只是引到水果那边去的，似乎统有被拉的可能；但是在这些绳子里头，最短的绳，其被拉取的次数却较多于那条缚水果的绳子。所以在这些简单的实验内，黑猩猩的行为似乎受视觉成分的支配，而视觉的关系竟可代替实际的关系——譬如一种显著的视觉的性质（例如最短的长度），可决定其对于长短不同的绳子的选择。[①]

关于第三个试验中的手杖的利用，则请注意下列的事实。这个试验的问题，这些动物统能予以解决。有些动物当实验开始的时候，便已知道了。有些动物，当实验中第一次用手杖的时候，他们就能够把手杖放在目的物后，而把水果往前推去。手杖的应用 209
复可因简单地改变实验的情境而更臻困难。手杖若离开主要的位置愈远，则动物应用手杖也愈不易。有时将手杖放在远距离处之后，动物前所应用的手杖便可失去其原有的意义。假使手杖放在某处，以至动物注视目的物，或仅注视目的物的周围时，不能看见手杖，则手杖的应用便觉不易。纵使他偶然看到手杖，也未必能够应用，因为他不能同时看见手杖和目的。所以我们也许可以说，要手杖变成工具，须将手杖放在相当的位置之上。不过这个限制，只是开头时才有。动物若常放在这种情境之内，它便可立即克服这个困难。其后对于问题的解决，便不复因目的和手杖在视觉上的隔离而有阻碍了。[②]

视觉的成分既有如此重要的影响，我们便可由此懂得动物利

① 参看 Nellmannn and Trendelellburg 对于猴子的同样的实验，上述引文，pp. 152f。

② *I*，第 28 页（39 页以下）。

用工具时所有实际的成就。动物不仅看见或注意一件物体，例如手杖；因为这个物件在未被应用之前，便已不复是和动物不生关系的物件，而已成为目前情境中的成分了。要之，这物件须已成为一种工具。要使行为不错，**知觉的对象须经过一度改造**。原来“无关紧要”的物件，或只是“可以口咬”的物件等，现在已变为“可以拉取水果”的物件了。所以手杖和水果若相隔太远，便足使这个手续较为困难。这里头的原因是容易了解的。因为一件物件若可和某种
210 情境一起看见，则较易加入这种情境之内；反之，那一物件若在空间上，和这个情境隔离太远，那末其加入也便较为困难了。

由第二个实验中，狗的行为和黑猩猩的行为的差异看来，可见黑猩猩立刻知道绳和目的物究有何种关系；至于狗则以绳为一种隔离的物件，和这个情境不生关系。

动物似乎先有情境的改造，才能有应用手杖的动作；因为这个手杖原来是无关紧要的物件，现在已经和情境有确定的关系了。动物实际上所学得的，就是使无关系的物件和情境发生关系。而且这种关系和知觉野中一个手杖及随之而来的动作的表面的关系完全不同。譬如在需要手杖的情境中若找不到手杖，则旁的物件如一条铜丝，一个旧草帽的边缘，或一束稻草也都可应用。要之，在这些情形之下，“只是长而可动的物件都可以为拉取用的手杖”。[1] 苛勒有一个猩猩在卧室中抽取被头，塞入栅栏之内，其后竟能因此而得水果。

这些动作，和前所述的相同(参看第 187 页)，也表示一种训练

---

① *I*, p. 25(35).

的迁移。由刚才所举的例看来，我们便可以自信地说，训练的迁移决不能照桑戴克的学说来解释。黑猩猩对于情境的知觉决不至模糊若此，而竟以纯粹视觉的一束草或一条被——而且这些物件都不得不取自他室，所以本不隶属于这个情境之内——为前曾用过的手杖，或也决不至模糊若此，而竟以为这些物件和手杖大相类似
而不能辨别其异同。我们以为关于这个成就，只有一个可能的解 211
释，就是：动物已能介绍一种“工具”到某种情境里去了。这个能力不仅以用过的特殊的物件为限；其实却有更普遍的性质。苛勒说，视野中的手杖，在某种情境内，已得到一种**功能的价值**，而且无论何物只是和手杖有某种共同的通性，则虽有旁的差异，也可和手杖有同等的价值。由苛勒这句话，黑猩猩意识中所经过的现象，我们也就可以明白了。苛勒有一个猩猩，想要取得食物；可是除非等到它利用手杖或旁的工具，便没有法子可以达到目的。苛勒观察它的动作，说：“即在黑猩猩知道利用手杖之前，我们便期望它能利用了。当它继续努力而尚未成功的时候，我们热烈的期望遂使动作的区域经过一度意识现象的变化。于是长而可移的物件，看起来似不再为无关系或静止的物件，但常带有一种往重要的关头而去的‘活径’(vector)或动力。”①

所以训练的迁移实为一种完形原则的感性应用的结果。手杖和旁的物件先后在情境中得有一个地位，加入完形而为其成分。我们以前讨论原始型的迁移时，曾提出这个推论（见第190页）——和桑戴克相反——现在由这些实例看来，便更可相信了。

---

① *I*, p. 25(35).

而且这种行为还不仅是注意。但是彪勒则似乎以为苛勒的动物所有这些训练的迁移,仅有注意便可解释。照彪勒的意思,我们只是
212 寻求物件,便可发生注意的倾向。因此,猩猩若坐“在栅栏的附近,而栅栏外有一块可以动心的食物,猩猩的心内便有‘以树枝钩取之’的观念。这个观念无论如何的模糊;但是假使猩猩偶被感动而在笼内兜圈子——水果则常在它的面前——那末可用以拉取水果的手杖便最易侵入意识之内”。[①] 彪勒以为这个解释和苛勒关于功能的价值的观念相称合;但是我敢说由我看来,苛勒的假说中所有最重要之点,在彪勒的解释中统多失掉了。若说“可用以拉取水果的物件”侵入动物的意识,那就是文不对题。一个手杖或一条被头可以因注意作用,而召人注意的焦点之内;但是在注意焦点之内,这些物件依旧是这些物件——手杖仍是手杖,被头还是被头。它们虽可用以为拉取水果的“工具”;可是只有注意,决不能使这些物件在意识中得有“工具”的性质。注意固然可由“寻求”而生;可只是这个作用的副产物。那情境没有解决,而且迫得求一解决,于是动物的行为遂使那些本非“工具”的物件也得有“工具”的性质了。

这个工作似甚简单;但是我们若将黑猩猩和猴子在相似的情境中的动作互相比较,便可知其为高级的成就。就蒲腾田(Buijtendijk)及纳尔曼(Nellmaun)和特棱得楞堡(Trendelenburg)的实验而言,猴子不能利用手杖或铁耙以取水果,除非那工具放在适

① Bühler,*GE*,pp. 22f。读者可将本书的讨论和彪勒的新序文(尤其是 p. x)互相比较。彪勒在新序文中批评我的见解,然后提出他自己的结论。

当的位置之内，例如铁耙已位在水果之后，而其柄又易于握取；否则便不能利用。猴子决不能自置铁耙于水果之后的适当之处。[1]

第 4 个实验，因为目的物挂得太高，不能以旁的方法拿取，于 213
是应用箱子以达到目的。由这个实验，我们对于有些起头困难的动作也便可以了解了。受这个实验的为园内最年轻的猩猩各各(Koko)。他先跳跃，而扑取其目的物；次则离开水果所悬挂的墙上；但又去而复返。“过了若干时之后，当离开墙壁之时，忽然看见箱子，次则走近箱子，两眼直看水果。次则将箱子微微一推，可还没曾将箱移动；他自己的动作于是此前迟缓了。他复离开箱子，约有两三步，又回来再看看目的物，而将箱子重复一推；但是这个动作仍不甚起劲，所以未见得他确想移动箱子的位置。”[2]不过其动作却仍复进行，因此箱子向目的物移动至约有 10 公分了。目的物此时加入柑少许，于是更觉动人。几分钟后，各各复近箱子而站立，忽取而用力推之，几乎使箱子一跃而恰在目的物的底下。他于是升登箱上，由墙上取去水果。他的冲动因目的物之更动人，而增加其力量，以引起解决。可是我们不能够说他以前太懒，不愿用他已经明白的解决；因为数分钟后，重复作这个实验，而将目的物挂在墙之他部，和原来的位置相距约 3 公尺时，他竟完全失败。所以他初将箱子微微一推，该视为真正的解决之前的预备的动作。箱子虽若立刻加入情境之内，可是如何加入才有效验，起初可尚未明
白。“要描写动物此时的行为，只可有一句话，就是：他刚才略微懂 214

① 参看 Tolman，上述引文；Nellmann and Trendelenburg，上述引文，pp. 155f。

② 苛勒，*I*，第 30 页以下(41 页以下)。

得箱子和目的物的关系”。

各各可不能再应用其解决之法；因为当天，次日，以及后来四天，再受试验时，都没有成绩。有一次，他把箱子放在墙边，假使他站在上面，便差可达到目的。他固然已站在箱上，而且也已尽力伸手；但是他可没有移动箱子的企图。可见仅使箱子和情境有一种普通的关系还不算够；因为这个关系如何可以有效，实在是第二个重要之点。

猩猩既大受刺激，遂将箱子乱动，于是实验者乃不得不将此实验暂告结束了。九天之后——第一次实验后之第 19 天——重复试验。此次解决来得很快，而且后来重演也不迟疑。不过第一次解决所留下来唯一可注意的后效(after-effect)，就是“对于箱子总须做些动作”。[①]

我们详述这个实验，因为由此可略知疑难之起，和完满的解决中的经过。由这实验看来，可知其有初次的成功之前，其解决的方向即已略有头绪；而且可知其后所有的工作，就是鲁格尔实验中所谓“地点的分析”(见第 195 页)。

在后来的一种更复杂的实验里，再看动物对于箱子的应用，便更可知这个行为的意义。假使一个动物不能应用其已知的解决，
215 那便可由其情境中的障碍，而推知其动作所有最特殊的现象。例如基加[*](Chica)尽她所有的力量，以求得到那个悬在屋顶底下的目的物。她虽曾在类似的实验中，应用过箱子；可是此时竟不采用那放在房子中间的箱子。我们不能说她没有看见箱子，因为她要

① I，第 30 页以下(41 页以下)。

* 为另一猩猩之名。——译者

休息的时候屡蹲居于箱子之上；然而她却不愿费力去将箱子移至目的物之下。此时，另一猩猩特塞拉（Tercera）正躺在箱子之上。后来特塞拉偶然跑开去，基加立即拿着箱子，放在目的物底下，升登箱子而取得食物。[1] 由这种行为看来，可以揣知特塞拉所躺着的箱子不是“一种用以取得目的物的工具”，而为“可供躺卧的物件”。所以箱子若自有其确定的完形，而似若不宜于他种情境中的工具，它便不能和目的发生关系。要使一个物体脱离了这个完形，而改造为另一完形，似乎是比较高级的成就。其实这种困难，不仅限于黑猩猩；即在我们人类的思想内也占重要的地位。譬如你正需要一个浅碟子，也许不至于能利用茶壶盖；除非是这个茶壶盖刚在你面前的台子上，而已和茶壶脱离关系，这或者可使你立刻利用它作碟子。

破除障碍物的问题，在动物看来，究竟难易如何，则殊不易以人类的观点来判断。若在我们，则第 6 个障碍物实验，似乎远较易于用手杖或箱子为工具。但是对于黑猩猩，则第 6 个实验的解决
却较困难；因为它们若没有帮助，便多不能为此。大概地说，黑猩 216
猩从远距离外拿取工具，而应用之于情境之内，却较易于将一个很简单的障碍物移出于同一情境之外。其理由是因为已有的确定的完形常难拆开之故。[2]

就工具的构造而言，改造情境而有成绩的例子不在少数。例

① 我们要解释这种行为可不能仅以为这个猩猩以前觉得此箱太重而已，因为在较早的实验中，它曾推动特塞拉（猩猩名）占据其上的箱子；不过那时，其问题仅为一破除障碍物的问题了吧。参看 *I*，第 128 页（178 页以下）。

② 就 Nellmann 及 Trendelenburg 所试验的两猴而言，帕微安猴觉得这个工作很难，至费萨斯猴则觉其为易（上述引文，p. 169）。要决定这个工作在何种条件之下为易，在何种条件之下为难，尚须有将来的实验。

如第 7 个实验的解决，在于将树上的一枝看作脱离了树之完形的物件。这就是说，把树枝看作手杖。才能较低的动物以此为很困难的工作。苛勒还看见动物由树上折断枯枝之前，先试由笼上折取栅栏的横木；因为横木看起来，此树枝为更易独立的物件。

第 8 个实验有一新的困难，因此其成功也遂有一新的现象。第 5 个实验完满实行之后，遂将这个实验重作于第 8 个实验的情形之下。其结果则各动物都尽力由横木上拉下绳子，使占有常态的位置，好作秋千之用；然而可没有一个动物能先将绳子解直。这些动物的工作只是将绳乱拉，拉得几许便拉几许。这条绳只有一次可用以摇荡，而且也只是绝顶的运动家用起来才有成绩。由这种行为看来，可知猩猩看见简单的围绕起来的绳子，和我们所看见的不同，它们好像是看见乱丝一束，只好乱拉乱扯，而不能以确定的计划加以整理。绳子一束，客观上虽然是一种简单的组织；但是黑猩猩可不能将它释为界限分明的视象（visual form），似乎仅把
217 它当作杂乱无章的图形。由这点看来，便可见其解决能力实受一种限制；但是这种限制也未必不可补救。因为两年之后，同样的猩猩里头有两个再遇到这个问题，基加立刻予以完满的解决，解直了绳子，直和人类所作的不相上下。其他动物名叫拉那（Rana），虽然较欠完满；然而其行为也较前稳定。所以这两个动物都已发展其视觉完形及组织的能力；不过苛勒以为这个能力增进的程度很微罢了。

第 11 个双条竹竿的试验更为有趣。受试验的为最聪明的猩猩，名叫苏丹；但是他的成功，也曾靠着机会的帮助。苏丹劳动一个小时以上，仍无效果。他所尝试过的，除他事外，有下列的一种手续：先尽量向水果的位置伸出一条竹竿；然后用另一条用心地

伸，而且伸得更远，实际上几乎和水果相接触了。这个接触，不幸却不生效力；然而这求解决的徒劳无益的企图仍坚持下去，因此造成一个协和的完形（a unitary configuration），把动物和水果连接起来。苛勒于是暂丢开实验而去；可是苏丹却仍保留着两条竹竿，看管者也仍站着。看管者观察苏丹，看见他坐在栅栏旁边的箱上，起来拿起竹竿，重复坐在箱上，无目的地玩弄竹竿。“它于玩弄的时候，忽然以一手拿一竹竿，而使两条竹竿连成一线。它于是以较
小的竹竿，套入较大的竹竿之内。它本来是半身向着栅栏的，此时 218
遂立刻跳到栅栏旁边，而以连成的竹竿钩取香蕉。我就请院长来了，虽然是此时竹竿又复拆开，因为它没有把它们装好；但是它立即又把它们连起来了”。这是管理者的报告，苛勒自己及时跑到，恰好看见苏丹连好竹竿拉取水果等后部分的动作。[1] 苏丹成功之后，一再演作其动作，直等他将箱子及许多旁的物件取入笼内之后，才吃香蕉。他似以这种动作为乐，而且他记得这个解决，以至第二天竟能以三条竹竿连成一条更长的竹竿。苏丹的解决，虽然是靠着机会；然而这个地方机会的作用，和桑戴克实验中之所谓机会大不相同。因为这个地方不是由机会达到目的，也不是由机会给动物以一种可用的工具；其实这不过是两条竹竿连成一线的偶然的情境，予正确的解决以便利而已。这个解决可是真正的解决，这是由动物后来的行为可以看出的。当两条竹竿看成一条的时候，便立刻将它们看成一种前所缺乏的工具。所以虽然是侥幸助成解决，可仍不能释为侥幸的解决。我们若要估计这种帮助的价

① *I*，第 91 页以下（127 页以下）。

值，便须将其情境和我们自己思想的方法相比拟。能以思想解决一个问题，固然可算是更大的成绩；但是像苏丹由没有顿悟的行为进而为有顿悟的行为时，对于机会的应用却也常不是人们所易做到的。所以机会和顿悟不是互相排拒的，因为顿悟的发生屡由于利用机会。

219 第12个建筑的实验复给我们以新的材料。因为由动物在这些实验里的行为看来，显然是解决了两个问题.一个已经知道如何利用箱子的动物，把两个箱子重叠起来，固然不算一回事；但是“叠箱子而使能站得住，则确是很困难的工作”。这个工作就是要使某种形式的物体叠在同形的物体之上，而产生某种确定的结果——这个工作黑猩猩只能由试误来做成，可不能由于顿悟。有时叠成的建筑物很不稳定，以至于我们几不敢以手指触它，恐怕它跌下；然而猩猩却往往利用这种不稳定的建筑物，一点不迟疑地爬上去，以其身体的技巧，常能在建筑物跌落之前而达到其目的。由此看来，可见猩猩的视觉的顿悟实在是有限制的。[①]

这些建筑实验，由另一观点看来，也甚重要。箱之建筑或堆积从未因顿悟而完成，但常停留在“尝试和错误”的水平上。所以重复练习应有何种结果以为其特征，于此可见。苛勒的猩猩深喜堆箱，据苛勒两年的观察，它们演习此技，至为努力。但是它们的建筑总是没有进步，其不稳定前后无异。有些心理学家主张非本能的各种成就都是“试误”学习的结果。由苛勒的这个实验看来，或足使他们于应用这个学习的原则之时，较前稍为慎重吧。

---

① *I*，第96页(135页以下)。

第 13 个实验，较灵巧的动物能以其顿悟来解决。至于才能较 220
低的动物，既不能由栅栏和目的物的完形内抽出较短的竹竿，所以不能了解其由短竹竿而至长竹竿，复由长竹竿而至最后目的的较复杂的完形。由这种低能动物的行为看来，便可知这个解决的困难之所在。

迂回的实验，除最后目的外，还有中间的，独立的目的，可也被解决无误。其初级目的和次级目的同属于整个的完形之内，而使之对于动物有很不同的价值。这复由其特殊的过错，而可以显见的。第 14 个实验，用以拿取水果的手杖挂在墙上，各各将箱子移至墙边；但是它先须打水果下经过。它走近水果的时候，“它忽然不再直向手杖那边去，而改用箱子为手杖以取水果了”。可见当水果近在眼前，水果的吸引力更大时，原来解决的正确的完形在没有实现之前，便全被破坏了。

第 15 个“迂回法”的试验，水果在拿到前须先被推开，也足耐人寻味。第一，这个问题非常困难，苏丹也不能完全解决。能解决这个问题的，只有奴凡(Nueva)。奴凡将水果乱推许多次，忽然将它推到抽屉开口的一端——离开自己 180°——因此得到正确的解决。但即就她而言，当目的物几近抽屉的他端时，她却忽然有相反的动作，将水果拖回 15 公分处；不过她后来仍得到完满的解决。这种相反的动作，在后来的实验中一再发现，可见征服一种强有力的反对的倾向确不容易。但是我们常易以为一个能用迂回法的动 221
物如猩猩类，当以有工具相辅助的迂回为一种很简单的问题；其实我们要知道，“纵使智慧的行为或顿悟的成就，也不得以太理智的

眼光来解释的”。[①]

其他动物中，只有苏丹能够做这个试验。它先受机会的帮助，和前所描写的双条竹竿的试验相同。[②] 后来便能够推开水果和自己成 180°的角；但是对于其余的猩猩，这个实验便须做得较为容易。其化难为易的法子，就是把抽屉推转略成一个角度。迂回的角度较小，则以前不能作这个实验的动物现在也就能够了，因此，我们可以测量困难减小的度数。问题第一次解决时所有的角度，可用以测量动物的成就和智力。抽屉若和笼的栅栏平行，使迂回的角为 90°，则各猩猩都可以成功。它们在这些实验中所得的等级，和苛勒前所估定的恰相符合。所以迂回法是一个优良的智力测验法。

第 16 个试验，也可以测出猩猩智力的极限。由铁条上提起铁圈，只是最聪明的猩猩在最幸运的时候才能做到。这工作的完成不仅靠机会，而且赖有顿悟。“铁条上的铁圈，由猩猩看来，是一种
222 视觉的复型，只是情形适宜，注意集中的时候才可完全解决；但是大概地说，动物若没有相当的努力，便很易把铁条上的铁圈看得更模糊了。”[③]

将这些实验总论起来，猩猩确已解决了新的问题。这些解决的最重要之点，不是动物已知的动作的重组，而是“整个情境的新组织”。除非我们承认这些新联结的造成由于机会；否则决不至主张这些解决为行为的旧模型的新组合。这是在以前的讨论中业已

① *I*，第 166 页（229 页）。

② 参看 *I*，第 175 页以下（241 页以下）。

③ *I*，第 180 页（249 页）。

说过的。我们若懂得苛勒的实验，便决不再以为机会在这些实验里占重要的地位。这个结论是可以明白的，假使我们将桑戴克的机会说所根据的两点，复作一度的讨论。桑戴克的第一个论点系由猫狗的时间曲线引申而得的，其实这个论点是不能适用的；因为就苛勒的实验而言，动物在解决问题之前常经过久长的时间，可见对于黑猩猩的行为的时间的测量不能解决机会或顿悟的问题。而且在这些时期之内，猩猩或暂休息，或将作些和本问题无关系的活动。但是休息的时候，苏丹"或将徐徐搔首，或将仅移动其眼睛和头部，留心地观察其面前的情境"；[1]可见猩猩那时究竟从事于何种行为。至就解决的本身而言，则必为连续不断的动作。若再加以试验，则正确的动作几乎立刻便可重演。所以我们若用时间曲线，便很足以证明其动作之不由于机会。

桑戴克讨论他自己对于猴子的实验，也注意其时间曲线的证据之不甚可靠。但由他的话看来，学习所耗费的时间，似足为较低级的猩猩的成就的一种测量，尤重要于为人猿的成就的测量。他说："时间终久可为努力的程度的代表。"[2]然而桑戴克的猴子的时间曲线，与其说是表示迟缓的学习，不如说是表示速成的学习。

桑戴克的第二个论点系根据于"愚笨的"过失，可是也复没有力量。苛勒一共观察过八个例子，或可叫做"愚笨的"过失。这些过失都受前次解决的影响，所以已得有不管面前特殊的情境而复发生的趋势。而且易于发生这种过失的条件，是"睡觉、疲劳、受凉

① *I*，第138页（192页）。

② *AI*，第192页。

及激怒的时候”。[1]

除了这些“愚笨的”过失之外，还有他种过失。对于有关系的行为也有特殊的意义。假使解决的原则有一部分确已了解，而问题则尚有非动物所能应付的困难，这些过失便可因此发生了。例如动物想增加其竹竿的长度，遂屡拿起两条竹竿；而将这条的顶端接触那条的顶端，而不插入。这固然给他以一较长的竹竿；但虽长而不可用。苏丹双条竹竿的解决（见上文第217页），就以这个手续为起点。若要再举一例，则建筑试验中所看见的行为尚足一述。基加知道自己若仅用一个箱子，则无论其跳得如何高远，也不能达到目的。“她忽以两手拿起箱子，用力将它靠在墙上，往那目的物的方向举着箱子有她一头地之高。假使箱子能紧贴着墙上，她的问题或许早已解决；因为她那时可升登箱子而取水果。”[2]这种合理的错误确不能以“侥幸”来解释；因为合理的错误是不发现于任何情境之内。只是由这种动作似可将情形变为较好，或似可更近于目的物时，才发生这种过失。

224

关于章首所讨论的成就的问题，由苛勒的实验看来，可知黑猩猩确能以行为的新模型，适应新的环境，而解决新的问题。苛勒说：[3]“这些解决的方向和曲线等，也许是发于自然，而不必‘由于经验。’”这个理论，和上面我们对于美国心理学者所报告的动物实

① *I*，第140页以下（195页以下）。又参看前述鲁格尔的结果（本书第193页以下）。

② *I*，第112页（157页）。

③ *I*，第170页（235页）。苛勒根据其书一般的计划，对于本书所用的解释和他种可能的解释都不加以坚决的结论。但是我们于其 *StF* 和 *PhG* 刊行之后，不难揣知其所承认的解释究竟是哪一种了。

验的解释相发明。由黑猩猩的成就看来，可见其新动作的发生，全不是由于侥幸。我们以为黑猩猩并不是先有侥幸而成的解决，然后对于这种解决逐渐领会；我们以为他们先能领会其情境，然后才有客观上的解决。所以我们可以称这种解决为原始的智慧的成就。解决求得的时候，动物所看见的情境便觉不同，往前所有的裂隙因此补满了；换句话说，所欲未途的水果已可取得了。此处我们又可有和前（见上文第 109 页）相同的“闭合的现象”；因为问题解决的时候，知觉情境中的各项事物都有赖于整个的完形。他如各种运动也各有其地位，以使我们之所谓完形渐更明确而完备。照 225
动的原则讲来，一个完形——我们现在知道完形不仅是知觉情境中的一种计划，而且是用以真达到目的的解决所有整个的历程——在时间上，有一个**起点**也有一个**终点**。

我们对于学习的创造的历程，或可作一种较明确的叙述。当问题解决或目的达到的时候，现象野中所发生的变化究竟具有何种性质呢？大概地说，其变化似可分为三类，即**综合**（*unification*）、**分析**（*analysis*）及**联属**（*articulation*）。综合见于第 11 个实验，那时两条短竹竿变成一条长竹竿的两部分。其现象野原本含有两条竹竿，**一加一**；其后则成为**含有两部分的一条竹竿**。第 3 个和第四个实验涉及一条竹竿或一个木箱的简单的应用，也可据此加以描写。就这些实例而言，其竹竿或木箱，本位置于猩猩的现象野——即所欲求而未得的水果——的主要的完形之外，现在乃为此完形的部分了。

第 6 个和第 7 个实验则以分析为特征，分析便需要障碍物的排除和树枝作手杖的应用。一个木箱放在笼的栅栏之旁，便和笼合为一体。树枝则更为树的一个自然的成分。这两个例的问题的解决都须使本为一体的东西,分而为二。第 13 个实验也需要这种分析,那时手内的竹竿虽属太短而不能接近水果,但和目的物的关系仍太密切,不得不需要一种特殊的努力以打破这个关系,然后才能用以拉取那较长而可接近水果的竹竿。

226 第 8 个实验,绳须伸直,乃是一种联属作用的测验,他如第 2 个实验的种种变式,于动物和目的物之间置有两条绳以上,也是用以测验联属作用的。猩猩不能改进其堆箱的动作,那便是联属的才能的缺乏。第 16 个实验的铁钉上的铁圈,第 15 个实验的迂回的动作也都是联属作用的实例。又如第 14 个实验,其达到目的物的迂回法含有初级目的及次级目的,那便为另一种的联属作用。各各在这个实验内的错误,就是不能对于面前的部分问题作正当的联属。

我们的分类虽于这些动作不能作完满的叙述,但仍可用以为学习的创造历程的内容的了解之助。这三种(按即综合、分析和联属)为大类,各有其特殊的区别,那是我们所应详加研究的。例如在这三类之下的例子彼此都有重要的差异。尤有进者,这三种历程也决非各自独立的。它们往往合见于具体的动作之内;这种历程的变化常牵及他种历程的变化。在三种历程之中,当尤以联属作用为最重要的一种。没有联属作用,便不能有分析;因为一个整体只能依其内部的轮廓所规定的裂痕而分裂。一个整体,若全无界限,便没有分析的可能。他如综合也以联属为先件;因为区域须先有联属的部分,然后这些部分才可合成一个单独的整体。

最后，我们要知道不仅是不相联属或微有联属的整体化成为相联属的时候，才可称为联属作用，就是所谓再度的联属（*re-articulation*），也莫不然。就再度的联属而言，便有重量的重行分配，因为整体的各部分之间的力已改变它们的方向。譬如苏丹以这个竹竿的顶端放在另一竹竿的顶端之上，我们或可说这两条竹竿联属了；又如苏丹将它们连起来的时候，我们便可说它们作再度的联属了。两条竹竿之间的力初仅造成一个加起来的长度；后来当它们彼此连接的时候，便造成一个往目的上去的方向了。①

最后的这几句话对于学习的性质遂有一个结论，这个结论大有学理上的重要，对于教育心理学更有直接的影响。学习永远不 227
全为特殊的。一个生机体对于一个问题，若已有一种聪明的解决，便不仅学得解决将来再发生的同样的问题，而且还能解决前所不能解决的不同的问题。所以，学习乃为一种真正的发展，而不仅为动作的一种机械的累积。

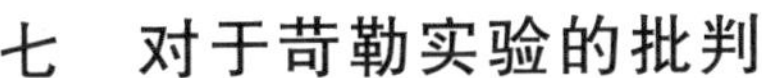

七　对于苛勒实验的批判

由苛勒的实验而引申出来的学习的新学说，我们决难期望其

① 奥格登在其 *Psychology and Education*，1926，pp. 244f 内，对于学习之创造的历程也如此解释。奥格登用迁移（*assimilation*）代替综合（unification），用区分（*differentiation*）代替分析（analysis），用分级（*gradation*）代替联属（articulation）。我不采用他的术语，因为他想提出一种学习的通论，我则只愿能指出几种类似的性质以描写苛勒实验中所表现出来的创造的历程。然而奥格登的一般的解释和我的较限制的解释没有互相抵触之处。

不引起敌意的批判。[1] 彪勒[2]、林德乌斯基(Lindworsky)[3]、塞尔士(Selz)[4]都发问如下:这些实验果能证明猩猩之有顿悟吗?而其所谓顿悟又为何种顿悟呢?苛勒以下列的事实为顿悟的证据:就是,他的猩猩以其环境内的各物件之间的关系为其行为的指针。由彪勒看,这个证据是不充分的。他提出另一假设,以为对于关系的注意,未必比对于感觉内容的注意,更为顿悟的一个好证据。

彪勒于其论心理发展[5]的书的第二版内,以为对于关系的注
228 意或许为一大成就,而不足证明动物之有顿悟——这个辨别,他以为是很重要的。

但于其第四版内,彪勒便将这句话删去,改用下面的一句:"我们倘假定黑猩猩有其所注意的'过渡的经验(transitional experience)',为什么这个注意便不足解释其行为呢?这也确可为

① 在本书初版发表我的关于学习历程的见解时,我方大受苛勒对于猩猩的实验的影响。那时这些实验尚未引起现在所博得的注意。心理学者对于苛勒的结果的态度初很慎重。虽然大家都赞美他的研究的精巧,但是很少有人预备接受他的解释。这些解释和流行的见解根本不同,有几位心理学者乃欲使苛勒的结果和流行的学习说互相调和。因此,我似应详述学者对于苛勒的研究的批评和修订,以便使读者明白,我就不怕接受苛勒的解释。所以,在此书第一版及在德文本的第二版之内,有两节长文记述各方面对于苛勒的抗议。现在情势已不同于前。学者已多复作苛勒的实验而加以证明;其他可得同样结论的材料也复多可用;而学理上的辩论又散见于各专门杂志(特别参看 W. Köhler,"Zur Theorie der Sukzessivvergleichs und der Zeitfehler",*Psychologische Forschung*,1923,4)。因此之故,这一版中除与通则有关的论点仍予保留外,所有其他论点一律删削。

② *GE*,pp. 10f;*AG*,pp. 16f;并参阅 *GE*,p. 408 及新序文 p. x。

③ *Stimmen der Zeit*,1918,95.

④ O. Selz,*Über die Gesetze des geordneten Denkverlaufs*,II,Stuttgart,1922.

⑤ 第 2 版,第 20 页。

一伟大的成就，”余略。[1] 在其节的第二版内，彪勒曾说：“心理学者多以为关系也像感觉的内容，可被直接观察或注意，而没有一种真正判断的经验（参看斯图姆夫、塞尔士及他人）。”其后来修订的结果，仍申明注意的重要，下文讨论的目的要即在于驳斥这个概念的应用。“过渡经验”的问题则当俟后来再加讨论。

我们请先问“物质的关系之被注意”这句话，究竟有什么意义？第一，这句话本仅就动物表见于外的行为而言——例如人们所易领会的竹竿和水果的关系，也为动物所领会了。但是所谓“注意”，也常为描写内的行为的名词，彪勒的“注意”也即含有这个意义。由这个用法看来，可见猩猩的意识除有关系的觉知之一现象外，还有旁的现象——如对于关系的“注意”——这是可以表见于意识之内或否的。所以前此没曾“注意”的现象，现在旁的方面虽仍无异，可已变为“注意”的现象了。譬如视野中一种蓝色，决不因我的“注意”而变其色调。据彪勒的论点，物质的关系以及其他一切关系，都可有这种不变性。[2]

---

① 第 4 版，第 21 页。本书引彪勒的话务求其详，因为彪勒曾反对我陈述他的见解。读者倘感兴趣，请将本书和彪勒的抗议（p. ix）互相比较。但我要请读者注意：我在本书第一版附注 181 中曾说：“我不相信彪勒现在仍彻底主张此说”，我又曾请读者参看彪勒的另一章，“对于觉知的关系提出一种不同的学说”。讨论他的学说不是我的初意，因为他的学说和本书无关，我没有加以批判的必要. 但是苛勒已驳斥其说，见“Zur Theorie des Sukzessivvergleichs und der Zeitfehle”，*Psychologische Forschung*，1923，4，pp. 115f，特别是 pp. 125f. 我更曾提及彪勒的书第二版中的一句话（p. 358）如下：“凡是关于这个问题所可接受的见解至少须和下列的假定不相违反：就是，觉知而‘注意’物质的关系，可不必有真正的判断经验的存在。”此言复见于第四版（第 374 页），而有一个重要的修改。“调和”云云不复谈起，可是要请我们细察这个假定的可靠。

② 也参看 Bühler，*Die Gestaltwahrenehmungen*，I，Stuttgart，1913，pp. 16f。

229 这个假说可由两方面研究。第一，我们可以说，[①]心理学的描写以实有的现象为限；至用“注意”一类的概念，则已超出于所观察而得的现象的材料之外。我若说自己不能注意某某两种颜色的同异，一个心理学者必以为这种话太模糊而不完满，因为他所要知道的，是我所确已注意的究竟是什么——换句话说，我的意识中究竟有什么积极的现象。就我们前所已举的例而言，答案至少也可分为两种：（一）“我未曾注意其差异，因为我的注意在未针对此两色之前，它们看起来是相同的”；或（二）“除了我未曾注意其差异之外，他无所知”。

就答案（一）而言，心理学的叙述（没有注意）将可和第一种叙述（加以注意）互相抵触；因为据彪勒的假定，对于一个现象（无论其为一种感觉的内容或一种关系）的注意，本不能使它在性质上有所改变；但就这个答案而言，则对于现象的注意竟足使一种相等的关系，变而为一种不相等的关系。至少，我就不知道由彪勒的论点看来，如何还有他种说法。答案（二）是注意的假设所以提出的缘故。但是我们究竟有没有权利，用注意的方向改变之后而初次加以注意的事物，以代替视野的一个不曾注意的部分呢？但是这个代替正是彪勒的假设所主张的，因此乃有下面的一句废话：就是，我们未注意其差异，就因为我们未注意它，虽然它本在现象上，是

---

① 斯图姆夫的 *Tonpsychologie*（1883）的第一卷内提出“不注意的感觉说”（The doctrine of unnoticed sensations）。科尼利厄斯（Cornelius）于其所著的 *Psychologie als Erfahrungswissenschaft*（1897）对于此说大肆攻击。苛勒近著一文以讨论这一问题，见“Über unbemerkte Empfindungen und Urteilstäuschungen”，*Ztschr. f. Psychol.*，1913，66；又参看拙著“Probleme der Experimentellen Psychologie”，in *Dei Naturwissenschaften*，1917，5，Nos. 1 and 2。

存在的。

真确的解释将必与上所述者不同。我们没有证据可证明视野的部分，在被注意之后，和在被注意之前，是同一不变的。因此便可发生下面的一个问题：这个客观的区别竟被忽视的区域，究竟有 230
何种性质呢？要答复这个问题尚不甚困难。现在现为两种颜色的现象，以前确没有存在，虽然其刺激也在作用。这些刺激所引起的现象遂有我们所谓**背景**的性质。于是所谓注意者，就有化背景而为图形的功效。若用这种理论，解释猩猩的试验，则当猩猩注意某种物质的关系，他就把以前缺乏这种“物质关系”的现象，化为以这些关系为中心的现象。因此，其情境发生变化而呈现一种**新的**完形，足以为解决问题的帮助；但这就是我们所常视为动物成功的要点。

注意说还可以第二个方法来试验，就是研究它能否解释一个具体的例子。彪勒以为动物只是注意那些指定的物质的关系；但是这些关系如部分和部分的关系，部分和整个情境的关系，多得不可胜计。譬如一条竹竿也许在动物的右边，而在树的左边；也许是和树相隔的距离，较小于和笼的栅栏相隔的距离；也许是和近旁的铁丝相比，则较长些；诸如此类的关系不能枚举。在这许多的关系中间，为什么恰巧注意那最要紧的关系，而以此支配其行为呢？心理学的理论对于这一事实须加以解释才是。据我们的见解，则动物能以其智力，而将情境和目的的关系加以综合，而所谓解决，也就是这种综合的结果。所以在我们看来，关系太多，便不成其为问题了，因为一种有意义的完形，本不由于这多种的关系而定。你若 231
要将智慧除外，而把学习当作盲目的联想机制的效应，那就须解释

那动物为什么恰巧注意有意义的关系，而不注意那些没有意义的关系。由我看来，彪勒讨论这个问题，以为顿悟须先有明确无疑的判断，[①]便已将问题弄错了。彪勒因为黑猩猩没有表现这种判断，所以他便以为它们没有顿悟；但是彪勒的描写纵适宜于我们成人有顿悟时的行为，可是最简单的行为纵有顿悟，也未见得一定有这种判断的性质。所以林德乌斯基批判苛勒的研究，虽比彪勒更进一步，却也以为关系的领会不必合有明确的判断；这种领会“既不是必然，也不是不必然，只是无可疑而已”(neitber certain nor unoertain，but simply undoubfed)。我们要知道所谓意义就存在于完形，或被注意的物质的关系之中。至于彪勒则似以为须有新的成分附加进去，才可给内容以意义。所以我们若将彪勒的第三个假设仔细考虑，似乎适足成立我们自己的假说。[②]

现在可继续讨论苛勒为他人所攻击的另一事件。我们要记得上文所述的选择训练的实验，略可示完形机能的原始的性质。这种实验的目的，在要知道训练是否为运动和“绝对的”感觉内容之间所成立的联想，或竟是彼此相互的关系——即完形本身——有以支配动物的行为。由实验者的高兴，而将食物放在淡灰或深灰的盒子之内的时候，那成功和完形的关系实在是任意的，而无意义
232 的。而且我们要记得在受训练之后的决选实验时，两个盒子都置有食物。在这种情形之下，可以期望动物作“绝对的”选择，也可以期望它作“完形的”选择，无论如何都可以满足它的欲望。因为由

① *CE*，第121页，第372页以下。

② 关于这个问题的较详细的讨论，可参看本书第262页注②所引我的拙著。林德乌斯基的引语，都取自 *Stimmen der Zeit*，1918，95，p. 391。

我们的观点看来，“智慧的”试验须涉及完形的机能，所以我们可以置动物于某种情境之内，而使他不做“绝对的”选择，便不得不做“完形的”选择。“完形的”反应为智慧的，而“绝对的”反应为不智慧的。这种实验由双条竹竿的试验(见上文第 217 页以次)[①]发展而成。关于这种实验，我们所当预先注意的，是猩猩连接竹竿的时候，常把较细的竹竿插入较粗的竹竿，而将粗竹竿放在左手之内，处于被动的地位，而以较灵巧的右手移动细竹竿以插入粗竹竿之内。苛勒在某些连续的实验时，用四条半径各不相同的竹竿，而使第一条竹竿可以插入第二条竹竿，第二条竹竿可以插入第三条竹竿，第三条竹竿可以插入第四条竹竿。苛勒依着粗细的次序，取两条竹竿平行地放在猩猩的面前，有时候细的竹竿放近些，有时候粗的竹竿放近些。第二条竹竿和第一条相配合则较粗，和第三条相配合则较细。试验了 12 次，苏丹有 8 次都立即以右手取较细的竹竿，而以左手取较粗的竹竿。其余四次，苏丹取拿竹竿，起初虽和那 8 次不同；然而“当他看见手上的竹竿，还没曾加以试验，还没有开始动作以前”，便把这些竹竿交换位置了。就大多数的试验而言，猩猩究竟以左手或右手拿取第二条竹竿，就看它是否和第一条或第三条竹竿合用而定。换句话说，猩猩取用物件实取决于这些 233
物件相互间的图形的关系。基加前曾由苏丹处学得双条竹竿的用法，在这些实验中，也表示类似的行为。12 次试验中只有一次用左手将较细的竹竿插入较粗的竹竿之内。

苛勒以为这种行为确可证明动物能以顿悟解决其问题，因为

① 参看苛勒 *StF*，第 56 页以下。

他领会两种直径的相互的关系，而确定各竹竿的功用。所以苛勒说：由物件所有重要的物质的关系，而定物件应如何利用，可用以为有顿悟或智力的行为的标准。

林德乌斯基驳斥这个结论，[①]以为我们大可不必假定顿悟以解释这种成就。关于林德乌斯基的其他论点，姑暂置而不论，请仅以下面的这个问题为限：就是，对于这些竹管的直径的差异的认识是否可为智力的符号？假使这个认识系基于关系之真确的了解，那么即由林特乌斯基看来，也可视为一种智慧的动作了。但是林德乌斯基则否认猩猩之能如此领会其关系。

这是驳斥苛勒的完形的机能说的一种批判。彪勒对于这个理论，也曾有类似的批驳，而扬舒(Jaensch)[②]则于苛勒的书刊行二年之后，也报告其对于母鸡的实验。他在这些实验中所用的方法，和苛勒的实验相类似；但是他解释其实验的结果，在学理上和林德乌期基及彪勒相同，所以在原则上和苛勒的说明相反。前章结束时，

① *Stimmen der Zeit*, 1919, 97, p. 66.

② "Einige Allgemeinere Fragen der Psychologie and Biologie des Denkens, erläutert an der Lehre vom Vergleich", *Arb. z. Psychol. u. Phil.*, edited by E. R. Jaensch, I, Leipzig, 1920. 扬舒显然还不知道苛勒的书，因为他对于苛勒的书还没有说起。参看扬舒的一个学生的著作：A. Riekel.，"Psychologische Untersuchungen an Hühnern". *Zeitschrift für Psychologie*, 1922, 89, pp. 81f。林德乌斯基近于讨论他的心理学基础的一篇论文内，承认完形的生理的机能，以为这种机能就是选择训练所以成功的主因；但是他仍否认这种行为之内有关系的意识或顿悟(参看"Umrisskizze Zu einer theoretisehen Psychologie", *Zeitschrift für Psychologie*, 1922, 89, pp. 313f，特别是，p. 343 附注。此文又另版刊行，2nd ed.，Leipzig, J. A. Barth)。苛勒在 Zur Theorie des Sukzessivvergleichs und der Zeitfehle一文内，曾答复扬舒、李克尔、彪勒及林德乌斯基，并提出关于关系的知觉的学说。这里对于林德乌斯基的基本的观点恕不具论。我已于拙著心理学论内详加论列，并说明其不易成立的缘故。

既由苛勒的理论而推阐其结果，现在应将扬舒的假说加以详细的讨论。

若用一种方法，使动物练习区别两种物体如甲和乙——例如 234
以光度为区别的参考——且使他常取乙而舍甲；如此之后，假使又作一种决试的实验，以乙丙呈现于动物之前，而使丙之异于乙和乙之异于甲者相同，那末就大多数的例子而言，都是丙当选而乙落选。这是我们所已知道的。照苛勒的意思，若要解释这些实验的结果，我们可以说动物受练习时，其反应不针对乙的绝对的存在，而针对甲之于乙的关系因此丙之于乙所有的完形，和乙之于甲所有的完形依旧相同。换句话说，两种邻近的颜色不至于看成两相独立，而看成有一种可以限制甲乙特性的内在的关系。这句话和这个现象的描写恰相符合，因为在相类似的情形之下，由内省看来，这种经验的最特殊之点是这两个颜色的“合体”（“togetherness”），而不是这两个颜色的各自独立。[①]

这个论点的消极的方面——如“绝对的”训练不及“完形的”训练的有效——是研究者所共承认的；但是其积极的方面——如以完形的机能为很原始的作用——则为多数人所否认，而代以另一种解释。

观察比较作用时所有特殊的现象，当推叔曼（Schmann）为第一人。譬如继续地比较两个圆周或长短不同的直线，两眼若由较小的物体，而及于较大的物体，则视野中有一种扩大的现象；反之，两眼若由较大的物体而及于较小的物体，则视野中有一种缩小的

① 苛勒，*StF*，第 13 页。本书第 156 页曾详引其文。

现象。假使我们以光度的辨别代替大小的辨别。其相伴而起的结果,则为光的过渡的经验,或暗的过渡的经验。我们正在讨论的假说,对于这些实验的结果,以为动物实以这些过渡的经验为反应的参考。“训练母鸡,允许它反应中和灰色,而不许它反应深灰色。
235 它实际上所学得的,就是无论何时,只须有光的过渡的经验,便可得食的允许。”[①]在试验的实验中,动物之所以用“完形”,而不用“绝对的”颜色,以为选择的参考,就因为由乙至丙的过渡的经验和由甲至乙的过渡的经验相同。这个理论之所以有别于苛勒的理论,是由于叔曼辈仍保留感觉的旧概念;不过加以过渡的经验的新概念,以使它和比较说的结果相符合而已。这种办法是我们所常看见的;有什么新的事实,不能用老学说解释的时候,往往不于老学说的正确上有所怀疑——因为它已根深蒂固了——而仅加以补充,而使它适合于新的事实。

现在请将这个特殊的补充加以更切实的研究。过渡的经验附加于“感觉”之上,而感觉则依旧不变。我们纵使像扬舒和彪勒们,可以由过渡的经验,推想而得这些绝对的元素之间所有的关系;可是感觉和感觉的关系仍完全是外表的。扬舒且更进一层;因为他引用布伦瑞舒(Brunswig)的话,说过渡的经验“既不是这个物体的属性,也不是那个物体的属性,所以游离于二物体之间”。[②]这句话有什么具体的意义?或由此究竟可以得到什么推论?扬舒可没有告诉我们。但是因为过渡的经验说,实际上和完形说不同之

---

① Jaensch,前引书,p,24;参看 Bühler,*GE*,p. 174;又林德乌斯基的意见,见 *Stimmen der Zeit*. 97,pp. 64f。

② Jaensch,前引书,p. 21。

点，就是过渡的经验说只以为 AB 二种绝对的经验之外还有一种过渡的经验 T 作第三种内容，加在那两种内容之上；这是我们所须注意的。由这一点，可见 T 和 AB 相同，都可以组成联想。其实 236
林特乌斯基也曾用同样的词语，陈述这个假说。但是扬舒说 T 游离于 AB 之间，那就成其为新说了；因 A—T—B 变成协和的整体，这个整体本身的性质便不得不加以说明了。这不就是苛勒所说的“此物对于他物的关系”吗？这不就是苛勒所说的二物的“合体”吗？

但是扬舒也许可以驳辩以为过渡的经验，是可以观察的材料。但是除了在实验室中不自然的状况之下，可以观察这个关系，或由甲至乙的升降外；谁能看见在自然状况下所发生的过渡呢？但是过渡若发生于自然的状况之下，那是我们所不能见的，因为我们所要注意的是“感觉”，所以只看见 A 和 B，至于过渡的感觉，则只现于十分特殊的情形之下。但是这个问题开头便错误了，因为这句话在心理学上是说不通的。我们若以为两种颜色在意识中发现只是这边一种颜色和那边一种颜色，则其误谬便等于说图 14 的图形只有一条直线和一条横线了。其实我们在这个图上所看见的为一个角度。所以就两种颜色而言，我们所看见的为合体，为完形，用不到什么过渡的经验。万一若有什么过渡的经验，也常先有完形的存在。[①]

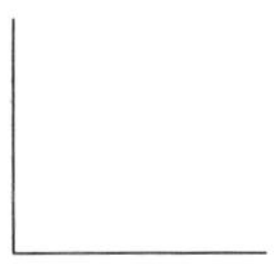

图　14

① 据扬舒的意思（第 20 页），过渡的经验“和林克（Linke）、惠特海墨及考夫卡所描写的运动的现象同其种类”。但由我们看来，这些运动现象只是完形的特殊的现象。并参看惠特海墨的著作 Experimentelle Studien über das Sehen von Bewegungen。

关于过渡的经验说，还有下列的一种困难。我们大多数不知道有这些经验，所以要懂得这些经验，便须作一种“缜密的心理学的分析”。我们究竟有什么理由，以它们为比较作用的主要的成
237 分？更有什么理由，说母鸡也有这种经验呢？

主张这个过渡经验说的学者，对于这一层困难曾作过一次答辩，以为有些感觉的印象虽很微弱，而不足以引起注意；但也足以限制我们的判断。扬舒且举深的知觉的实验，以拥护这个假说。假使一个人以一只眼由管里看一条线，线的进迟便很容易看见。网膜上的表象就随线的运动而改变其阔度——线近则表象较阔，线远则表象较狭。假使我们照喜勒布兰(Hillebrand)的办法，把线换为一个不能以位置变换而使网膜的表象发生变化的物体——例如在视野中的帘幕的锐边——那么纵使有很大的移动，也不能引起注意。因此扬舒说：“就线而言，随线的远近而起的网膜表象的大小，作判断唯一的根据。网膜上的变化虽很微弱，而不能直接看出大小的增减；然仍可为判断距离的标准。过渡的经验也是如此……它的印象虽很微弱；却也可为判断的根据。”[①]我们要知道这个说明又含有“注意”的一个不妥当的概念。其实这些事实可约述如下：网膜表象的阔度的变化，不必就引起意识中阔度的变化；因为在某种情形之下，网膜里的这种变化可在意识中引起距离的增减。然而这个判断的中间物，或意识中所注意不到的阔度的变化，只是一种假说，一种在原则上不可证明的假说。[②] 我可以举一

① 前引文，第 28 页。

② 参看苛勒的著作 Zur Theorie des Sukzessivvergleichs und der Zeitfehle。

个相类似的例子,即属扬舒,也得承认我们的解释的效力。网膜表象的增加,常可以使相当的物体加大;但是概括地说,现象的增大 238
往往落后一点,不能和实际的增大相比拟;因此,物体似向我们投射,于是乃愈明了而显著。最好的说明可用看望远镜为例。在戏园里看望远镜,其所看见的物体,并没有改变其大小和距离;可是其明了的程度却增加得异常可惊。就这个例子而言,大可不必将经验分析而为不可观察而可影响判断的成分。扬舒自己对于相类似的现象的研究,虽未假设什么不可注意的感觉;却也曾有很大的贡献。所以要解释现象的大小,大可不必引用这些假说。那么过渡的经验所借以证明的论点,可也不能成立了。

我们若研究彪勒的论点,也可以得到相类似的结论。过渡的经验,彪勒以为"好像是听响乐(clang music)的倍音(overtones)——必得加以一种训练之后,才可觉得到那些平时所不会注意的经验"。[1] 所谓响乐的分析,或听响乐而注意其一部分的乐音,常用以说明不可注意的感觉的存在。但是据苛勒及阿柏哈特(Eberhardt)的证明,我们对于事实若已作细密公正的研究,便可见这个解释之难成立。[2] 因为响乐的分析不自然地引起某种乐音的现象,而且只是引用特殊方向的注意之后,才可发生这种现象;在平常的状况之下,则决不存在。这种注意的技术虽可加以练习,

① *GF*,第 187 页。

② 参看 Köhler's "Akustische Untersuchungen", Especially III and IV, "Vorläufige Mittlg.", *Ztschr. f. Psychol.*, 1913, 64, pp. 99f. and III,同上,1915,72,pp. 121f;又阿柏哈特(Margaroce Eberhardt)"Uber die Phänomenale Höhe und Stärke von Teiltönen", *Psychologische Forschung*, 1922, 2, pp. 346f。

239 以期容易听到倍音；然而这个事实，却并不稀奇。彪勒以为心理学者在实验的状况之下，对于过渡经验的观察若已有过练习——如此较距离时所有的过渡的经验——则于平时也可觉得这些经验。可是这也不足以证明他的假说。赫尔姆霍斯(Helmholtz)听复音的音乐，曾大受其所惯于分析的倍音的扰乱。

所以响乐分析的比喻，也不能打破这个假说的困难。但是假使我们(参看第236页)以为在特殊的情形之下，完形的现象本身内可发生过渡的经验，那末所有一切困难都可烟消云散了。因为在这些特殊的情形之中，确有和听倍音时相类似之点；不过这个类似之点，现在和我们的理论相合，而不相背了。换句话说，我们实没有理由可以假定过渡的经验，于不可以观察之处，却仍存在；即使在这些过渡经验可以观察的时候，其原来的经验——完形的现象——非但不曾消灭，而且依旧不变，恰像我们听一个音的倍音的时候，其在响乐中的音色依然如旧。

在意识的现象内若看不出过渡的经验，那末我们便不必引用这些经验，以解释这个现象了。上面的讨论，就是要读者相信这一点。无论如何，远较简单而远较明显的说明应为完形说；而且就事实论，完形说也较易成立。因为心理学的研究进步之后，更有许多

240 实例，只足见其完形的势力，却不能视为过渡的经验。我只须举一个和前所举的两种灰色实验相类似的例子。譬如我们要知道在某种光度的灰色之上，究竟加上多少颜色，才可看出它是有色的。加上颜色而至于可以看出的最低限度叫做“色阈”(colour-threshold)。我们将要知道整个现象的完形对于这个色阈有显著的影响；因为色阈不仅看那个搀杂颜色的灰色的光度而变，而且用

以放置这个灰色的另一灰色的背景的光度。也可使色阈受其影响。灰色和其背景若有同等的光度，则色阈最低，需要极少量的颜色搀杂其上。假使在这种同光度的背景中的中和灰色之上，加上最低限度的颜色，而使它刚刚可以看出；然后将背景变为较淡或较深的灰色，那刚可看出的颜色立刻便可消灭。这个结果可概括起来，而为完形的一个法则，说：一个区域和其背景的光度，其完形的差异愈大，则其色阈愈高，而产生一种颜色的完形也愈加困难。[①] 因此，我们可见过渡的经验纵使完全缺乏，而颜色的完形则依旧有效。

我们所以讨论这过渡的经验而不厌其详者，乃因为它在系统的心理学内占一重要地位。现在我们乃可应用这个过渡的经验说，以解释动物的实验。

在动物面前放两种灰色，A 和 B，而 A 淡于 B。动物由 A 看

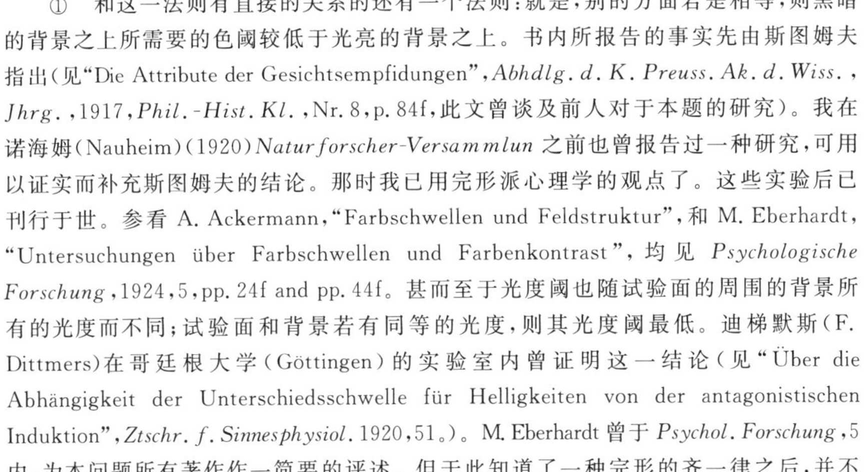

① 和这一法则有直接的关系的还有一个法则：就是，别的方面若是相等，则黑暗的背景之上所需要的色阈较低于光亮的背景之上。书内所报告的事实先由斯图姆夫指出（见“Die Attribute der Gesichtsempfidungen”，*Abhdlg. d. K. Preuss. Ak. d. Wiss.*, *Jhrg.*，1917，*Phil.-Hist. Kl.*，Nr. 8，p. 84f，此文曾谈及前人对于本题的研究）。我在诺海姆（Nauheim）（1920）*Naturforscher-Versammlun* 之前也曾报告过一种研究，可用以证实而补充斯图姆夫的结论。那时我已用完形派心理学的观点了。这些实验后已刊行于世。参看 A. Ackermann，“Farbschwellen und Feldstruktur”，和 M. Eberhardt，“Untersuchungen über Farbschwellen und Farbenkontrast”，均见 *Psychologische Forschung*，1924，5，pp. 24f and pp. 44f。甚而至于光度阈也随试验面的周围的背景所有的光度而不同；试验面和背景若有同等的光度，则其光度阈最低。迪梯默斯（F. Dittmers）在哥廷根大学（Göttingen）的实验室内曾证明这一结论（见“Über die Abhängigkeit der Unterschiedsschwelle für Helligkeiten von der antagonistischen Induktion”，*Ztschr. f. Sinnesphysiol.* 1920，51。）。M. Eberhardt 曾于 *Psychol. Forschung*，5 内，为本问题所有著作作一简要的评述。但于此知道了一种完形的齐一律之后，并不要放弃了绝对的物理化学的解释，和米勒的色觉说；因为完形的一致律也是物理化学的——读者如曾读过苛勒论物理完形的书，这一句话便不言可喻了。

241 到B的时候，便觉得有由明而暗的经验；由B看到A的时候，便觉得有由暗而明的经验。因为B的灰色是允许它反应的，所以训练的结果，就是使某种行为和由明而暗的经验之间成立一种关系。但是动物究竟有由暗而明的或由明而暗的过渡的经验，就看他的视线往哪个方向去。因此问题便发生了，就是他为什么在两个过渡的经验中，取其一而舍其他呢？研究这个问题的人，以为这是很容易答复的；反至于对于本问题没有加以周密的考虑。训练说对于这一点，只能有一个答案。照这个理论来讲，母鸡有由暗而明的过渡的经验时，它的眼和头部都由B而移至A。因此，它的头针对着A，而错向A处啄食了。反之，它若有由明而暗的经验，那末它由A而至B，啄B而得食了。这就是说，母鸡之所以可用这个方法训练，就是因为“适当的过渡的经验可以使母鸡的头部靠近当啄的灰色而远离不当啄的灰色”的这个客观的条件。因此我们又复遇到一种机械的解释。这个解释是否有效，却很可怀疑，所以我不相信它能够说明母鸡实验中所观察而得的事实。[①] 第一，我们竟不得不把母鸡的工作当作一种自动化了。请先讨论苏丹和他的双条竹竿罢。他的行为何尝是训练的结果呢？苏丹从未经过一次尝试，便以左手拿粗的竹竿，右手拿细的竹竿。[②] 所以林特乌斯基说“第一次的成就（指对于粗细竹竿的辨别）既可用过渡的感觉为
242 可能的说明，便不能视为有顿悟”的时候，[③]我们可以告诉他那个“可能的说明”不仅本身不能成立；而且就这个特例而言，也可算是

① 这和苛勒对于母鸡学习的描写（参看 *OU*，第59-60页）确不一致了。

② 苛勒，*I*，第92页（129页）。

③ *Stimmen der Zeit.*，1919，97，p. 66.

完全失败了。

我们对于这个问题的讨论，已足使这些完形机能的原始性的概念，不再为人所攻击了。所以我们可顺便将前章所讨论的问题重复提起。完形的机能倘果为原始的，便也应见于本能的原始的行为；其实事实上也属如此。我们前曾说过（见前文第100页），引起本能动作的刺激不必引起“简单的感觉”。例如蜘蛛见蜜蜂来便逃，无论蜜蜂的位置怎样。要解释这种行为，便须说蜜蜂的位置虽有种种的不同；可只有一种很简单的完形的机能。因此，我们的问题便在于研究这些原始的完形的特性。

八　彪勒的发展的分期与完形的原则

我们已说过学习常带有新的成就，而我们所讨论的那种学习，则可说是带有顿悟的；但是此外还有许多较低等的成就，也须作相类似的解释。

于是我们又和彪勒相反了。因为彪勒对于有真正顿悟的成就，虽不否认；他可提出一种发展分期的理论。较高的为智力期，有发现的能力；较低的为训练期，仅赖有联想的记忆；更低的为本能期。彪勒相信本能和训练各有其利弊。本能动作第一次便可精
确完满地实行，这是本能的优点。训练的优点，在能适应生活特殊 243
的环境。但是“不可变性”为本能的缺点，“惰性”则为训练的缺点——譬如习惯的学习是一种迟缓的历程。彪勒称最高期为智慧的学习，他以为兼有低等各期的优点。[①]

① *GE*，第2页以下，第408页。

彪勒的三分期对于心理发展的了解颇有贡献，除微有欠缺外，他的假说我们完全可以承受。第一，我们要问，这三个时期彼此间有什么关系？我们或许可以说，它们代表三种不同的行为；但是假若如此，则旧的机能外，如何加上新的机能，便不易领悟了。据大家较相一致的意见，联想的学习论和本能论，总有密切的关系。目前大家似以为本能和习惯的行为，由于神经系统中枢的器官中有确定联接的路。这些神经路就本能言，是不变的；就习惯言，是可以改变的；这个区别有时视为进化的区别，以为本能乃只是祖先所习得的习惯。[①] 尤有进者，即由彪勒看来，本能的成就和训练的成就，基本相同。二者都有恃于某种联结；惟就前者而言，那些联结是先天的，不变的，至就后者而言，则为习得的，可变的。但以智力为另一机能那是彪勒所特有的见解。有些人要将智力还原为联想
244 的结果，我们虽不得不否认这个假说；然而我们应承认以一个单独的原则为各种行为的解释也确有相当的便利，因为它可以使我们不必假定三种不同的反应的模型。这个单独的原则，由我们看来，就是完形的原则，无论其解释本能、习惯或智力，都常占主要的地位。所以行为的本身和其内在的“闭合的现象”及其确定的方向，为各种解释的要点，正像它已经帮助我们说明本能和反射的关系。完形的原则既解释智慧的动作而有效，移转来便可解释较低级的行为了。这完形的原则和平常解释最原始的行为时所采用的手续虽完全相反；然决不许有拟人说的意味——譬如以狗为最愚陋的人，和以人为最聪明的狗，其失相等；因为只当我们知道狗的行为

① 参看彪勒，*GE*，第 50 页。

和人的行为有什么共同之点,才可描写而指定人和狗的差异。我们要认定智力、习惯和本能有赖于条件不同,作用相异的完形的机能,而非有赖于随需要而发动的不同的器具,如彪勒之所假定。[①]我们现在乃可讨论如何可解释这些不同,又如何始有彪勒的那些区别。

彪勒以为习惯有“惰性”,现在可先从这个“惰性”说起。机械的学习为什么比智慧的学习需要较长的时间呢?我们对于这个事实,究将如何解释?即就鲁格尔的实验(参看193页以后)而言,它们虽和训练的实验相类似;然而也只是懂得那侥幸成就的动作之后,其时间曲线才可低落。这个结果,和苛勒对于动物的选择实验 245
所说的话相合:“我们若以试验的时间和次数,或黑猩猩及母鸡所做的工作,归因于(某种完形和某种反应间的)联想结的成立,那末我们就把动物重要的成就看得太低了;因为黑猩猩在‘选择训练’时的主要的工作乃在发现其行为所可利用的物体的关系。”[②]某种反应和某种刺激的物体之间在未有联结之前,这些物体应为动物的现象界中的要素。动物的总环境不仅含有主要的刺激,也复含有其他。总括起来,这些刺激决不能引起妥适的现象的组织,除非知觉者和实验者相同,也知道他所从事的究竟是什么一回事。因为动物的视野和实验者不同其组织,所以我们没有理由可假定其仅有刺激情境便可予相当的反应以必要的联结。

这个结论可证以学习曲线或动物方面的正误反应的次数。正

① *GE*, pp. 342 and 447f。

② 苛勒, *StF* 第51页,又 *Pedagogical Seminary*, 32, pp. 678f。

确和错误的选择，其初虽彼此相随全碰机会；其后却忽然有一种变化，使错误几尽消灭。例如在基加实验时，没有那种变化之前，50 次选择中有 25 次选错；而有了那种变化之后，只有 4 次错误。这种行为，耶克斯实验猩猩，桑戴克实验猴子，弗朗克（Heleno Frank）实验婴儿和幼年的儿童，都曾加以记载，和智力测验中的
246 真正的解决相当。苛勒的推论且复可证以下面的一个观察：“苏丹对于不同的各对物体学作不同的选择，其次数若愈增加，则其对于材料不甚困难的新问题的解决也愈便捷；其他动物都莫不如此。”①

习惯的学习其所以需要较长的时间，乃因为体外环境的情形，或动物体内的组织，没有立刻领会完形的可能。一方面，为欲改进机会的不妥适的条件，以组织现象界，便不得不有赖于重复的演习。他方面，训练所需要的组织多属任意而无意义的——例如无意义的音节——所以其内部的联络乃不得不薄弱，只是反复演习才可稳固。完形既经引起之后，则由重复演习而使行为更稳健而易有效力。但是重复“可增进某种联络”的一句话仍属错误；因为完形呈现之前，重复实仅为外面条件的重复，而在完形呈现之后，重复则为完形的复新。

这个假定似较符合于已知的事实。譬如我们都知道一种纯粹习惯的成就，如对于无意义的音节作机械的学习，不得不有一种“综合的领会”，②将各成分联合起来，而成一个协和的整体。这种整体的构造，常成为有调节的各组；但是我们大概的意思，是说若

① *StF*，第 85-86 页。

② 参看 G. E. Müller，“Zur Analyse der Gedächtnistätigkeit und des Vorstellungsverlaufs”，I，Erg-Bd.，5，d. *Ztschr. f. Psychol*，1911，pp. 332f.，372.

要学习一种材料，其材料须先取得一种组织，[1]而组织形成的各种便利，也就是学习的便利。同理，亚尔（Aall）所视为记忆的要素“握住作用”（the“moments of grasping”），也不难释为学习对于其所学习的材料引用其所熟悉的完形的原则的结果。[2] 昆氏（A. 247
Kühu）在柏林大学的心理学实验室内，曾作过一种研究，得到下列的一种有趣味的结果。我们都知道学习一组看见的字，或一组无意义的音节时，学习者不仅以诵读为限，而且无意中立即开始背诵了。因此他一方面可预期其未来的字或音节，一方面可又回忆其已往的字或音节。你若不许他利用背诵的方法，他便觉得不能学习，无论其反复诵读究竟已有多少次数。其实在这些特殊的实验中，单凭诵读次数的增加，反似有碍于记忆；因为仅仅读习的次数愈多，其后背诵的次数也愈增加才可学成。所以背诵之所以有效，“**在对于材料可因此而作更重要而方面更多的组织**”[3]勒温（K. Lewin）在同一实验室内作精致的实验，结果得结论如下：“学习的历程不能视为各部分间的连结。……学习者不在学习音节，而在对于指定的刺激作一种明确的反应。……**现在练习的方法就是将来重复记起时所须采用的方法**。”[4]

① 同前，III，Erg.-Bd.，8，1913，p. 210f。

② 参看 A. Aall，“Ein neues Gedächtnisgesetz”，*Ztschr. f. Psychol.*，1913，68，p. 43f。

③ 参看 A. Kühn，“Über Einprägung durch Lesen und Rezitieren”，*Ztschr. f. Psychol.*，1914，68，p. 396ff，特别是 pp. 443，473f。

④ 参看 K. Lewin，“Die Psychische Tätigkeit bei der Hemmung von Willensvorgängen und das Grundgesetz der Assoziation”，*Ztschr. f. Psychol.*，1917，77，p. 245；和“Das Problem der Willensmessung und das Grundgesetz der Assoziation”，*Psychol. Forschung*，1922，1 and 2，pp. 191f and 65f。

所谓“组织”(the“*working-over*”)和所谓“方式”(the“*way*”)——这些名词都等于我们所称的完形。所以一经参考机械的学习历程所呈现的事实,我们就得断定,**一切学习都须引起完形的模型**。

试误的原则或频因律的原则,既不足为学习的基础的原则,可248 见没有构成完形以前的重复演习,纵没有积极的妨碍,也不能产生效果。就广义说,练习就是完形的构成,而非联结的力量的增加。

我们对于彪勒的发展期的概念,也可以有稳固的生理学的基础了。在本章内,我们曾一再看见联想的生理学理论的困难(见前文第173页以后)。我们也已经知道行为主义者因为要打破这个困难,遂如何不复以联想的要义为个体在经验中所成立的联结。其实在二十余年以前,冯·克黎斯(von Kries)曾说过联想的引起不得仅以神经路的假说为解释的根据,不得仅以为神经的激动沿固定的神经路而通行。先天的联结,即假定其数目很多,也不能解释其所成立的联想何以有如此不同的性质;因为冯·克黎期和柏赫(Erich Becher)对于神经路的假说,还有许多旁的批驳。[①] 逢克黎斯以为神经路的假说,不仅够不上解释成立联想的问题,且够不上说明“联合的结果”(associative effects)和“概括”(genoralization)等问题。就“联合的结果”说,冯·克黎斯的意思,尤其是指空间和时间的图形的问题。譬如两线相遇便成一个角度,而各线本身则仅为一线。所以二线联合的结果,不是各线联合的结果的总和;而这个新产品,就不是神经路的假说所可解释了。就“概括”说,冯·克黎

① 参看 J. von Kries, *Uber die Materiellen Grundlagen der Bewusstseins-Erscheinsnungen*, Tübingen und Leipzig, 1910; and Becher, *GS*, pp. 161—327.

斯所举的学习的一种事实，就是我们讲本能时所曾讨论过的；就是心理上相类似的历程（就形状和结果说），在物理上可完全不同。譬如看过一个图形之后，这个图形无论如何改变其位置大小和颜色以引起不同的神经路，或使其整个历程发生的情形，前和后异，但是我们对于这个图形仍复认识。其实一个物体反映于眼官时所 249
取得的位置、大小和颜色，决不至于有两次完全相同的。这种变异实很普通，就一切学习说，都莫不然。冯·克黎斯的结论和我们的结论相近。他说：“由多方面看来，学习总不能算是神经路发展，而将不同的部分联合起来的一种事实；而只能释为整个区域的构成作用，而予各部分以共同存在的便利。”[①]冯·克黎斯要成立这个原则，于是把这些现象视为细胞间的活动。

关于成就的概念，冯·克黎斯和我们甚相近似；所不同者，他以学习的成就归功于个别细胞，而个别细胞的作用因此只可视为共同存在的，虽然是互相适应的。至于我们则以为其要点，乃在于有关系的整个区域的历程。柏赫说，无论哪一种假说，假使把这些机能限于一个单独的细胞之内，则其假说决无成立的可能。[②] 因此他以为生理学的理论，决不能予记忆以完满的解释。但是惠特海墨的完形的生理历程说，却能避去上述的困难。近来苛勒于其讨论物理的完形的书内，且以为这个假说可应用于物理学内。尤有进者，拉施里[*]（K. S. Lashley）曾做过许多实验，结果和我们的学说全相一致。拉施里的实验，系将鼠和猴子的脑的某部分取去， 250

① 前引书，pp. 41-42。

② *GS*，第 284 页以下。

* 原译为“拉舒勒”，今译“拉施里”。——校订者

然后试验其学习和记忆。我们不必详述，可仅引拉施里的结论如下："当习惯成立的时候，便起有一种确定的构造上的变化，这个变化有特殊的位置，且可因脑伤而消灭。学习的历程是不需要轨迹的，至记忆的压力或痕迹（the memoric press or engram）则有一个确定的地位。"（着重点是由我加的）[1]

这些新学说和新结果，既表现于世，于是反对联想的生理学的理论不必便迫使我们承认心理的生机主义了[2]；却可替我们开辟了一条新路，好用神经系统的物理的完形以作联想的解释。这些完形前曾帮助我们解释本能的活动；现在对于解释智慧的成就，也将可有特殊的价值。所以本能，习惯和智力，不是三种不同的原则，乃是以不同的形式，表示同一的原则。

彪勒所侧重的智力和习惯的区别，或习惯的"惰性"，现在可容易说明了。我们在次一章内，对于这一点将更有详述的机会。至于习惯和智力所共有而和本能不同的标准——即适应体外环境的能力——则可易使和我们的假说相合。前章所说过的不可变的倾向和可塑的倾向所以区别的标准，应视为完形机能的一种特点；有些完形若已为个体先天的组织所规定，则第一次发现时，便已有效力，至于他种完形，则没有如此明确的规定。可塑的完形是否发生，或如何发生，将有赖于特殊的情境；但是本能的完形则应为同种的各个体所同有而不变。因为有这些状况不曾确定的完形，所以各个体才有显著的差异。

---

① 拉施里的研究的摘要及各种参考书，请参看 E. C. Tolman，*Psychol. Bulletin*，1927，24，p. 6。

② 美国行为派心理学者竟于这种批评视若无睹，未免令人惊异了。

动物的神经系统，为行为的主要的条件，其变异实甚为巨大。结果行为的种类甚多。请先讨论这个系统中的感受历程，据上文的讨论，这些历程为决定行为的要件；而它们的联属和分化于此乃复有许多种类和程度的差异。一个神经系统若只能有低级的联属和分化，便也只能有低级的变异。于是物质环境中所发生的变化， 251
其感受历程遂多不能接受了。严格地说，一个动物的智力系于其感受历程的完形的属性。为欲使当时的需要作聪明的满足，则动物的现象野不得不随其需要及其物理的区域而改变。为特殊的目的，虽不难规定智慧的标准，但智慧究以何时为始则殊无规定的可能。我们不能说智慧起于本能消逝之处；因为这便未免太重视本能的不变性了。研究昆虫的本能行为，可见本能初没有可和时计相比拟的精确，[①]我们的智慧的标准，其可应用于此，正与其可应用于人类的行为无异。

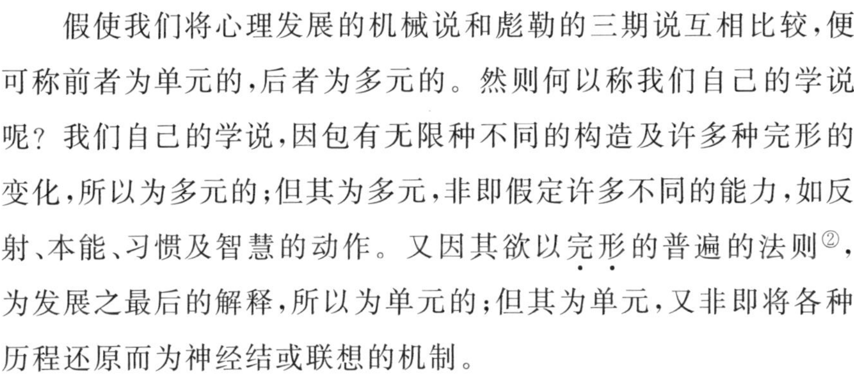

假使我们将心理发展的机械说和彪勒的三期说互相比较，便可称前者为单元的，后者为多元的。然则何以称我们自己的学说呢？我们自己的学说，因包有无限种不同的构造及许多种完形的变化，所以为多元的；但其为多元，非即假定许多不同的能力，如反射、本能、习惯及智慧的动作。又因其欲以完形的普遍的法则[②]，为发展之最后的解释，所以为单元的；但其为单元，又非即将各种历程还原而为神经结或联想的机制。

---

① 参看 E. Rabaud，“Recherches expérimentales sur le Comportment de diverses araiguées”，*Année Psychol.*，1922，22，例如，pp. 50f. 以及 especially the conclusion，pp. 59f；also the Pekhams，*Wasps*，*Social and Solitary*，Boston，1905。

② 此语取自拙作“Mental Development”，*Pedagogical Seminary*，1925，32，p. 673。

252 # 第五章　心之生长的特点

B　记忆问题　儿童的学习

一　记忆的机能与其初次的呈现

学习有两个主要问题，我们已说过一个：就是成就问题。在没有将儿童的习得详细讨论之前，我们还得提出第二个问题，就是记忆问题。

说起日常生活的记忆，往往想到自己如何因想象作用而将已往的事实重复记起，譬如想起近来刚死的一个朋友，好像是在眼前看见；而且听他以从前的声音来谈话。这种记忆的特点，就是附有一个**过去的符号**的一种现象。我们所想象的经验，从前若实际发生于某时，便有某时为其标记，例如在昔年轻的某时——且空间的位置也没有更改——譬如在某森林之内，或在某湖之上，或在柏林某处，或在阿尔卑斯山上，或他处。这种记载内所有时间和地点，或很明确，如说正在我考试的那一天，在试验室的门边；或者其所
253 指的时间，只能说一个大概，譬如说当我在某校作学生的时候。总之，都不外为以前经验过的事实；至于时间和地点虽未指出，却也

不失为记忆。譬如我们可记得起开普勒*的法则(Kepler's laws)，或能够解决一个特殊的问题。后一种的记忆，就是我们解决问题可不必记得某时某地学得其法则。总之，凡是因为已往的经验，而能解决目前的问题，或背诵其法则而没有参考书籍的必要，我们都称之为记忆。[1]

但是记忆之所以能使我们离开现在，还不仅由于记忆过去，还因为可以预知将来。譬如见电光而期待雷声；听到戏院内的铃声，而期待戏之开幕。期待未来就是记忆的进一层的成功。但是这个期待不必常有赖于记忆，那是第三章内分析本能的反应时已经说过的(参看第104页以后)。讨论本能时所得的结论也可用以概括智慧的反应。那时所谓完形本包含有“时间展延的模型”(temporally extended patterns)。当猩猩把箱子拉到悬空的手杖之下的时候，他的动作已有要达到目的的意思，因为要达到他的目的，便须用到手杖；虽说他也许没有这种已往的经验。这个问题第一次解决的时候，每一“部分反应”都作为整个解决的分子。知觉的经验可以为此说明的例子很多：譬如听一种完全没有听过的曲，不久便可预料其应如何向前进行了。

但是记忆和期待若如刚才所说的，则尚不足以尽举记忆的机能而无余。我们已以为记忆可离开知觉——如“非知觉的”现象，或“记忆的表象”(memory-images)。不过记忆还有另一重要的机 254
能，在知觉作用中才可显出。譬如我上街了，看见许多陌生的人；

* 原译为“刻卜勒”，今译“开普勒”。——校订者

[1] 克拉帕累德称这种记忆为“亲热的知识”(*avoir familier*)(法文版，第190页起)。

但是这边有一熟悉的面孔，那边又有我的朋友某甲，再远一点又有昨天在电车内站在我的旁边的那个女子。所以看见的人物可因记忆而带有亲热的性质(character of familiarity)，而这种亲热性的明确的程度则极有差异：由仅仅面熟的样子，如刚所举过的第一例，而至于完全认定的程度如第二例；或者那亲热性含有记忆的性质如电车中的女子，或且含有期待未来的性质。

这种知觉的成功，不必以个体的辨认或认识为限。因为我们知道玫瑰花为玫瑰花，粉笔为粉笔的时候，我的知觉的现象所有重要的性质大半受记忆的影响。要想懂得这个事实，我们只须看一个新的工具，如何因日常握弄的结果，而改变其外形——或竟至于改变本相。——所以知觉的全范围都为记忆所贯穿，那是不必怀疑的。记忆的这种效力实附丽于那些所觉知的物体之上，所以和前所述过的“记忆的表象”相反。

然而记忆的成就尚未尽举于此。因为我们前所说过的，乃以行为的内的方面为限——即经验的现象——然而客观的行为也到处受记忆的支配。我只须拿前章所举的例来说。假使我在悔中而未溺毙，那是由于我少年时学得游泳的缘故。就此例说，记忆作用
255 完全不赖恢复的经验的帮助。因为远在我考虑决定之前，我的手臂脚腿已有其相当的反应了；到了浮在水面而吸进多量的空气之后，我也许以为这个动作或那个动作是有用的，或熟练的，于是我乃调节我的游泳。记忆还因此而影响动的行为。然而游泳的进行系在召回过去的经验之前。所以记忆的成就可分三层：

(一)有意识的参加，而其意识明确的程度则颇有差异。

(二)这种意识和知觉所发生的关系——就是其表象，是否为自由的或固定的。

（三）地点和时间的明确的种类和程度。

将这些区别记在心上，我们便可以讨论个人生活中记忆力的发展。由婴儿初生时的行为看来：（一）记忆的表象很少参加；（二）若有参加，也和知觉不可分离；（三）没有地点或时间的确定性。婴儿先完成一种客观的动作，其所附带而来的意识的程度纵使微乎其微，然不久便有学习的真正的成分。在经验上，这种记忆的成就，表示一种“亲热性”；或者如更早于此，也许表示一种“怪异性”；假使我们带一个未满半岁的小孩到一个陌生的房间里去，那小孩的行为便有显著的改变。他的眼睛张开，惊异地往四面看；等到他回到熟悉的环境之后，其惊异的神情也便消失。我们可由其对于新环境的惊异，而推知他对于旧环境的记忆；但是这种惊异的基础已早存在，因为他虽永远没有被人带入新房间之内，他的记忆也应依旧如此。这种记忆的影响，将如何解释呢？或者可由原始 256
经验所有“背景”和“图形”的区别中，求其最好的答案。由于熟悉的环境而产生的记忆的影响，可解释如下：意识的“背景”其所得有的特性，是一种比较固定的平面，在这个平面之上乃有各种现象的发现。这个平面若有改变，惊异便随之而生。在心理学上，这**平面**的概念应用甚大；环境的改变，其影响是否仅及于这个平面，或且及于这平面上所产生的种种性质或图形，那是很有差别的。

在婴儿生后的半年之内，若看见母亲或其他熟悉的人，我们便看见他有微笑的表情；反之，若和陌生的人相接触，我们便看见他有躲避和不快的表情。此处意识的参加显然比较地多一点：因为一方面，其反应不再仅取决于背景；他方面来说，对于生客所有消极的反应，和对于熟人所有积极的反应相反。

若由此再进一步，则于熟悉之外，加以前所未有的时间性——这就是对于将来的期待。或者我们可称它为一种向前性；因为如苛勒之所证明[①]，位置于现在确相联系的事件之外的“将来”和仅为这种事件的持续和终点的将来不同。苛勒的“将来”仅指前者而言，至于我们现在所讨论的则为第二种的将来。斯腾[②]以为期待
257 未来，较早于回忆过去；但是我想他将这些最初的期待叫做“观念”的时候，他就未免太轻易地使记忆脱离知觉了。试举例以明之。斯腾的女儿喜尔达(Hilda)生后才五个月，若以喂饲她的羹匙送到她的面前，她便伸出嘴唇来接；虽说她起初很难养成以羹匙饮食的习惯。我以为这种行为可说明如下，不必引用什么期待的表象。儿童已由学习而把喂饲的历程看作一个完形，而把羹匙看为这个完形中的“过渡的现象”的要素。换句话说，羹匙之为现象，实有一种可以脱离羹匙而独立的特性，也好像黑云不仅有黑色，而且带有威吓的神情，虽不必实际上使我们想到将要来袭的雷雨。

期待或觉得某物不在的意识，也好像熟悉的或新奇的经验，都用不到什么“自由的”表象。据先茵女士对于她的生后三个月的侄女的报告：“她对于一个活泼的女客人很是注意，不仅注视她的运动，而且看不见她的时候，还四面追寻。”期腾由此断定客人的印象其后应仍遗留下来，而为一较微弱的表象；但我于此却不能无疑了。先茵女士观察她的侄女时，那侄女年才三月，我想决不至于有表象，或脱离知觉而独立的现象的存在。我以为于此若要作更完

① 见 Zur Psychologie des Schimpansen；又 *The Mentality of Apes*，p. 276。

② *PC*，p. 110；又 Groos，*SK*，p. 34。

满的叙述，或者可以说一种很生动的情境忽然消灭，而代之以起的乃为一种“空白”的“欠缺”的现象。这个话颇为我所赞许，因为它和苛勒的观察不相违背：就是“黑猩猩所常有的动作之一即为对于 258
不在面前的事物的追寻”。我的狗也复如此，它常停止其游戏，以追寻其玩物，如球、石、骨头或饼干。凡此各例都表示目前的事件。[1]

“自由的”表象到底到哪一个时候才有，却很难确定。至于第二年之始便有记忆，那是无容怀疑的；而且因为有了记忆，遂可和过去发生初次的关系。我以为记忆最早和知觉相联；但是是否如此，则非目前已得的材料所可确定。[2] 而最早的“自由的”表象是否为期待的表象，也不易判断。不过最早对于过去的记忆很不明确，只是很慢地由不明确而成为明确，所以即就四岁的小孩而言，对于昨天的事也难有明确的记忆；至于昨天以前的一天，便更不必说了。此时对于往事只有一种模糊的印象，对于前后的区别，或今天和非今天的区别都不甚明了。空间的记忆如“这在柏林，那在伦敦”等，则较强于时间的记忆。其实各种记忆都是较大的复型中的成分，所以常带有其成分的资格。

没有时空关系的表象，如我们所用以援助思想的，则发展很迟，我不愿于此讨论那些所谓“幻想的表象”(images of fantasy)。当儿童了解故事而能陈说的时候——听述故事的年龄起于四岁[3]——其所有表象不能算是没有时间性的。因为他所用的表

① 除上一脚注所征引者外，并参看 Shinn，第 1 编，p. 22。

② 也参看 Bühler，*GE*，p. 318。

③ 彪勒，*GE*，第 335 页。

259 象，无异于其叙述他自己的往事时所用的表象。但是这些幻想的表象为一故事所引出，而不逆溯个人的经验；否则似甚类于记忆的表象了。

儿童的记忆逐渐发展，而扩充其所能记忆的时间。克拉斯和威廉·斯腾(Clars and William Stern)对于这个问题，会作过彻底的研究，觉得认识作用和真正的所谓记忆作用都有进步。认识在先，所以比记忆更为一种原始的行为。① 而且我们已经知道记忆的动机是逐渐发展的，因为记忆初附丽于知觉，然后才和“表象”相连。儿童对于他的记忆，初实为被动的；但是逐渐学得支配他的记忆，以致后来或自动地，或由于他人的质问，而能记起明确的事实。②

少年的记忆还有一种特点，扬舒和他的学生们对于这个特点曾作过很有价值的大规模的研究。③ 少年人有一种很特殊的视觉

① *EA*，第 3 页以下；*PC*，第 238 页以下；彪勒，*GE*，第 314 页以下。

② 参看斯腾，*PC*，p. 287；又 Köhler，*I*，pp. 56f(77f)；及苛勒 Zur Psychologie des Schimpansen，第 2 页以下；又 *The Mentality of Apes*，pp. 272f。

③ 参看 E. R. Jaensch，“Die Experimentelle Analyse der Anschaungsbilder als Hilfsmittel zur Untersuchung der Wahrnebmungs-und Denkvorgänge”，*Sitz.-Berd. Ges. Z. Bef. d. Ges Naturwiss*，zur Marburg，1917，No. 5；The same “Zur Methodik experimenteller untersuchungen an optischen Ans chauungsbildern”，*Ztschr. f. psychol.*，1920. 85；Paula Busse. “Über die Gedächtnisstufen und ihre Beziehung zum Aufbau der Wahrnehmungswelt”，*Ztschr. f. Psychol.*，1920，84。此后扬舒和他的门弟子发表了多量的著作，读者若要知其详，可参看扬舒的“Über die subjektiven Anschauungsbilder”，*Bericht über d. VII Kongress f. Exper. Psychol. in Marburg*，*Jena*，1922，p. 3-49；又克洛(O. Kroh)的 *Subjektive Anschanungsbilder der Jugendlichen*，Göttingen，1922；又我的评述，见 *Psychol. Forshung*，1923，3，pp. 124f。扬舒的散见于各杂志的论文现已刊行成书。

的表象和听觉的表象，因为他们能在短时间或长时间之后，自动的唤起一种感觉的印象，而且其明确的程度等于实际的感觉。在205个年龄10-15岁的男孩之中，有76%或37%都表示其有这种能力。扬舒名这种倾向为“遗觉表象（eidetic）的倾向”。这种“遗觉的倾向”究竟起于何时，我们还没曾知道；但是由已往的研究看来，则很年轻的孩子似也有遗觉的表象。扬舒所研究而得的种种结果，我们可择要记述。他以为即就“感官的记忆而言，也不是毫无选择地保留那些呈现于前的材料。这个成就实非仅系于呈现的次数和物体的坚持性，乃系于某一观点的选择”。客观性
(objectivity)的观点，就是这些观点之一。这个观点很是重要，“所 260
以研究颜色时，我们须放弃光学中所常用的手续，而采取花类等物以为我们的刺激。因为这些物体，能够引起最明确的表象；而同颜色的纸则否”。[1] 而且作这些实验时，有遗觉表象的人的知觉，也许像扬舒们所说的，是知觉和遗觉的表象（eidetic image）的混合物。扬舒甚而至于称遗觉的表象为原始的、未分化的单位，而知觉的、观念的及生理的后像都起源于此。关于这一层，我们不预备作学理的讨论；但由我看来，马尔堡大学研究的主要结果就是：少年人的知觉的完形甚为稳定，所以若有一部分改动，便可使其他部分受一深刻的影响，虽然其结果竟和刺激的条件全相背反。[2]

① 扬舒，*Sitz.-Ber.*，第64-65页。

② Busse，前引书，第43页以下。关于这个学说，参看本书第259页注③所引的拙作；又 G. W. Allport，“Eidetic Imagery”，*British Journal of Psychology*，1924，15，pp. 99f.，特别是 pp. 114f. and 120。

二　记忆的法则

我们既否认联想为各独立的部分之间的一种外的联结，当然不复承认通常所传的联想律——就是，假使有A、B、C……等现象，屡次同时或前后进入意识之内；又假使这些现象里头有一个单独呈现，便有使其他现象呈现的趋势；此外又引申出几种特殊的法则，以规定由此成分以引起其他成分的趋势的力量。我们现在觉得这个法则须改订如下：假使A、B、C……等现象再三呈现，而为
261 某一完形的成分；又假使这些现象里头有一个带有这“成分的特性”(“membership-character”)而重复呈现；则它将有以整个完形的其余成分，明确而完满的引为自己补充的趋势。至于重现到底如何受“成分的特性”的限制，则可以下例说明：譬如我要你想出一种植物的名称，内须含着一个“卯”字，你便觉得很容易地回我一个“柳”字；但如假使“卯”字缺乏“柳”的成分的特性，而我却要你于“卯”之上或下添几笔，而成植物的名称，恐怕你就不容易想到“柳”了。

但是“重现”这一回事，还可产生于他种情形之下。就我们刚才所举的例子而言，“柳”字的产生不仅由于“卯”字可加几笔而成“柳”；而且因为你想要依语言文字的相当的形式，由“卯”而构成一个相当的字。此处的“重现”，乃因整个的完形为指定的成分所引起的结果。所以由此而成的完形不必曾经经验过的，儿童的语言所以有许多为本国语言所没有，而为儿童本身所未曾听过的错字，就由于这个缘故。儿童以其所熟悉的构造的原则任意造字。斯腾夫妇对于这个问题曾搜集得许多材料，我们可于这些材料中选取

以下各例：

喜尔达·斯腾（Hilda Stern），三年又八个月——以 *vergurtelt* 一字代表“以带缚物”之意。

同孩，三年又九个月，以 *metern* 一字代表“以公分尺量物”之意。

君特·斯腾（Günther Stern），三年又十个月，以 *Maschiner* 一字为火车头工程师的名称。

同孩，四年又四个月，以 *dieben* 表示偷窃之意。

S. S. 二年又六个月，以 *es glockt* 表示铃响之意。[①]

这种“重现”，比前举的一种更少和旧式的联想相同的成分，但 262
在思想的发展和进步上甚为重要。塞尔次（Otto Selz）规定“重现”的法则和我们所采用的颇相类似。他由其所作过的实验，并以其他已知的事实为根据，以为假定许多独立的联想的集合，殊不足以解释重现的事实，虽然据他近来所刊布的第二卷，他的法则和我们的主题的关系实多为形式的而少为内容的。贝拿黎曾说过，塞尔次的学说在基本上仍复为机械的。[②]

因袭的联想说不仅包有联想的法则，而且兼包有类似的重现（reproduction by *similarity*）。心理学者固然以相似的联想，和接

---

① *SP*，第 362 页以下。

② O. Selz，*Über die Gesetze des geordneten Denkver laufs*，I，Stuttgart，1913；II，Stuttgart，1922. 贝拿黎（Benury）对于本文的批判，见 *Psychologische Forschung*，1923，3，pp. 417f。塞尔次拥护他的学说，以反驳我的批判，于是我又作详细的答复。参看 O. Selz，“Zur Psychologie der Gegenwart. Eine Anmerkung zu Koff ka's Darstellung”，*Zeitschift f. Psychol.*，1926，99，pp. 160f；又 K. Koffka，“Bemerkungen zur Denk-Psychologie”，*Psychol. Forschung*，1927，9，pp. 162f。

近的联想(association by contiguity)并称;但是那时联想系指回忆历程(prooess of recall),而不指观念和观念间所成立的联结。自有**重现**(reproduction)那个名词以来,心理学者便不应再讲什么相似的联想。因为据相似律的主张,现念 A 和观念 A^1 若很相似,则 A 和 A^1 虽没有已往的关系,A 也可引起 A^1;而且相似之点不是一种外的物质的关系,而为一种内的物质的关系,所以相似律不宜附属于联想论之下。因此,那以外的联结代替一切内的关系的法则,便于此动摇了。所以心理学者不断地努力想把一切联想还原为接近的联想,以屏斥相似的联想于联想论之外;但是事实方面又不许有这种办法。斯吕特(L. Schlüter)①在哥廷根(Göttingon)大学内,在米勒(G. E. Müller)的指导之下,做种种研究——米勒
263 是联想心理学的一个领袖——近来更证明有许多事实应附属于相似律。此外罗撒·海涅(Rosa Heine)②在同一实验室内研究,说认识作用不能仅以联想"结"("bonds" of association)来解释的。其实心理学者早就以为认识作用和相似的重现应有关系,我也曾说过这两种作用应视为一种更普遍的法则之下所有特殊的例子。③

---

① L. Schlüter, "Experimentelle Beiträge zür Prüfung der Anschauungs-und Übersetzungsmethode bei ber Einführung in einem fremdsprachichen Wortschatz", *Ztscher. f. Psychol.*, 1914, 68, p. 103f.。又我的 *Zur Analyse der Verstellungen und ihrer Gesetze*, Leipzig, 1912, pp. 343-360.

② R. Heine, "Über Wiedererkennen und rückwirkende Hemmung", *Ztsch. f. Psychol.*, 1914, 68.

③ 刚引的书第 344 页以下也载有书目。又参看前引惠特海墨的论文,第 252 页(注)。塞尔次在其书第 2 版(参看本书第 262 页注②)内反对类似的直接的重现。

这些事实确很难以联想论或其生理的基础来解释，我们知道冯·克黎斯(Von Kries)曾以相似律下的他种结果，为反对联想论的主要的根据。反之，完形的理论则困难较少，因为物理学中也有“相似的完形”。相似律的意义只是：完形如呈现过一次，便足以使相似的完形易于呈现。

因此关于记忆的主要的事实可规定如下：一个新完形若发生于客观的条件之下，生机体所有这种行为便多少可以保持下去。这些客观的条件若再发生，则那完形的呈现较初次更为便捷。纵使那些条件太不完全，仅足引起整个完形的一部分，或外部的条件改变，不能若初次的完备；然而前曾有过的完形依旧可以引起。

三　运动的学习：成熟与学习在走路动作中所占的地位

初步的理论问题既有些已可明白，现在可讨论儿童本身的发展，由前章开端所讨论的四点，举例说明如下：(参看第160页以后)

我们现在对于运动的学习，想不再作概括的讨论(参看第163 264
页)，而以走路的学习为一具体的例子。走路起于何时，或走路究竟以何时为第一次的成功，则随不同的个体而大异。大概地说，第八个月若开始走路，便可算得早；第19个月至第24个月间，若开始走路，便算很迟。有人说儿童学习走路，要走路当然是要学的；但是儿童的走路，果然由于学习吗？假使像詹姆士所提议，不许一个已学走的儿童练习走路以至数星期之久，到后来允许他作此练习的时候，他的行为是不是和他不受此种阻挠时一样的笨拙？他也许如此；虽然詹姆士所希望做这个实验的有心理学兴趣的鳏夫*，到现在还未有过一个。小孩子学走，其所以时间较迟而较灵巧者，实全由于成熟；其初次学走所以笨拙而不灵便的缘故，可算是半由于走路的运动中枢尚未充分发展，半由于骨和肌肉还没有完全发达。所以走路似乎是一种遗传的行为；这个结论和鸟类离开鸟巢，即能安稳地飞翔的事实相符合。这个走路的动作固然因练习而更完满，我们固然不能说一个肌肉没有损伤的孩子，在六岁前不许走路，六岁后第一次学走就能像其他六岁的孩子一样跑路；可是我们也不能由于这一点，而遂以为走路完全由于学习。因为成熟需要一种刺激，而这种刺激只是由成熟的部分的活动才可得到。

瑟帕德(Shepard)和布利特(Breed)研究小鸡的啄食动作的发展，可引以说明关于走路一层的事实。假使我们以为啄食动作，意
265 即啄取食物的整个动作——如啄食、取食及吞食等动作——那末孵化出壳后的头几天内，这个复杂的动作便有很可注意的发展了。从第二天起，以小谷粒给它，此后天天都注意观察它有多少次啄食而中。有一组小鸡对于这种实验作了 50 次，其成功的平均的次数如下：第一天的试验有 10.3 次，第二天有 28.3 次，第三天有 30 次，第六天有 38.3 次，第 15 天有 43.2 次。想要做一种比较的研究，于是另有一组小鸡也被试验。这一组小鸡先由人力喂饲，至数天之后，才允许它们自行啄食。其结果则它们的动作开始时，虽没有较灵巧于那“控制组”(control group)所有的动作；可是它们的

* 见詹姆斯，《心理学原理》，第 2 卷，第 405-407 页。——译者

进步比较快。有一个小鸡，其开始啄食，后于平常的小鸡四天；但是第二天，它的成绩便超过平常了。由这些结果看来，成熟若没有刺激，似乎成功很少；但是我相信它们所有的进步仍应有大半由于成熟。因为小鸡们所有练习的次数，虽各不同；可是到了第六天之后，大家都一样地灵巧了。不过要想有效，成熟却还有赖刺激以引起动作本身的练习。[①] 近来摩兹力女士(Dorofhy Moseley)重做瑟帕德和布利特的实验，结果和前人所得者适相背反，于是这个问题又足令人迷惑了。延期啄食的小鸡，固未能较其他为优；但其部分活动有些是习得甚易，似可用以证明我的结论之不谬。虽然，要明了这一层尚有待于后人的实验。

由比纳的一种观察看来，显见学习走路的时候，还须学习旁的 266
动作。比纳看见两个姊妹，较懦弱的姐姐，开始走路的时候较早于她的妹妹。其理由乃因为姐姐对于她的动作，能予以全副的注意，谨慎地选择其目的地的方向，然后郑重地向前进行，由这一目的物而至另一目的物。至于她的妹妹则很是活泼，走路时不考虑或注意其所作的究竟是什么一回事。[②] 由这种观察看来，则学习走路颇受注意的影响，可见学习走路时实在还学成他事，虽然我们不知道那究竟是什么；但是我们可以说这学成的事与其说是走路动作的本身，不如说是对于目的的朝向，和达到这个目的的方法的适用。走路也是一种感觉运动的成就，因为它是趋就其所喜之目的

---

① 参看华生，*B*，第 138 页以下，又关于下文，可参看 Dorothy Moseley，"The Accuracy of the Pecking Response in Chicks"，*Journal of Comparative Psychology*，1925，5，pp. 75f。

② 参看康柏勒，第 1 编，第 287 页以下。

物而避免其所恶之目的物的运动。就此点说,走路也是不必学的。据基云的详细的观察,纵在走路尚未可能的时候,而趋就其所喜之目的物的运动已为最容易的反应之一了。他说:“在生后的第11天,两腿已因伸张的运动而供身体前倾而趋向其所见的目的物。儿童从第34天起,便能在怀抱中作完全走路的运动(举足,而复使脚趾的屈伸和脚的运动同时举行)。”[1]这个要运动的倾向且不以走路为限,因为据基云的记载,从第四个月的开始,即并有爬行的企图了。

267 四　续前:拉取与抚摩;动的完形

我们现在乃可讨论拉取和抚摩的运动复型了。这些运动复型的学成,较走路为早。对于这种行为的发展,普莱尔、先茵女士以至近来华生[2]等,都曾作过精密的观察。其发展的过程很是复杂,共经过许多时期。婴孩最早的触觉器官不为手而为嘴。第四个星期之后,无论何物只须到了嘴边,便不仅被吸吮,且为唇舌所卷取。这个行为,不再和吸取滋养有直接的关系。因为你若将颊部靠近儿童的嘴边,若儿童正在饥饿,他便不免开始吸吮了;不然,也以其舌舐你的颊部。卷唇(参看第131页以后)为吸吮的一个特征,可视为最原始的拉取。这个行为前虽归入表情的运动,但是此处归入拉取的运动非即前后矛盾,只足见原始的行为不许有像成人心

---

① 参看 Guillaume, *L'Imitation*, *loc.*,前引书,pp. 76f。

② 普莱尔,第1编,第241页以下;又先茵,第1卷,第306页以下;又华生,*PB*,第275页以下;又 G. C. *Myers*,“Grasping, Reaching and Handling”, *American Journal of Psychology*, 1915, 26, pp. 525f。

理学中所有的严格的分类。

以嘴触物的动作渐占重要地位，终至于各种物体都由手而运
送到嘴；但是这个发展也不是立即实现的。在较早的时期内，婴儿
只是将手送到嘴内而已（据先茵女士的报告，这个时期起于第三个
月）。这个运动不仅由手独负其责；手提起时，头便向下，所以由外
面看来，这个运动是手和嘴合作的运动。儿童不是正在作一种手
和臂部的运动，他只是使嘴和手联合。由华生的实验看来，这个行 268
为的一种重要的成分，似即在儿童能够送旁的物体到嘴之后，仍复
保留如旧。据华生的报告，一个小孩在第 101 天上，举起手内的条
糖，直送入喉内，可见手指和嘴只须接触之后，其行为便算完成了，
似不必等糖和唇舌有所接触。

以手拉取的运动，据先茵女士的观察，起于第 12 个星期之内。假使有一物体偶然和手接触，这个物体便被拉取上举，后复放下。据她的观察，拉取的方式视手对所触物的位置而定。眼在这种行为上似乎不占地位；因为儿童既不注视其所触物，也不注视其两手。这个行为的发展，最初似纯为抚摩的运动；不过到了后来，拿在手内的物体往往偶然和嘴接近。先茵女士的侄女在生后第 86 天时，才试将一种玩具（急响器）放在嘴内。次日（即第 87 天）仍继续而有这种企图，先把玩具举起，放在面上的任何部分，然后直接往嘴内输送，到了嘴边之后，那玩具便被吸吮了。但是我们要注意儿童以拇指放在嘴内，比玩具远较便捷。可是几乎在三个星期之前，在第 48 天时，有一铅笔放在她的手内，她把铅笔送到嘴内至有 6 次之多，而且以唇舌用力吸吮。不过由此而至第 86 天时，她却一点没有复演这个行为的企图。我们要述这个事实，乃因为有些

动作最早时先发现数次；可只是到了后来，才可做得便捷。这种动
269 作的“预现”(anticipations of acts)是儿童发展的通性，而且是一种很有趣味的通性。

刚讨论过的动作后来渐臻完备，头部也自始加入合作。譬如玩具若偶然和鼻接触，便把头抬起而不把手放落，以使玩具送入嘴内。但是这个动作常以物体偶然和手接触而起。假使两只手同时接触物体，则两手都用以举物；虽然此时两手还没有真正的合作。假使两手偶然互相接触，便以一手拉取他手而送入嘴内。

第 99 天之后拉取时，视觉作用也开始加入活动了。先茵女士的侄女拉取物体的时候，她并看一看物体。据基云的观察，这个年龄的儿童，当手将入嘴而为人所握时，便眼看其手。[①] 对于声音来源的注视，比较起来，发生更早。据先茵女士的报告，她的侄女在第 45 天和第 57 天，当钢琴奏乐时，以眼在钢琴的键盘上注视；但是到了第 87 天，她才注视着手内所已拿取的玩具。但是她此时注视的方向，是否为触觉所引起，还未可确定；不过注视受耳官的支配，远较早于受手的支配——这个事实至少可半以上文关于此事的讨论为解释之助(第 85 页)。

过此以往，眼乃加入而为拉取的指导。此后又有一个长时期，在这期内，眼仅以看手，或已被握取的实物为限。对于所见物的握
270 取，则发展很慢。先茵女士的侄女在第 113 天时，注视母亲所伸出的手，依其所注视的方向，以手作笨拙的运动；直至和母亲的手相触，才拉取入嘴。由普莱尔对于同时期的儿童的发展的观察，可见

① 参看本书第 66 页注②所引的论文，第 121 页。

嘴在这种行为的进程上很是重要：因为嘴的张开，在握取物体之前，或便在其后——这种观察已为华生所证实。因此握取所见物，其初期就是要带物入嘴。这个时期持续颇久，以适应的笨拙和缺乏为其特征。例如手指分开，可没有一种拉取的姿势；只是和物体接触之后，才有这种姿势。在手运动之时，眼则直接注视物体。这一部分的动作似乎有点和引物入嘴时所有的动作相类似；虽然是此时的注视用以谋取物在手的适应，而不用以谋送物入嘴的适应。

虽在这种行为已成习惯之后，却仍以嘴司触，而不以手司触。先茵女士的侄女，第七个月时才玩弄物体而不带物入嘴；但即到了第八个月之终，这种行为还很少见；甚至于两岁时，有时还引物入嘴。有许多孩子即使到了三岁，还须用种种人为的方法，才可使他们打破这种习惯，尤其是吮大拇指的习惯。至欲以手受触觉的指导，则发展很慢——尤慢于以拉取支配两手的动作。

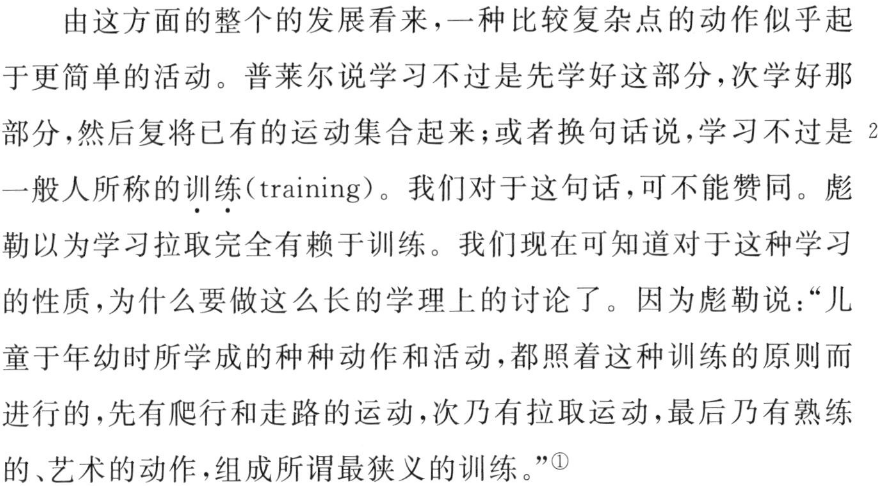

由这方面的整个的发展看来，一种比较复杂点的动作似乎起于更简单的活动。普莱尔说学习不过是先学好这部分，次学好那部分，然后复将已有的运动集合起来；或者换句话说，学习不过是 271
一般人所称的**训练**(training)。我们对于这句话，可不能赞同。彪勒以为学习拉取完全有赖于训练。我们现在可知道对于这种学习的性质，为什么要做这么长的学理上的讨论了。因为彪勒说："儿童于年幼时所学成的种种动作和活动，都照着这种训练的原则而进行的，先有爬行和走路的运动，次乃有拉取运动，最后乃有熟练的、艺术的动作，组成所谓最狭义的训练。"①

① *GE*，第120页，并参看第8页。

彪勒又指出拉取和注视的相类似之点。因为他告诉我们说："由皮肤的压觉而引起手臂的运动，好将物体送入触觉最灵敏的嘴内。正好像由外周光的刺激，而引起眼的运动，好将表象带入视觉的最明了的部分之内。"[①]彪勒这句话，是就视觉还没有参与拉取动作时而言，他以手的压觉和屈臂时的肌肉感觉间所成立的联结，做解释的张本。但是他们当讨论眼的注视运动时，已推翻了这个假说，而代以另一假说。现在关于拉取把弄等动作，是否可以用同
272 样的态度呢？当拉取受注视的支配时，也可引起同样的问题。这里我们可仍不愿接受一种经验的解释，和斯腾一般见解。[②] 我们以为视觉的印象，臂部的运动和触觉的印象之间有一种直接的联结，所以注视之后即直接继以拉举入嘴的运动。基云也拒斥这个成就的经验的解释，一因这种学习进步很快，二因儿童于最初次作此企图时常眼看其目的物，而永不注视其拉取所用的手。[③]

姑不必提起前章所有概括的讨论，我们也有许多事实和联结说相抵触。第一，讨论注视时所用以推翻那个相类似的假说的理由，现在便可用以推翻这个假说：就是神经路的数目将不免太大了。这个假说以为个体因学习而达到某一结果，便由于以神经路为基础的种种运动；可是它并没有先证明这个解释所需要的一切神经路，是否实际上存在。冯·克黎斯即以这些理由抨击这个假说。[④] 譬如写字，即使写一个字母的一部分时，其肌肉所需要的神

① *GE*，p. 109.

② *PC*，p. 117.

③ 前引书，pp. 123f。

④ 前引书（本书第 248 页脚注）第 21 页，第 32 页以下。

经路，也跟着我们到底写大字或小字，快写或慢写，起劲写或不起劲写，以臂的这部分写或以臂的那部分写，向左写或向右写，在纸的上方写或在纸的下方写，而有很大的变异。冯·克黎斯因此坚决地“反对神经路的假说”。而且这个联结说，如何可以解释那前所说过的动作的“预现”呢？（见第 268 页）有人看见一个婴孩有六次把铅笔放在嘴内，而没有差误。我们若假定其动作的开始时，其手臂每次都有同样的位置，那末这个事实，固然可用神经的联结来解释。所以我们也许可以说这个动作前后的次序，起先本出于偶然；其后因在短时期内重复演作的结果，致被保留。然而这可和先茵女士的报告相冲突了。[1] 据她的报告，将铅笔放在儿童的手内 273
之后，“手便立刻合起来（拇指合得稳妥的很），而将铅笔送到嘴内。我以为这仅为一种偶然的事，想将她的手由面部近旁拉开，恐怕铅笔尖在乱动中触伤了她。可是奇怪的很，那孩子当我把铅笔拉开时，她便有六次将铅笔直接拉回；且同时将唇舌起劲地往铅笔处伸去，做吸吮的运动，好像将要吸乳的样子”。这是一个善于观察者的记载，我们由此可以断定，同样的运动不见得每次重演，都许同样的神经路再起作用；但其行为在每次重演的时候，都达到同样的结果。老实说，其历程似属于一种本能的行为；因为那孩子往铅笔处伸其唇舌的时候便和将吸乳时有同样的运动。

姑且将先茵女士的这种观察，留待后来再行讨论吧。现在让我们举出反对联结说的另一理由。联结说以为初本属于本能的或其他的运动，后便加入将来学成的动作之内。那个运动的单位，纵

① 先茵，第 1 卷，第 306-307 页。

已加入后来学成的历程之内，也决保留其原状而不变。那末行为的进程，乃由个别分离的部分组合而成。这在感觉方面，也有一种极相类似的假说，以为知觉不过是个别感觉的集合。我们且在本章内，想再提出许多证据，以推翻这个假说，而代以完形说。所以
274 在感觉方面不能满足我们需要的假说，便很难希望它能解释运动方面所有的事实。

假使一个孩子本来能够自然地或本能地做一种动作，现在若因摹仿成人的运动而作这种动作，则其摹仿的动作必不能像本能动作的那么灵巧。康柏勒(Compayré)对于这个差异已早注意；[①]而斯腾夫妇对于他们女孩的报告，则说："假使有人当孩子舒服时，对她说'erre，erre'，这些音她本来自然不用力也会发出；现在照样重复，可不免先要起劲，而且有时须有好几秒钟的起劲。"[②]集合部分的运动之说便不能解释这个困难；因为这个假说若可成立，那末其动作的发生，应完全不视结果及整个的情境而变了。

在美国已做过许多实验，以研究新动作的学习：例如抛球篮内、以拳击球、打字或其他更简单的动作。反常态的写字的实验也曾做过，如以左手写字，或写反手字等。由这些研究的结果看来，则有知前章所说，一种运动的学习不仅是运动方面的事；感觉的成分也很重要。更有一种大家所承认的结果可约述如下：一种工作愈严格地属于运动，则学习时其意识的成分较少，而学习者更须注意于动作的结果，而不注意于动作的本身。假使一个人抛球时注

① 康柏勒，第2编，第9页以下。并参看普莱尔，第1编，第283页以下。

② *SP*，第15页，*PC*，第91页。并参看彪勒，*GE*，第216页以下。

意在抛而不注意在篮，则必不免投而不中。[1]

学习更复杂的运动，如打 10 个字，而常依照同样的次序，则其学习的进程如下：其初每一字母都须检得写下，这就是说他以检查 275
的知觉为整个动作的中心。无用的运动逐渐删除之后，这复杂的历程便有改变；但当这个动作业经习得的时候，那不相连续的个别的动作，乃变而为繁复的整个。[2] 经过这种统一之后，便组成一种所谓“运动的节奏”（“movement-melody”）。对于个别字母的视觉的检查既经消灭，于是注意乃至以整个的手续为其对象。至对于各细目，若作任何种特殊的考虑，反常不免陷入困难。由贝兹（Betz）的例看来，[3]可见学习的视觉成分，究消灭至何种程度。贝兹对于打字曾有过长期的练习，且常用同样的打字机。但是有一次他想试一试能否由记忆画出他的机器的键盘，他的企图可是一种失败。他不仅很难决定各键的形状。而且打字时虽然永远没有注视键盘，也不至于错误；但是写出字母的秩序时，便不免有许多大错。我们做寻常所做的动作时，只是已犯的过错，才可知道；错的运动“似乎不附属于这运动节奏”之内。

假使我们要问一种运动的节奏，如何由运动的集合而发展，那末直接注意于体外的目的物时，便自然产生运动的节奏。所以运动不断地组织得更为完密，和鲁格尔实验所描写的动作的成就相类似。就鲁格尔的实验而言，只是了解其意义之后，学习才有进

---

① L. E. Ordahl, “Consciousness in Relation to Learning”, *Amer. Jour. of Psychol*, 1911, 22, p. 189.

② E. C. Rowe, “Voluntary Movement”, *Amer. Jour. of Psychol.*, 1910, 21, p. 331.

③ W. Betz, *Psychologie des Denkens*, Leipzig, 1918, p. 48f.

276 步;此处则不然,至少就细巧的适应方面而言。因为这些适应虽有时发现于意识之中,可是对于学习的效能不生影响;而且注意这些适应,只足以扰乱动作。这不是说,注意对于这种学习全无影响。奥达尔(Ordahl)曾证明学习很简单的运动节奏时,注意也有相当的地位。[①] 但据米勒和叔曼(Schumann)1889 年时的研究,运动的节奏(他们则称之为“运动的适应”)虽没有意志或知识的参加,也可组成。假使有一个人将一较轻和一较重的重量,依次举起至许多次,便可逐渐造成一种运动的适应;因为举起这一对重量时,总管是先轻易而后起劲一点,所以这两次的举重,有一种先轻后重的秩序。这个运动适应的存在,可用下列试验证明:在练习的实验之
277 后,改用他种重量和原来的重量相配合。被试验者因为他的运动的适应,所以觉得他若举两种等重的重量时第二位重量便似乎较轻得多;而且只是使第二位重量远较第一个重量为更重时,二者才似乎等重。被试验者本身,当然不知道这个适应;不过因为有这个适应以致第二次举重的冲动比第一次更起劲,所以第二个重量便似若较轻了。

奥达尔用两种不同的方法试验运动的适应的引起。其一,被试验者练习举重——有一重量恰当他一重量的两倍——时,试验者对他读述一个有趣的故事,且要他后来回述这个故事的内容,因此被试验者便不能不分散其注意了。在补充的实验时,试验者的注意便直以重量为其对象。在练习的试验中,第二个重量恰当第一个的两倍,此外又用两个稍微较轻的和两个稍微较重的。每次都要被

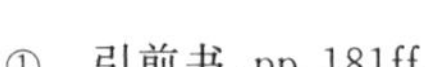

① 引前书,pp. 181ff。

试验者判定第二个重量是否二倍于第一个重量，或稍较重或稍较轻于第一个重量。在这种情形之下，较之在注意分离的实验的状况之下，其适应的程度较大。和这层有关的，我们也须记得比纳的观察，以为儿童学走时注意也占重要的地位(见上文第266页)。

由这些结果总看起来，我们似须下一结论，以为学习一种比较复杂的动作时，便须组成一种运动的节奏；这就是说，发生一种完形的组织。而这个组织不是由独立的部分而成，乃是一种连续的整个。这个运动的适应，发现这种适应的人，虽释之以联想说，却仍可为我们的假说可以成立的证据。因此，若以节拍器(metronome)的拍子，制束举重的节奏，则在这种情形下所产生的运动的适应，便先有一个完形。至其理由，则和学习无意义的音符时，不得不造成一种完形的复型相同。运动的学习和感觉的学习也不无关系，因为感觉学习的法则，多可用以说明运动的学习，尤其是在史蒂芬斯(Laura Steffens)——米勒的一个学生——的实验中。所以我们不得说运动的学习和感觉的学习，根据于两种不同的原理。所以动作的进步，要不外乎造成较安定而较完全的完形，但是这种进步可不由于智慧。预先知道我们该如何完成这个动作，那是没有效用的；因为这些完形的起源，和智慧的完形不同。这些完形的位置，大概存在于旁的中枢之内；不过它们的中枢和那 278
些有高度意识相伴随的历程的中枢该有相当的关系。开始学习的时候，知觉的现象必已存在，而学习者也必有一种固定的目的。于是完形的组成遂受这些成分的影响。练习固亦属必要，而以重复演习促成行为的方式，那也是很可明白的。譬如一个乐师必须不断地练习，才可“不使他的手指上锈”。但是练习还有另一种目的，

那也是明确无疑的；因为练习可引起适当的情境，以易于产生新的完形。就重复演习而言，则试误学习说内所有机会的概念是不够说明的。也许是碰巧靠机会；可是我却不能相信每种新的进步，都真正是偶然的。你看那些和意识无关的中枢究竟如何机警，而那些中枢遇到突然而来的危险时的作用，又如何敏捷而稳妥，也便可以明白了。

但是对于这个观点若再详细辩护，便不免离题太远了。我们只须记得新的完形也可起源于这些较下级的中枢；你看练习的曲线进步很速，便可知道了。这种“跳跃的”进步，最常见于鲁格尔所谓“好日子”时。无论是运动的完成，机械的成就（见鲁格尔），或智慧的成就（见苛勒），各种学习都莫不然；老实说，只是有“好日子”，才可解决那需要智力的最困难的问题。（见上文第221页）

最后，据苛勒的观察，“智慧和技巧之间似有一种高度的积极的关系”[①]；假使这两种行为之间，没有一种关系的存在，那就不免
279 很奇特了。智力和技巧，也随各个体而大异；“运动的完形”的构造，尤其和智慧的动作有所区别。这大概是因为就前者而言，在运动的完形未呈作用之前，便没有推想其有如何形状的可能。因此运动的模型和所谓“训练”（“training”）时所有一种完形的构成颇相类似；不过就运动的模型而言，其精确巧妙可超过于训练的结果。技巧的动作有时也称为训练的成就；这种称述也未始不可以允许的，假使你之所谓训练没有机械主义的意味。总之，我所要着重的是：关于运动的学习，我们所知道的尚甚有限。运动的工作何

① *1*，第126页(176)注。

以自能进步，我们目前只能予以很浮泛的解释。

现在若回头来讲儿童拉取抚摩等动作的学习，那末这些动作也是新完形的习得；其实一切行为，只是感觉的成分和运动的成分互相合作的，便都和我们所叙述的实验有密切的关系。于是，我们对于动作“预现”的事实也可解释了。客观的情形若很适宜，那完形便可实现。因为这些情形不再发现，于是只好等内的情况有一种改变时，才可引起那完形的复现；此时外的情况纵使不及初次的适宜，也毫无妨碍。前述苛勒的智力测验中（见第 213 页）所有“动作的预现”，也可以此解释。

这种历程的经过可用以示成熟和学习二者之密切的关系。一方面，要产生新的成就，不得不需要特殊的情境；他方面，婴儿的神经系统又须先成熟至某种程度，然后才可利用这些特殊的情境而作适当的反应。预现作用可为这个事实的好例。

还有两点须附带一述：（一）学习握取和学习写字不同，适如斯 280
腾所言。由这个差异看来，可见生机体自行发展到了特殊的情境发生的时候，立即能作较原始的反应。但生机体若能写字，则必已能作他种工作。而且第一种工作所需要的情境比第二种较少特殊性。（二）我们可不要以为成熟系可离学习而独立的一种历程。由我们看来，每种新的习得，都是生机体内的一种激进的变迁。因为成熟作用在第一次的习得已经完成之后，仍复有长时间的持续，所以那些已因学习而变化的部分，仍可受生长的影响。

斯腾在这些及类似的发展历程之内，看见**行为**的一种特性；就是，儿童的意志。他的成功便有赖于他的意志力。“两个儿童，体力相等，其本能发展的程度又相同，然而假使其一的意志力较强，则其行为的完成也较速。”①

五　感觉的学习：色觉的发展

有了几个重要的例子的帮助，我们现在乃可研究儿童知觉的发展，或可由此知道我们成人对于世界的知觉，究如何由幼时经验所有原始散漫的完形，逐渐发展而成。由成人看来，我们所知觉的
281 世界当然是种种经验的总和。不过经验竟如何有这个结果呢？我们便不得忘记了经验的问题是有两方面的，其一关于**成就**，其一关于**记忆**；而且要常记得有许多成分，都可算是由于**成熟**。

请先讨论关于色觉的研究。学者研究色觉已得了许多很重要的结果，以作色觉通论的基础。在研究时，还发明了好多种的方法；有些方法全靠语言，有些因为用不到语言的帮助，所以可用以研究语言尚未发展时的儿童。

（甲）语言法：

(a) 字符法(The Word-Sign-Method)：置两种颜色于儿童之前，而且予以名称；然后要他指出红的、黄的等。两种颜色的名称既经学得之后，则加以第三种，余类推。

(b) 名称法(The Naming-Method)：(1)受动的——试验者置不同的颜色于儿童之前，要他说出颜色的名称；(2)自动的——儿童由匣内选取种种颜色，而说出名称。

(c) 象征法(The Symbolic Method)：告诉儿童以一故事，而以每一颜色代表故事中的人物。譬如说，“这是父亲”，“那是母

① Stern, *PC*, p. 82，关于意志，参看我的心理学论文，*Lehrbuch der philosophie*。

亲”,余类推。故事说了几遍之后,要儿童来重述,同时须指出各人物所主有的颜色。

(乙)无言法——这是不用语言帮助的方法:

(a)排列法(The Method of Arrangement):

1. 称名排列法——置一组颜色于儿童之前,要他检出一切红的颜色(或蓝的颜色等)。

2. 样本排列法——置一种颜色于儿童的手内,要他由混杂的颜色堆中,取出和手内样本相同的颜色。或者将样本混在其他颜色之中,叫他再将这样本检出。排列法只是对儿童解释问题时才 282
用语言。最后的两种方法取自动物的实验,用起来全没有语言的帮助。

(b)选择法(The Method of Preference):置几种颜色于儿童之前,看他常选取哪一种,或注视哪一种。

(c)训练法(The Method of Training):利用奖励品的帮助,要儿童于面前的各种颜色中独选取某一种。训练若有成绩,便可证明其**感觉**方面的成就。

在儿童幼年的时候,颜色的印象有时虽可引起快感,却并不占重要的地位[①](某物的颜色不是用以认识某物的)。譬如先茵女士的侄女,七个月时,给以白色的玩具,以代替所习见的黑色,她的反应,却并无差异。但是反应也可为颜色所引起。儿童很早就转头向着光亮的物体,随明暗而起不同的反应。不过我们要知道明暗不就是黑白,因为明暗仅表明环境平面的光度的不同。我们只能

① 参看斯腾,*PC*,第 188 页。

说，在儿童很幼的时候，一个光亮的物体可易由其背景中站出。我们还可以知道儿童此时，很喜欢饱和的颜色，而不喜欢无色和黑——灰——白系。据先茵女士的报告，小孩子生后三个月，便可有这种差等的嗜好；而发楞泰因（Vatentine）以选取法研究儿童注
283 视的方向，说儿童生后四月，有区别有色和无色的能力，因此证实先茵女士的话。由发楞泰因的实验，且可知颜色不尽有同等价值；他以为儿童喜欢的颜色可依下列次序排列：黄、白、淡红、红、棕、黑、蓝、绿、紫。[①] 由这个次序可以推知两点：（一）儿童喜欢光亮的颜色，前于黑暗的颜色——白前于黑，淡红前于红；（二）色波较长的“温暖的”（“warm”）颜色，此色波较短的“冷淡的”（“cold”）颜色更易讨儿童们欢喜。你也许以为就白黑系而言，最不为儿童所欢喜的不为黑，而为深灰；否则蓝、绿、紫等色何以都在黑之后，便不易了解了。

霍尔登（Holden）和波士（Bosse）[②]很工巧地应用选择法，以有色的方块放在灰色之上，而使灰色的光度等于其上面所置的颜色的光度，看儿童们是否选取那些有色的方块。据他们实验的结果，由红至黄等色，儿童生后至七八个月时便能夺取；然必到了十一二个月之后，才能拉取由绿至紫等色。由这个结果看来，我们究可有如何的推论呢？假使一个儿童抢取一个有色的方块，他显然已经

① C. W. Valentine, “The Colour Perception and Colour Preferences of an Infant during its fourtr and eighth months”, *Brist. Jour. of PsychoL.*, 6, 1914, pp. 363ff.

② W. A. Holden and K. K. Bosse, “The Order of Development of Colour Perception and Colour Preference in the Child”, *Archives of Ophthalmology*, 29, 1900, pp. 261ff.

在灰色的背景上，看出些不同的而值得拉取的事物；而这可决不是光度的不同，因为实验的布置已不许有这个不同的可能。然而我们也不能推知儿童看见红色或黄色，因为我们不知道以红色方块和以黄色方块试验时，儿童所看见的事物是否有不同处。至于生后八个月的儿童，若以“冷淡的”颜色试之，可不能引起其拉取的反应，这又可使我们作何种结论呢？至少这是可以说的：儿童实不能看出什么和背景不同，而值得拉取的事物。因为这些“冷淡的”颜色在几个月后也被拉取，可见他现在虽然没有拉取这种颜色的欲 284
望，却未必由于其所看见的有什么差异之点；否则对于后来何以忽然有拉取这些颜色的欲望一层，便不易了解了。所以最近理的解释，是儿童最初只觉得“温暖的”颜色有别于无色的背景；其后则渐觉得“冷淡的”颜色，也有别于无色的背景。

儿童发展到这个时期，其经验中究竟有何种色觉现象呢？最简单地说，儿童的经验有灰色的完形和非灰色的完形。非灰色和灰色不同之处，虽然和我们有色和无色的区别相同；可是儿童所称的“非灰色”，和我们所认知的颜色实没有相类似处；而其和灰色的差异，正和我们所看见的彩色和无色的差异相同。依平常的字义讲，颜色意即指那些有彩色的色调——白、灰、黑等通称为无色。因此我们可以下一结论，说儿童在第一年的九个月内，只知道有色和无色的原始的区别，可没有旁的颜色的完形；只是已能看见无色的背景上，或客观上光度相等的“冷淡的”背景上，有“温暖的颜色”时，才有颜色完形的诞生。

到了有色波较短的颜色完形的时候，其所有的现象是否和长色波所决定的现象相似；或者是否在现象上有“冷淡的”颜色的特征，以别于“温暖的”颜色所有的完形，那就发生问题了。这个问题，现在还不能确定地解决；但是我们要知道，儿童不久便能辨别“温暖的”颜色和“冷淡的”颜色了。但我相信“冷淡的”图形，起初
285 只是一种模糊的颜色图形。这一理论也似有几种事实为根据。学习颜色的名称起初很难，儿童若未曾受过特殊的训练，他便虽看出区别，却无从知道名称。颜色的名称有时也可应用，但常混淆难分；至于一个无色的物体，则永不至于给以一种有色的名称。据斯腾夫妇观察女儿的报告“喜尔达在三岁又两个月时，以光亮的物体为白而以黑暗的物体为**黑**。至于她所能确实指出的，则只有**红色**，但是**因为各种不同的颜色她都称之为红色**。可见红之一字也显然被她乱用了”。[①] 温彻(Winch)也以为各种不同的颜色既都给以同一名称以别于无色，可见各种颜色实有一种公共的特点以和无色相区别，所以这个公共的成分，此之各色间自身的区别更有势力。[②]

我可略述我对于自己的观察如下。我稍微有点色盲的嫌疑[③]，只能于较好的状况之下，才能看见红绿。有些颜色，我可以立刻认识其为有色的；但只是因为我不能予以分类，所以常觉得它们讨厌。它们虽易变为红色或绿色，可是我倒想称之为褐色；不过它们有一特性，使之不宜和任何颜色同为一类。至于它们是有色

---

① *Sp*，第 229 页，斜写体是我改的。

② 斯腾夫妇说：(*Sp*，第 229 页)“由儿童看来，彩色和非彩色的差异比各色自身的差异更为显著。”他们的解释用注意及缺乏兴趣等词，而不用感觉的成分等词。本书已加以批驳了。

③ 属于红色盲类。

的，却又毫无疑问。[①]

现在若回头来讨论那些应用语言的实验，则普莱尔、比纳、先茵、温彻[②]等所得的种种结果，初看起来似很互相冲突。我们不知 286 道这些研究者各人所用的颜色究竟有如何性质，所以不能够明确地解释这一切的观察。将来作这种研究的人，对于用以实验的颜色，必须加以论列；而且于研究色觉的时候，须将那些由于光度及饱和度所生的差异，严格地除外才行。

不同的研究者，其所以得到不同的结论者，乃由于实验的结果，多半随他们所采用的方法而异，字符法、名称法及排列法可以生极不同的结果，这是比纳和先茵女士说过的。而且即就各个方法本身而言，颜色的数目和选择，都为决定试验结果的最重要的成分。

我可以举比纳的实验作一个说明的例。他最初所用以为研究的对象的，是一个 2 岁又 8 个月的小女孩。他先只用红色和绿色的羊毛蝇子（霍姆格伦的测验[The Holmgren test]）。以头两种语言法研究起来，引起百分之百的正确的反应；然后将黄色加入，其结果则黄色和绿色常相混淆。黄色取去的时候，其反应便立即没有错误；加入之后，则错误又生。现在若将绿色取去，由字符法可无错误；但是用名称法的时候，因为黄色常称为绿色，所以又有百分之一百的误谬。有一天，由名称法仍可使黄色和绿色混淆的

① 常态的观察者，对于色间区上的现象，也作类似的报告，参看 Ackermann, Farbschwelle und Feldstruktur, Psychologische Forschung, 1924, 5, 第 51 页以下。

② 参看 A. Binet, "Perceptions d'Enfants", *Rev. Philos.*, 1890, 30; W. H. Winch, "Colour, Names of English School Children", *Amer. Jour. of Psychol.*, 1910, 21。

时候，排列法(Blb)——在这个方法中，先示以某绳；然后要从一大堆红色、黄色和绿色的毛绳里头，将某绳选出——则毫无错误。

一直到了现在，学者几常以为这些结果所产生的错误，纯由于给各种颜色以错误的名称所致。但是这个解释似乎不算完满，因
287 为名称法非常困难。为什么如此困难呢？这些困难显然不存在于学习其他名词的时候。而且我们已知道这些颜色若充分地饱和，便永不至于被称为黑色、灰色和白色。[①]

由他种结果看来，则蓝和绿、绿和白、黄和白、紫和蓝、红和蓝(据先茵女士的实验)、淡色和灰或白、深色和黑，都常相混淆。名称法前本仅足产生最不完满的结果，温彻却用这个方法作了很多的实验。有些儿童在幼儿园里曾受过各种颜色的训练，学得颜色的名称。温彻便以这种小孩为试验的对象，以消除这个方法的缺点。据温彻的报告，儿童所能称名而不至于错误的颜色，其前后位的次序的差异，全视乎颜色现象本身的一种差异而定，假使颜色的各名称所有发音的困难，也加以论列。各个体的差异很大；但是大概地说可以有下列的次序；红、蓝、绿、黄、紫、橙。穆曼所举出来的次序和此恰同。加比尼(Garbini)由名称法和区别法的结果，得下列的次序：红、绿、黄、橙、蓝、紫。

讨论这种结果的时候，往往不免假定："我们此处所有的现象是领会的某种方式的发展，可不是一种感觉能力；或海林氏说所谓'视觉质'(visual substance)的反应的发展。"[②]大多数的研究者，

---

① 普莱尔也承认这种误谬完全不是名称的错误所致(第1编，第21页)。

② 彪勒。*GE*，第184页。

都曾有过这一假定。而其主要的理由则可如下述:(一)各观察者所得结果的不同。(二)个体的差异很大。例如先茵女士的侄女在
第 73 个星期之终,能够见红色、黄色、蓝色之物,而称之为红、黄、 288
蓝。在第 79 个星期内开始实验时,这三种颜色立刻可以举出。至于普莱尔的儿子,则在第 87 个星期之末,还不能学习两种颜色。到了第 108 个星期,实验才有第一次的成功。(三)其动作的成绩视试验的性质而异。彪勒举武利夫人(Mrs. Woolley)所观察而得的"预现"(anticipation)的例,以为这个结论的援助。武利夫人的孩子在六个月时受武利夫人的观察,由拉取的试验而知道他对于颜色的偏爱有一定的等差;喜"温暖的"颜色而舍"冷淡的"颜色,喜暗色而不喜光亮的颜色。这种偏爱往后即完全消灭,许多月间没有以色为辨别之用的表示。彪勒以为"我们没有理由可以假定此时感觉的能力已有退步";但是彪勒的论点所根据的前提,是我们所曾屡次否认的;因为他的前提就是"恒常性假设"(The "constancy-hypothesis"),以为感觉的能力一经获得,某种感觉便常相当于某种刺激。彪勒的推理之所以有效,只是由于以这个前提为根据;否则我们也许可以说就武利夫人的孩子而言,颜色现象发现的条件尤宜于在第六个月的时候——这一可能就是彪勒也曾加以注意。拉取的倾向此时正占势力,假使许多有色纸置于儿童面前,儿童在拉取之前,其视线往往由此色而及彼色。再进步时,儿童便不再以拉取为限,对于物件有新式的握弄之法;其结果颜色便全无关系了。换句话说,因为其情形既不宜于颜色现象——或颜色完形——的发现,那现象本身也就不能发现了。

彪勒以武利夫人所记载的"预现"为根据的特殊的论点,我们 289

若有什么可以反对的理由，便尽可用以反对普遍的理论。你若说儿童能够经验颜色的感觉而没有错误，只是还不能够领会这些感觉而加以区别，我们可就不能满意了。我们只须问一声：儿童的经验现象究竟有哪一种确实的性质呢？这个地方实和我们反对“不曾注意的关系”说时相同(参看前文第228页以后)。由我们看来，领会一种颜色的差异，意思就是说这两种颜色已经组成一种联合；换句话说，那边已经有一种两个颜色的完形，而这两个颜色便各依其在这完形中所处的地位而发现。所以颜色知觉的发展，就是新的颜色完形的逐渐的创造；因此引起这种完形的条件，此时或可较欠缺于前。所以武利夫人所曾描写过和其他研究者所曾观察过的“预现”，实足为我们的理论可以成立的说明；因为我们已知道(第279页)“预现”可释为由适当的外界情境而起的完形作用。

若由这个观点看这些结果，那末它们之所以视方法而异的缘故便容易了悟了；这是由前所描写过的比纳的实验，而可以知道的。假使红绿的完形业已习得，而复加以黄色，则其由名称而发生的纠纷，实因为同样的完形呈其作用：即红和“非红”的完形。因此
290 由字符法，对于红黄不生错误；而由名称法，则一切结果都成误谬。反之，若应用排列法，则于儿童受一种黄色或一种绿色的试验时，便不复和红的完形发生关系。其“关系的系统”既经变更，那么一切都有赖于黄和黄，或绿和绿，或黄和“非黄”，或绿和“非绿”的完形而定了。由排列的实验法，我们可知道这种变化的发生，实不至于违反别的实验所得的结果。

将来的研究者显然比从前的学者，更须予这些完形以相当的讨论。颜色的种类和它们所用以呈现的背景，统须于实验时依相

当的次序，而加以变化。

苛勒有一种发见更可为我们的理论的援助。他研究黑猩猩的时候，作几种选择的训练。他所采用的A、B、C三种颜色，不取自黑白系，而为红蓝或红黄之间的颜色。他的结果，和前所报告的结果适相符合；但是他有一种观察，更有特殊的兴趣。A，B，C，D，E——E最红——为在红蓝之间的五种不同的颜色，它们的差异是我们人类所易辨别的。先取BC两种颜色，黑猩猩须学得反应其鲜红的C。这个企图却是一种失败。于是遂更增加其间的差别，而以BD继续其试验。D的选取很快地习得了。此后再用BC时，C也被选择不误，而没有一次的例外。到了后来，示以CD，也选取D不误，而没有例外。[①] 这个结果对于我们很是重要，其理由如下：BC的完形，虽也有时有效，但是最初却没有组成；BD的完形立刻可以成立，而且其后BC和CD也统随而有效了。这个例证
和我们在本书第263页所制定的记忆律恰相符合。这个记忆律 291
说，在客观的完满的条件下而发生的完形，当条件较欠完满时也可再现。

下列关于色觉发展的假说，由我们所举的结果看来，似可成立。第一，儿童先成立其有色和无色的完形；而有色完形的成立，又以色波较长的颜色早于色波较短的颜色。现在可讨论温彻及穆曼的颜色发展的次序，以和加比尼所得的互相比较（见上文第287页）。我们若从加比尼的色系上取去橙色，则其差异便远不及初看

① 苛勒，*StF*，第67-72页。就AB一对说，20次中有19次取B而舍A；就DE一对言，在21次试验中，没有一次不取E而舍D。

起来的那么显著了。在每种色系内，红色之后便跟着有一种“冷淡的”颜色；然后有第二种“温暖的”颜色，和第二种“冷淡的”颜色——虽然依着倒过来的次序—最后乃有一种“中间的颜色”(intermediate colour)紫色；就温彻和穆曼的色系而言，后面还有橙色；而就加比尼的色系而言，则橙色在前。因为这三处所用的测验法和学习法各不相同，所以我们不易希望其所得的结果，有更密切于此的一种关联；不过由我看来，至少，可作下面的推论：在上面所描写的有色和无色的完形发生之后，跟着便有“温暖的”颜色和“冷淡的”颜色所成立的完形，也许还有“温暖的”颜色和无色，或“冷淡的”颜色和无色所组成的完形。这个发展或可用以解释蓝色和绿色的混淆不分，其第一种的成就也为网膜的中间区(intermediate zone)所特有的完形，和红绿色盲的现象相类似。究竟类似至如何程度，以眼前的材料，可还不能测定。

其次，我们可以假定“温暖的”和“冷淡的”颜色里头，也生有一种区别；于是乃有四种主要的颜色：红、黄、绿、蓝。更切实点，我们
292 可以说有色的完形和无色的经验相反，是由四个方向组成的。[①]
我在这个地方，也已在视觉缺陷的例子内，寻到一种类似的事实。

---

① 拉德-佛兰克林夫人(Mrs. Ladd-Franklin)从 1892 年以来，主张“色觉的进化说”(an evolution-theory of Colour-sensation)。我们若仅就其要点而言，则此说和本书所陈述的假说有密切的关系。但是有一点不同。据拉德-佛兰克林夫人的学说，四个主要的颜色，不是相对称地起于温暖——冷淡期，例如温暖的颜色产生红黄，而冷淡的颜色产生绿蓝。她以为正犹黑白系产生温暖和冷淡的区别，温暖的方面也单独产生了红绿二色。近来有一物理学家 E. 薛丁谔也不约而同地主张此说。此说颇有力量，和本书所云不难调解。参看 C. Ladd-Franklin,“Colour-sensation Theory”, *American Encylopedia of Ophthalmology*; E. Schrödinger, “Über das Verhältnis der Vierfarben-zur Dreifarbentheorie”, *Wiener Berichte*, *Math. nat. Kl. Abt. IIa*, 1925, 134, pp. 471f。

最后的区别,乃引起种种中间的颜色。这个发展的要素虽然是成熟;但是练习的影响也很显著。譬如先茵女士的侄女和斯腾的孩子们,其反应所以有如此的差异者,大部分可以说是由于各人环境的不同:因为斯腾的孩子生长于布雷斯劳(Breslau)的岩石的环境之内;而先茵女士的侄女则生长于加利福尼亚(California)的华丽的环境之中。

由这个观点看来,颜色的名词的学习,实有赖于正确的颜色完形的引起。斯图姆夫(Stumpf)观察他的孩子,最足见颜色完形和颜色名词的关系。这个孩子(在本章之终,我们将再加以讨论),直至他四岁的时候,还说一种他自己所特有的语言——这种语言只含有两种颜色的名词:ä 和 weich。“无论哪一种颜色和白色相反时,便叫做 ä,和黑色相反时便叫做 weich;或者说得更普通些,两种颜色的更深的一种叫做 ä,更淡的一种叫做 weich”。[①]

由我们看来,颜色的完形乃是基本的性质;而其名词则为次要的性质。但是彼得斯(Peters)为解释他的材料起见,定出几种实验的区别;且以这些区别为根据,提出和我们的观点全相违反的一种理论。彼得斯以为儿童之所以对颜色称名排列而至于混淆者,因为他们对于颜色本身的领会和比较,受了颜色名称的影响的结果。[②] 他以中间色和主要色的互相混淆为限,如蓝和紫、红和茄花色等,而演绎出来五种结论,且各予以实验的证明。

(一)儿童虽没有习得确定的颜色名词,但是于排列时,可决 293

① 斯图姆夫,*Spe*,第 20 页。

② W. Peters, “Zur Entwicklung der Farbenwahrenhmung nach Versuchen an abnomen Kindern”, *Fortschr. d. Psuchol.*, 1915, 3. pp. 152-153.

不至于错误。(二)教以正确的名称之后,则更不至于错误。(三)但是我们若给以一个同样的名词,以兼称**主要色**和**中间色**时,这种儿童便决不免弄错。(四)儿童若已能对中间色称名而无误,则排列时决无错误。(五)儿童若于称名和排列时初难免于错误,则于学得颜色名词而无错误之后,便立即可以改正他的过错。

彼得斯相信他已证明这五种推论。所以他的结论以为较大的儿童,其颜色知觉的发展和感官作用或构造的基础不生关系,而全视乎和这些感官的能力发生关系的所谓领会(apprehension)、再现(reproduction)、思维等高等心作用的组织而定。领会不全靠着感觉,因为颜色名词的知识在某种情形之下,也许比感觉的成分更为重要;不过若不去称颜色的名词,也许不至于错误。他说:“一个孩子若以同样的名词‘蓝色’,兼称蓝色和紫色,则不仅看见紫色有如此如此的外状,而且同时把它看做可以叫做蓝色的物体。……就这两种颜色说,颜色的名词同可使领会受其影响——我们也许可以称之为‘语言知觉的影响’(verbo-perceptive influence)——可见这公共名词的知识可以完全打消这两种颜色外状的差异——假使这差异不太显著。”[1]我们对于“领会”等概念已经屡次加以批驳,则我们对于这个理论的反对,读者便不难推想而知了。彼得斯以为感觉作用和较高等的心理作用有一区别,好像是它们互相分
294 离地存在;我们现在只须离开这个区别,单讨论其实验的结果,以示其真正的价值。

所以现在让我们详细讨论这些实验罢!彼得斯以低能儿为研

---

① *OP*,前引书,pp,161-162。

究的对象。因为颜色学习上的各种可能的时期，在低能儿的例中都可看见，所以可用以为最好的材料，以求问题的解决。被试验者的年龄由 6 岁 10 个月以至 12 岁，而他们智力的年龄则由 5 岁以至 9 岁 4 个月。制定智力年龄的时候，他以比纳、西蒙的测验量表，将这些儿童分类，以和常态儿相比较。此处不能将这种测验法加以讨论；但是我们所可期望得到的，仅为近似的智力年龄而已。由这些实验看来，也可见某种智力年龄的低能儿，不能和同年龄的常态儿相等；因为彼得斯说，他的低能儿练习颜色的名称，若偶有成绩，也仅能保留至一短时期之后。（并参看第 35 页）

他所做的实验为颜色样本的排列。放一条毛绒线在儿童面前，然后要他从 17 种稍微不同而互相混杂的毛绒堆里头，选出“和这条毛绒相类似的绒线”。6 种颜色中，每一颜色都有 3 条绒线为其代表。

然后教儿童以某种颜色的名词。这些不同的颜色，以时常变更的秩序逐一展示，随手所指的方向，而重述其名词。

彼得斯对于上述的五种推论，固然都可得到论据。不幸他遇到了一个儿童，这个儿童初未习得确定的颜色的名词，所以据他第 295
一个的推论，排列时应无错误；虽然这儿童把有些淡蓝的毛绒放在蓝色样本的旁边。还有一个儿童对于颜色的名词儿已完全习得——且能称紫色为紫丁香花色——只是对于茄花色，还不免错误，往往呼为红色。但是在排列的实验中，受到一个红色的样本和受到一个茄花色的样本时，却引起不同的反应；因为他在第一次虽没有错误，但是后来受到一个茄花色的样本时，他不仅选取一切茄花色的毛绒，而且兼搜罗红色。彼得斯对于这个大可惊异的行为并不加以考虑；但是因为前次蓝色样本的实验既经排列无误，他遂以为中间色的名词如已习得，便可不至错误。反之，若仅知道主要色的名词，则排列的错误仍不可免；然而彼得斯的第二种推论，更超过于我们刚所讨论过的实验的报告，就是排列的错误仅起于中间色用为样本的时候，而不起于主要色用为样本的时候。[①] 这种行为在他种实验中也略复可见。一个不知道颜色名词的孩子，教他称红色和茄花色为红色，称蓝和紫为蓝，因此能够区别这些颜色了。受了教导之后，这儿童乃将蓝和紫放在蓝色样本之中；但于红色样本之中，他只放置红色，而不放置茄花色。不幸还没有一种实验，用茄花色样本为比较的标准。

有一个小女孩在各种颜色中，只能指出红蓝的名词而无误。对于这个女孩的实验也很有成绩（参看第 291 页的讨论）。她把红

296 色、茄花色和紫丁香花色放在红色的样本里，把蓝色、紫色和紫丁香花色放在蓝色的样本里。实验者于是教以紫色的名词，因此对于蓝色或茄花色的样本不再错误；虽然她屡次从毛绒堆里选错了紫色或蓝色，及和样本此较之后才复置回原处。彼得斯以为这种迟疑，也许和儿童从前呼紫为蓝的习惯有些关系；但是有一个只能名主要色而没有错误的男孩也有同样的迟疑，虽然他于排列可不至于错误。

由我们刚讨论过的实验的结果看来，可见彼得斯的理论，充其量，也难免欠缺。可是由这些实验，可以知道要解释我们刚所说过

① 这个结论的第一部分也没曾完全证明，因为紫色样本的实验还未曾做过。儿童只是以绀色为样本时才易将绀色弄错；至以红色为样本时则否。所以以紫色为样本时当然也有相类似的行为。

的欠缺，究竟应走哪一个方向。姑让我们先讨论那排列时实际上没有选错的例子罢。一条选错的毛绒，只是和样本比较之后才被撤回。这就有两点可以寻味了：(一)由毛绒堆里，为什么竟选错了颜色；(二)这个比较究竟有什么意义？第二个问题可易答复。当各种颜色——例如样本和他种有色的绒线——放在一起的时候，它们是同一个完形中的分子，因为比较之后遂致撤回，可见这个完形是含有不同分子的完形了。

彼得斯有一理论，以解决第一个问题；但是我们已知道他的理论，只是就特殊的例说，才和事实符合，而就普遍说则否。若离开这些特殊的例，彼得斯的理论的价值，便靠着他的整个的假设是否完满而定。假定这个假设是无用的，那么我们便可以说选错了颜色，乃因为颜色本身内有引起这种选错的刺激；换句话说，选取这个颜色以和样本比较，乃因为这颜色的刺激就含有一种“不定性的符号”。所以颜色之所以得有不定性的符号，就是学习颜色名称的 297
一种结果；由此便引到我们的主要的问题——这种学习究竟起有什么作用呢？据彼得斯的意见，学习不过是感觉和文字间的一种联络的作用；但是我们已知道这种联络，不是系统的学习所有主要的成就。我们最要注意的，就是儿童要看出测验中的要点。假使有一儿童想要学知称蓝色的毛绒为蓝色，而称紫色的毛绒为紫色，他便须首先懂得——纵使不甚完满——这些向来是名称相同的颜色，为什么现在竟有不同的名称。这就是说，儿童在学习时须学得一种新的颜色完形。他须看得出蓝色现于一种背景之上时，和紫色现于一种背景之上时的不同。我是有点色盲的嫌疑的，所以这对于我是很自然的。当我做小孩的时候，我总不懂成人们为什么

屡称紫色之物为紫丁香花色。后来才知道蓝色可以为红的，所以我也悬拟其为红色。这常是困难的，有时是不可能的。但是假使我放一个蓝色在一种可疑的颜色如紫色的旁边，我的怀疑便可打消了；因为在这一对颜色里，刚为蓝色而很可疑的颜色，竟变成深红色，且常现为茄花色。所以一个孩子若教以同一的名词兼称主要色和中间色，而他从前本没有用过颜色的名词，他便须知道在什么时候说蓝色，在什么时候说红色。他须构成蓝色现于一种背悬之上的完形，同于紫色现于一种背景之上的完形（红和茄花色仿此）。主要色和中间色既直到后来才称以不同的名词，足见原初的
298 完形是主要色和中间色漫无区别的一种灰色背景之上的颜色的完形。我们现在虽方讨论语言知觉的影响，但是它的结果可必和彼得斯所曾说过的大异其趣了。

我们现在可不仅懂得彼得斯的五种推论，而且还懂得他所没有解释的事实。我不必详加讨论，只是要指出儿童在受指导时，有颜色和背景的图形的经验，而在选择时，这些图形因颜色聚集而杂有不同色的毛绒，以致更为繁复了。这就是选错的颜色，为什么摆在试验色的旁边，以作比较的主要的原因；最后乃引起比较的图形，而使一种中间色和一种主要色互相对比。关于错误的排列中主要色和中间色的辨别（参看第295页），我们可以说：就心理方面说，以一红色的标准为参考，而排列颜色时，和以茄花色为标准时不同，纵使以同样的名词称这两种标准色。因为当以茄花色为标准时，茄花色在背景上所成的图形和红色在背景上所造成的相同，所以一切红色都附属于这个系统之下。于是茄花色的图形遂不能有别于红色的图形了；因为茄花色和它的背景相比时，实已含有一

种红色的特征。反之，若以红色为标准，茄花色本身的图形便不难引起，而且和红色处反对的地位；而这种反对也许存留于记忆中，所以茄花色便被撤回。由此复可见主要色有一种特殊的位置。

彼得斯说明颜色的名词，可影响颜色的领会和比较；但是我们可不必把“领会”和“比较”看作一种较高等的历程，加在较低等的不变的感觉的历程之上。因为这些都是完形历程，可以决定各分 299
子的性质，所谓“感觉”当然也包括在内。就这一点说，彼得斯的实验反给我们的理论以有价值的援助，和更深切的了解。

近时给尔布（Gelb）和哥德施太因（Goldstein）对于颜色的名称的健忘病的研究[①]，使我们对于彼得斯的结果的诠释显得不很完满。据他们的研究，语言对于知觉有一种特殊的影响，他们乃称语言为一种“范畴的行为”（a categorical behaviour）。例如一个颜色“可由一种指定的关系内分析出来，而仅视为某种颜色范畴的代表，为**红黄绿**等的代表”。由此看来一种“范畴的行为”不仅为颜色及名称之间的一种联结，而这种行为也曾见于彼得斯的实验之内，虽然其方式或程度，我们尚未能臆说。但是这和我们对于彼得斯的结果的讨论，无所抵触，因为我们所已说过的话也可用于这种“范畴”的发展。

彼得斯的假说之无成立的可能，更可由他用以拥护这个假说的论点推想得到。就成人而言，知识常可使知觉受其影响，而尤以关于色觉者为甚。例如假使一个人能够遍察各色在空间上的排

① A. Gelb and K. Goldstein, “Über Farbennamenamnesie”, *Psychol. Forschung*, 1925, 6. pp. 127f；参看该书第 152 页。

列，则黑影中的白色决不至于看成黑色，而亮光光的灰色也不至于看成白色。海林是对于这些现象加以注意的第一人，他称这些现象为**记忆的颜色**；虽然海林的理论和彼得斯的不同。卡茨
300 (Katz)[①]对于这些现象曾作过彻底的研究。他觉得关于颜色的确实的性质，纵使没有什么知识；而灰色的看成白色，实无关于其表面上反映到眼的光量。他更觉得这个“和亮光的关系”，这个色的比较的恒常性，和下列的事实不可分离，就是颜色总看成**某物体的颜色**，而不仅看成一个没有边际的颜色，像颜色的天空一般。给尔布(Gelb)观察病态的例子，[②]已证实这个发现，而予以更切实的说明。但是卡茨则以这些颜色的恒常性为记忆的结果，或经验的产物。

苛勒[③]由选择的实验已证明黑猩猩(甚而至于母鸡)，也都保守颜色的恒常性。被实验的母鸡，其年龄自 7 个月以至于 15 个月。有半数母鸡受了训练，由白色平面上得食，还有半数则在黑色平面上得食，这两个平面互相依傍而有同量的光度。后来知道白色平面纵使加上黑影，而使其反映出来的光度少于黑色平面——黑色平面有时在客观上的光度，大于白色平面至 12.4 倍——然而前所有训练的势力却可依旧保留而不变。这个地方不仅知识或任

① D. Katz. “Die Erscheinungsweisen der Farben und ihre Beeinfiussungdurch die individuelle Frfahrung”, Erg-Bd. , 7, d. *Zeitschr*. f. Psychol. , 1911.

② A. Gelb, “Über den Wegfall der Wahrnehmung von ‘Obertlächenfarben’”, In *Psychologische Analysen hirnpathologischer Fälle*, 1920, 1, p, 408. (Also in *Zeitschr. f. Psychol.*, 1920, 84, p. 247).

③ *OU*, p. 39f; “Die Farben der Sehdinge heim Schimpansen und bcim Haushuhn”, *Ztschr. f. Psychol.*, 1919, 77.

何语言知觉的影响，即任何经验的结果也统被除外；因为经验这一名词，在解释人类知觉的行为上，纵使有什么意义，也决不是七个月的母鸡的经验所能有的（甚而至于更年轻的小鸡，也可用以作同样的实验）。

因为在这个“颜色的恒常性”内，常不免有一颜色对于他一颜色的影响，所以我们可以再应用完形作用以为我们的解释；尤其可以说苛勒的选择的训练，都以这些完形为基础。因此，彼得斯用以 301
拥护他自己的理论及实验的事实，却只是作我们的色觉发展论的根据。至于很幼稚的儿童，在类似的情形之下究竟如何动作，还没曾有人研究；但是这个问题，却也是值得我们注意的。

六　续前：空间知觉

我们现在可以将关于视觉的空间知觉的发展的种种问题择要讨论。婴孩的视野——即视觉的刺激所可引起反应的范围——起初是很有限制的。他只能够看见面前的东西；稍偏于一边，或稍偏于上方，和稍偏于下方的物件，实际上不能引起视觉。至于视觉的深浅也极有限。斯腾称这种知觉为**近离的空间**（near space），其范围大约以头为中心而成的半球形，其半径约为三分之一公尺。在这个范围外所有的物件，虽也可加入，而为视觉经验的背景；可是看起来，不能有任何特殊的性质。这三分之一公尺的范围是可以改变的，视所见物的种类的不同而异。其实整个视野都可受这种变异的影响，譬如物体离开我们须不超过某种距离，才可以给我们看见；光亮的物体所可有的距离——无论其为高的、阔的或深的——都较大于黑暗的物体。据康柏勒关于这点的报告：“放一只燃着的蜡烛在一个生后 15-20 天的小孩之前，其距离为两三公尺，他便加以注视了。你若把蜡烛放远些，离开 3 公尺，4 公尺或 5 公
302 尺，他就显然不再看见了。你看他四边乱看，便可相信他实在看不见什么。”至关于这个距离绝对的度数，则观察者的报告还很多差异，不能一致。[①]

学者解释这种事实，以为视野的窄狭，乃因为网膜边缘的机能的发展迟于网膜的中部；而其所以不能见远的缘故，乃由于眼球运动（尤其是眼球适应和视线集中的运动）在幼年时还没曾完全发达。但是这可不能算是完满的解释；因为成人的视觉有时候也有这种现象。视野的边缘和视觉空间的远距离，常不若近距离的清楚。这就颜色的知觉说如此，即就形状的知觉和大小的知觉说也莫不然。这种不清楚的程度，却也和研究儿童所得的结果相类似，是靠着实验时所用的物体而异的。[②] 这一点尤其可以证明刚所提出的解释实不免太简单了。我们应该以成熟作用说明发展；在成熟的过程中，神经系统内的有些部分遂能造成前所缺乏的固定的完形。而这成熟作用则又有赖于机能的练习。由病理的观察看来，可知练习若不可缺，则即成人也可因练习而发展其机能。就生物学史说，起初只有在近距离的物体才是重要；至于远距离的物体则否。例如一只狗，若能够看见四面的高山，我想是必无其事的。

① 参看康柏勒，第 1 编，第 104 页；又斯腾，*PC*，第 114 页以下。

② 关于这些事实，读者欲知其详，可参看扬舒所著各书，Erg-Bde.，4 和 6d. *Ztschr. f. Psychol.*，1909 and 1911；又 M. Jacobson，“Über die Erkennbarkeit optischer Figuren bei gleichen Netzhantbild und verschiedener scheinbarer Grösse”，*Ztschr. f. Psychol.*，1917，77；又给尔布 1921 年在实验心理学第七次集会中所报告的有趣的实验（参看 the *Kongressbericht*，Jena，1922。）。

视觉空间的范围，和另一性质也有关系。就我们成人而言，一 303
个物体的“明显的大小”(apparent magnitude)——按即一个物体看起来的大小——不必和网膜中表象所实有的大小成一比例。譬如一个人，本离开我们有 1 公尺的距离；在离开我们更远些，至有 4 公尺之远，此时我们网膜中的表象虽照比例减小，然而我们所看见的大小可决不忽然变小，而仅当前有的四分之一。其实我们必不至于看见大小的增减。所以在某种距离之内，我们决不致使近距离的小物体，和远距离的大物体混淆不分的。但是网膜的表象，也不是绝对毫无关系的；因为一个人若和我相离很远，则其身体便似若异常矮小。由山顶上看村落，也许看成一个匣里取出的玩具。由此山顶看远距离外的山顶，也许看成一个小小的点。反之，一个物体“所实有的大小”，在某种相当的距离之内，最易看出；而这个距离，看细针时和看人时不同，而看人时又和看山时大异。[①]

这些现象，常用赫姆霍尔斯的理论释为经验的结果。譬如斯腾虽不再以为距离的印象和大小的印象之间有一种联想，但仍对以视觉触觉为基础的经验说为然，而彪勒则以为明显的大小，其所以和网膜的表象不生关系，“还须先由儿童习得而成的”。[②]

一直到了近时，我们关于儿童的大小的恒常性的知识，全以成人的偶然的回忆为基础。赫姆霍尔斯记得幼时有一次在波茨坦
(Potsdam)看见教堂塔上的人小如玩偶。我也记起一种很类似的 304
经验。在柏林的战胜纪念碑上，有许多大炮高高低低地放着。我

① 参看前引卡次所著书，第 97 页。

② 参看斯腾，*PC*，第 115 页以下；彪勒，*GE*，第 353 页；但是在第 154 页上，彪勒表示他的意见时较为慎重。

常和我的父亲在纪念碑前经过，当父亲告诉我说那些放着的是大炮时，我几难相信；因为那些低一点的可以看成短的来福枪，而那些高一点的看起来似仅像小小的手枪。现在虽不复如此，可是那些高高放着的大炮仍较小于那些低一点的；知识虽然增加，也不足以改变这种感觉的印象，赫姆霍尔斯的经验说，以为感觉和观念及判断之间有一种联想，那就不免和这些事实相抵触了。

对于这个问题的第一次实验的研究，系以猩猩为对象，而不以儿童为对象。[①] 苛勒训练他的黑猩猩，使能由距离相等而大小不同的两个盒内，选取较大的盒子。其后乃将较大的盒子放远些，而使其盒面在网膜上所成的表象更小于小盒子所成网膜的表象。试验情境的布置很是周密，然而黑猩猩仍能选取较大的盒子。甚而至于四岁的黑猩猩，在某种距离之内，也能保存其训练的结果，而不因距离的远近，网膜表象的大小而误。可见我们用经验解释选择的不变，若不是不可能，也就是不合理了。

这种解释现已成为不可能了，因为据革次（Götz）的研究，三个月的小鸡，若由训练的结果，只啄食两粒谷中的较大者，则虽置两粒谷于不同的距离之内，而使其大者远较小者为小（大粒的面积等于小粒的三十分之一），然而小鸡依旧啄食其大者。

近时弗朗克夫人（Hetene Frank）也应用苛勒的方法，研究七
305 个月起以至于七岁之间的儿童。她的结果也复明确无疑。例如一个 11 个月的女孩因受训练，而选取并置着的两个盒子中的较大者。后来大盒子比小盒子放得更远，而使两个网膜表象的面积等

① *OU*，第 18 页以下。关于学理的讨论也可参看此页。

于 6.2:100 之比，可是女孩的选择依旧不变。这个结果也和大小恒常性的经验的解释不相符合。

柏尔(Beyrl)更新进一步，测定一个物体在不同的距离之上，应有多大，然后才可视为等于 1 公尺的距离之上的另一物体。他用 2—10 岁之间的儿童为对象，结果遂求得一种逐渐的发展。但是弗朗克夫人后来又发表一篇论文，以报告新的实验，据她的意见，柏尔所用的方法，就较幼年的儿童(四岁以内)而言，可减低其恒常性的程度。因此，幼儿的成就似较在更适宜的状况之下者为弱，而大小的纯粹的恒常性的发展不及柏尔所相信的那么显著。然即就他的实验而言，那恒常性也属显而易见，如下图所示。此图系由他的论文中复制而成，其横坐标表示盒子和被实验者相距的距离，纵坐标表示盒子之边的大小。被实验者为两岁的儿童。断线系表示大小所须有的变化，然后才可保持一种明确的网膜表象。不断线系表示盒子之边在不同的距离之上而依旧相等的实际的大小。(见图 15)

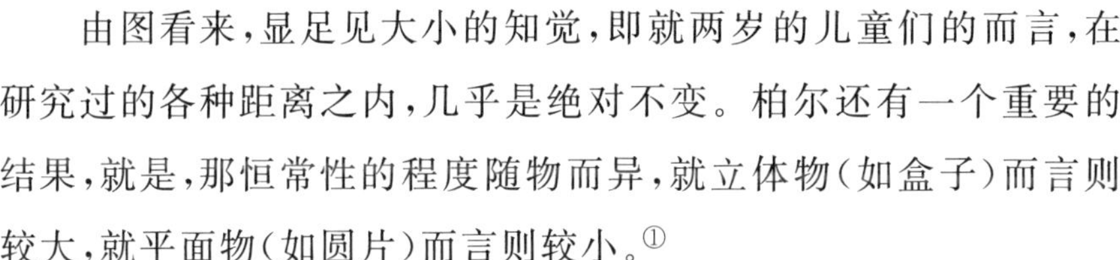

由图看来，显足见大小的知觉，即就两岁的儿童们的而言，在研究过的各种距离之内，几乎是绝对不变。柏尔还有一个重要的结果，就是，那恒常性的程度随物而异，就立体物(如盒子)而言则较大，就平面物(如圆片)而言则较小。① 306

① W. Götz, Experimentelle Untersuchungen zum Problem der Sehgössenkonstanz beim Haushuhn, *Zts. f. Psychol.*, 1926, 99. pp. 247f; 参看 Helene Frank, "Untersuchungen über Sehgrössenauffassung bei Kindern", *Psychol. Forschung*, 1926, 7, pp. 137f. E. Beyrl, "Über die Grössenauffassung bei Kindern", *Zts. f. psychol.*, 1926, 100, pp. 344f.; H. Frank, "Die Sehgrössenkonstanz bei Kindern", *Psychol. Forsching*, 1927, 10, no 1, pp. 102f。

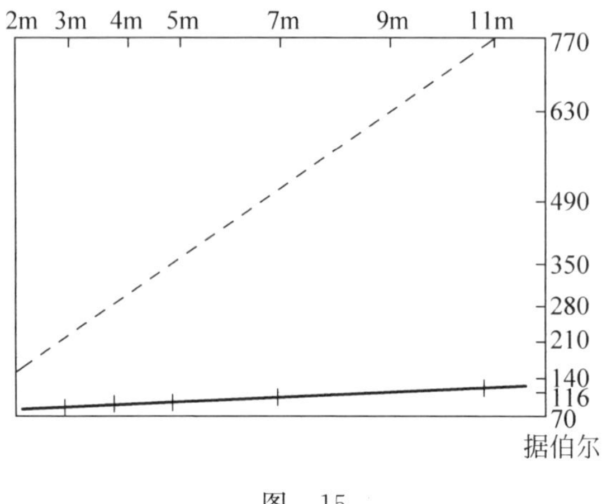

图 15

我们驳斥大小的恒常性的经验的解释，尚和其他许多关于明显的大小的事实相符合；例如其和所见物的明了、深刻及完形的关系——明显的大小（相当于一种明确的网膜的表象）愈小，则愈明了——和月在天顶时的错觉。[①] 凡此种种事实都足证明大小的恒常性为外因及内因的一种直接的结果。

这个能力的发展由于学习者少而由于成熟者多；虽然器官的练习也不无相当的关系。[②] 所以我前曾说过明显的大小的恒常性必定和视野范围的扩大有相当的关系。由赫姆霍尔斯和我自己的观察看来，这种发展即在年龄较大之时，也仍可持续不息；因为我
307 的观察曾逆溯而至我的六七岁时。但是由这些观察看来，却未见

---

① 参看本书第 302 页注②所引扬舒的著作。又 Erna Schur，"Mondtäu-schung und Sehgrössenkonstanz"，*Psychol. Forschung*，1926，7，pp. 44f。

② 视觉中枢若要发展，则眼官不得不受光的刺激。据克拉帕累德的报告，猫的眼睑若于降生时即被缝而为一，则其视觉的中枢便不能照常发展。又参看柏赫，*GS*，第 177 页以下。

得大小的恒常性尚未成立于较小于本章所说过的距离之内。

下列斯腾的观察，则不足为本问题解决的援助：一个八个月的小孩正在等着乳瓶的时候，他的看护者戏给以一个洋囝囝所用的乳瓶，仅当常瓶 15 分之一。“他却大受刺激，想用手夺取这小乳瓶，好像是真的乳瓶一样”。斯腾说此时物体的认识和大小无甚关系：这句话当然不错；但是他不得由此即以为儿童那时还缺乏大小的恒常性（其义和我们所叙述的相同）。[1]

巴斯女士（Paula Busse）曾提出一种假说，以“遗觉的表象”（见第 259 页以后）的实验为根据，而解释大小恒常性的发展的过程。这是还没有人研究过的，不过她的假说也似难成立。她的意思以为在短距离看物体时，所有物体的遗觉表象，应和在远距离看见时所有同物的知觉的复型互相混杂；因此大小的恒常性遂得以保持。[2] 她的观察当然是不成问题的，而且很有兴趣，而很为重要；不过这些观察，究如何能和大小不变的知觉及其发展，发生一种关系，那就不得不首先加以更详尽的研究了。譬如 1920 年时，扬舒在诺海姆（Nauheim）的科学研究会中，先用罗盘针测定某物体的大小，然后将这物体移至远处，而使其受遗觉表象的影响；以致这物体的大小，看起来竟非常增大，而超过于实际所有的大小。
就这种例子而言，其情形实很复杂；其明显的大小所赖以决定的完 308
形，也许有种种成分，可使遗觉的表象和知觉的表象或后像，受不

[1] *PC*, p. 121.

[2] 前引书，（见本书第 259 页注③），第 59 页；又参看同一脚注中所引我的论评。

同的影响。[1] 不过我们可没有理由，以为这些影响究竟谁比谁较为原始。

由形状的知觉看来，也足证实我们所用的解释的原则。我们前曾说过（见前文第148页）婴孩最早的知觉不是几何学上最简单的图形，而为生活上最重要的图形。这个事实可用许多方法加以证明。由罗纳（Lohnert）及隆克（Lenk）的实验，我们已知道成人对于大小的差异的知觉随其所比较之图形的结构的程度而增加。由斯腾对于一岁九个月及三岁六个月的两个小女孩的观察，我们又知道一个孩子，虽不管绝对的大小（见前文第307页），也能认识各大小之周的细致的关系。近时穆萨女士（Dora Musold）在福尔克尔特（Volkelt）的指导之下欲研究罗纳及隆克由实验而获得的一般的结果是否也适用于儿童。[2] 她测量大小的辨别力，而以三种人物为对象，第一种为3-6岁之间的儿童，第二种为小学生，第三种为成人。她又用四种测验材料，（一）圆球，（二）平面圆，（三）圆弧，（四）直线。据她的结果，这三种被测验者的知觉力，就圆球言最大，而就直线言最小。而对于圆球及直线的知觉力的差
309 异，就小学生及成人言最小，就幼儿言则甚大。幼儿对于直线和圆弧线的比较虽远不及成人，但比较圆球则可和成人相伯仲。假使直线原初为最简单的图形，结果当必与此相反了。

---

① A. Noll 对于后像的实验已证明这个结论，“Versuche über Nachbilder”，*Psychol. Forschung*，1926，8，pp. 3f。

② 关于此段，参看 K. Lohnert，“Untersuchungen über die Auffassung von Rechtecken”，*Psychol. Studien*，1913，9；E. Lenk，“Über die Optische Auffassung geometrisch-regelmässiger Gestalten”，*Neue Psychol. Studien*，1926，I；W. Sten，*PC*，p. 189；H. Volielt，*Kongressbericht*，loc，前引书，pp. 93f。

先茵女士的观察复予我们以他种证据。先茵女士的侄女由第25天起，便注意人的面容。到了第四个月和第六个月之间，即能辨认相熟的面容和陌生的面容。只是到了后来，才可教以“简单的图形”。先茵女士在这个问题上，曾给我们以很多重要的观察。她于侄女生后第12月时，使她认得印成的字母O。由第343天起，她的侄女能够指出O字而不误。而到了第13个月时，无论O字印成大小如何，她总可以认识。在第382天时，她看见O字以小号字印成，由此之后，对于O字和C字常不能加以辨别。这个行为很够为我们的指导。因为就感觉说，C和O完全不同；但就图形说，C可看成一个未完成的O。这个小孩前曾玩弄各种形式的小纸板，到了第21个月的月终时，乃能以此处所学得的形的名称，称环境中所有的物件。例如他称硬领的折边为三角形。这不是说因为硬领的边和三角形的纸板相似，所以引起三角形的名称；这是说握弄玩具时所习得的三角形的完形，现在乃加入于硬领的知觉之中。换句话说，儿童不仅在名称上，尤重要的，是在知觉上也曾进步。

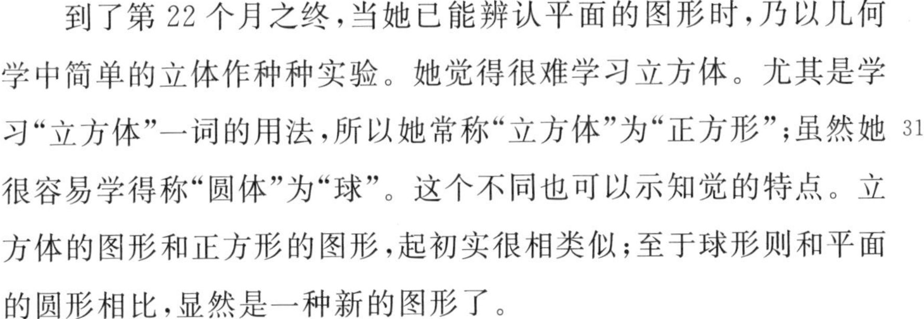

到了第22个月之终，当她已能辨认平面的图形时，乃以几何学中简单的立体作种种实验。她觉得很难学习立方体。尤其是学习“立方体”一词的用法，所以她常称“立方体”为“正方形”；虽然她 310
很容易学得称“圆体”为“球”。这个不同也可以示知觉的特点。立方体的图形和正方形的图形，起初实很相类似；至于球形则和平面的圆形相比，显然是一种新的图形了。

由上面的话看来，可见这些成就，发展较迟。但是儿童之于人们的图画，则于较幼时，便能辨认。他们且常以图画为实物；例如先茵女士的侄女，在第 293 天，看见猫的图画时，也表示一种惊惧。一个孩子对于图画的行为，和对于实物的行为相似；他注视着画中人物的眼睛，正好像注视着活人的眼睛一般。据苛勒的报告，黑猩猩也有类似于此的行为，它们都认识相片（其大小为 $8\times10\frac{1}{2}$ 公分）中的猩猩，而相片所示的猩猩的大小则在 4 公分和 8 公分之间。苛勒说，“轮到苏丹的时候，我示以他自己的相片，他先细心观看，后忽举臂向相片伸手，作友谊招呼的模样，如我前所已描写的——掌心向内”。苛勒复用特殊的选择训练的实验，证明猩猩更能辨认相片内的物体。[①] 先茵女士的侄女在第十个月时，能够辨认人物画之为人物画；到了第二年之始，便能认识个体，如妈妈，爸爸等；甚而至于小照也可认识，能由许多人中指出谁是爸爸。一个生后九月的孩子便喜欢看图画，而且确实懂得图画。据斯腾的意

311 见，认识初定于潦草而成的轮廓，而其内容则居次要的地位；至于小节细目等等，则仅渐成重要而已。斯腾以一个简易的方法试验轮廓的重要，他称这个方法为“成形法”（method of formation）。其法“于儿童的面前作画，到了他能够讲出画中人物的名词时，便停笔而不再画”。[②] 我把这些图画择要重印于此，其画虽颇简陋；

---

① *The Mentality of Apes*, p. 325.

② *PC*，第 186 页。关于简单的几何图形的知觉，我们可不用先茵女士的方法，而用轮廓线的帮助作系统的试验。据普莱尔的话（第 1 编，第 65 页），由此所得的结果或许完全不同而更可满意。譬如某儿到了第二年年终时，称圆形的轮廓为一戒指，称方形为窗，称三角形为屋顶，余类推。

格鲁斯试验一个五岁的女孩，觉得她喜欢有规则的图形，而不喜欢无规则的图形——这个结果殊有再加研究的价值。参看 *PM*，第 62 页。又幼儿（两岁时）喜欢简单的排列，这个事实，我们也须加以注意。

然一岁又十个月的儿童，能够指出画中物件的名称。(见图 16)

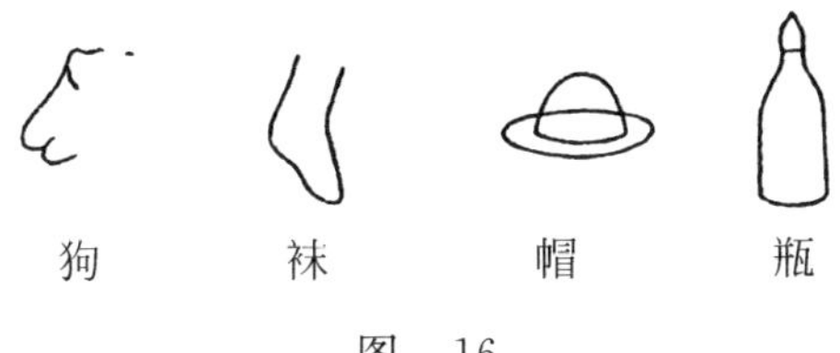

图　16

由这些实验看来，可见幼孩的知觉的图形可易引起，虽然不免简陋，而缺少内部的结构。然而当儿童逐渐长大时，这图形所有内部的结构须更明确，才可辨认。所以早年所认识的图形，到后来反有时不能认识。譬如喜尔达·斯腾在一岁又十个月时，能够认识图 16 中的瓶；但是过了两年半之后，倒反不能辨认了。比纳也以简单的轮廓画试验一个一岁又九个月的女孩。他的结果，有下面的一个事实，是值得我们注意的：面部微笑和哭的表情，及注视的方向，儿童也能辨认；试想面部表情的区别原很微妙难辨，现在若以为儿童所赖以辨认的是图形的轮廓，那末他的成就未免太可令人惊异了。[①] 这个结果，和斯腾侧重图形轮廓的结论似相抵触；虽
然是这些事实和关于辨认相片的报告适相符合。斯腾在讨论辨认 312
相片时，原也曾提起这种抵触。斯腾又以为儿童对于其父母的记忆，比对于他种物体的记忆更为详尽；然而比纳的实验复和这个解释直接相反。试想儿童对于陌生人的面部，也能够辨认其所有不

① 下面 Schjelderup-Ebbe 的话，应附述于此："同性的野鸭彼此都很相似，我们不能凭它们的面孔而加以辨别。……但是它们彼此相认，甚为便利，从未弄错。"作者将这个认识释为"光的角度及形式的知觉"，我可不能苟同了。(参看"Das Leben der Wildenten in der Zeit der Paarung"，*Psychologische Forschung*，1923，3，p. 17。)

同的表情，所以我们只好把面部表情看做幼时经验的一部分；于是儿童在图画上所认识的就是面部的表情，而不是面上的轮廓。儿童在其父面上所认识的不是面色，也不是面的大小，更不是两眼间的距离、鼻嘴及下颌等的形式；乃是我们辨别好相片和正确而不好的相片时所用的种种特性——换句话说，就是图画中所有种种不能以语言形容的性质。

比纳还有一种结果也很有趣味。物体若呈示于相当的关系之下，儿童立即可以辨认；若取出来分件呈示，便不复认识。譬如比纳测验中的一只耳朵、一张嘴或一个手指，便无从辨认；纵在近三年后（四岁又四个月）再作此试验时，也仍无效。可见客观上指定的物件（例如耳朵的轮廓），在主观上往往随其所处的情境，而引起不同的现象。客观上同一指定的物体，有时看成"整个中的部分"（whole-part，此一名词为惠特海墨所创）；有时看成"局部的整个"（part-whole，此一名词也为惠特海墨所创）。所以，比纳的结果不
313 和基云（Guillaume）所得的相反。基云实验一个一岁又十个月的儿童，他画一个人面的粗笔画，许儿童指出那里缺失了一件东西，如眼或耳等。[①]

这些实例，我们可表示其意义如下：在现象上讲，一个人，由儿童看来，非成于其各部分；这些部分乃附丽于其人。人种学也有和此事实极相类似的事实。譬如有许多语言里头，不能仅说一个"手"字，因为手常为某人的手。一个印第安人若偶然看见一只断臂，他可不能说："我已寻得一只断臂了。"而说："我已经寻到某人

---

① 参看 Guillaume，前引书（本书第 66 页注②）p. 132。

他的手臂。”[①]又这些事实复为琴涅(Van Gennep)的观察所补充。琴涅发觉他的五岁的女孩能将她所领会的复杂的图画重复写出，而对于她所不知道的较简单的印成的字母，则不能复写得那么真确。[②]

斯腾以为婴儿的知觉还有一种特点：[③]就是儿童的形状的知觉和物体**在空间内绝对的位置**，可没有什么密切的关系。他们有时将图画倒过来看，也并不觉得不安。据实验者的报告，将图画倒转来成 90°，或甚而至于 180°角，也易认识，和其在常态的位置中无异。这个特点可持续很久。有许多儿童即在初入学时，正常位置的字母固然可以抄写，即有他种可能的位置的字母，如反手字，倒写字等，也都无所不可。我曾请教师们替我作本问题的观察，据说有些儿童读反手字和其读平常的字一样容易；至于成人则殊不易读反手字。这也是儿童和成人的不同之点。所以就儿童言，图形完全不由其位置而定；至就成人而言，则图形的绝对的方向为一很重要的成分。而左右上下的位置，乃为完形中各分子的主要的 314
性质；也即为整个图形的特性。我们若研究位置，在儿童的知觉中究如何渐占重要的地位，也是一种有趣味而有价值的工作。我们也许可以推想儿童的形状的知觉既与室间的位置无关，所以一个站在一条边上的四方形和一个同面积而站在一个点上的四方形(见图 17)，由儿童看来，后者不会产生面积较大的估计。

---

① 参看列维-布留尔，第 188-189 页。

② 据斯腾，*PC*，p. 361。

③ *PC*，p. 190. 又参看斯腾的“Über verlagerte Raumtormen”，*Ztschr. f. angew. Psychol.*，1909，2；Bühler，*GE*，p. 156。

这里，伊真（Oetjen）的结果有一种是值得我们注意的：就是，将书本倒转 90°，成人固难阅读，但九岁至十三岁半之间的儿童，其阅读较成人为易。[①] 下面皮察尔-罗雪（Pechüel-Loësche）的人种学的观察也饶有趣味。他研究娄安勾（Loango）地方的土著，发见“他们对于熟悉的图画，无论它放置得对不对，都能看见而领会其意。又如他们那些会读书的，无论书本倒置或否，他们都可阅读”。[②]

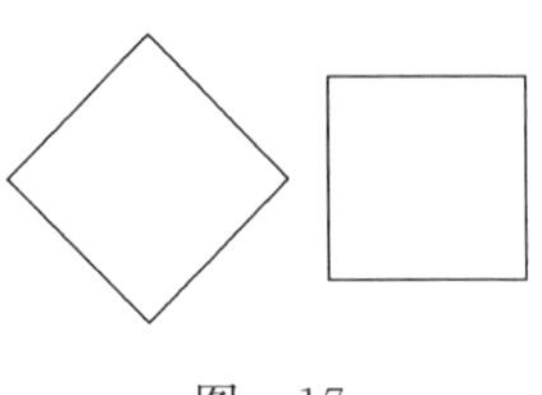

图 17

图形之不随其空间的位置而变，和上文所述的图形之不随体积的大小而变，可连作一块儿讨论。成人的知觉，其组成往往随形

315 式、大小、位置及颜色而异，这些成分都加入于一个完形之内，而这完形也因这些成分的变化而定。至就儿童而言，则形状、大小、位置及颜色等，都可独立而不生关系。但即就我们成人而言，形状、大小、位置及颜色的关系，也不若我们推想起来的那么密切；因为我们也未见得于同时能够一样明了地看出一切可能的完形。大概地说，我们实际上所看见的，比我们所可看见的为少。所以有时候看见些硕大而黑的物体，可不能指出其形状和颜色。举一个普通的例来说罢，我们也许看见一个人有一对富于情谊的眼睛，可不能说出其眼是否为蓝色或褐色。

形状的知觉还有一个最后的问题：就是环境中的什物，我们可

① 参看 F. Oetjen，“Die Bedeutung der Orientierung des Lesestoffs für das Lesen und der Orientierung von Sinnlosen Formen für das Wiederer kennen derselben”，*Zeitschrift für psychologie*，1925，71，pp. 321f。

② K. E. Pechuël-Loesche，*Volkskunde von Loango*，1907. pp. 76f.

以用很不同的观点来看；所以同一物体，其映在网膜上的表象，则有不同的种种。然而在实际上所看见的现象，则不跟着这些不同的表象而变。一个物体看起来，常有其特殊的不变的完形的性质。譬如我看见一只椅，因其位置的关系，其坐垫的四角，没有一角投射于我的网膜之内，而成一正角；然而我所得的椅的知觉的现象则为一长方形。你若用任何种图形来试验一个人，这个人在实验之前，若没有看见过这个图形，则都可有这种知觉。在这些情形之下，我们还可以知道知觉的现象并不跟着不同的观点而变，实际上怎样，看起来也怎样；这就是说，我们所看见的和其正角的形状相当，而和我们的视线成一正角。这个结果也像颜色和大小的恒常性，在知觉的构成中占极重要的地位。我们可称之为**形状的恒常性**(constancy of form)。彪勒以为“知觉的形状的恒常性”类似于概念的性质，的确是不错。[①] 316

由儿童所作的图画看来，我们更可知这个“形状的恒常性”早就是儿童知觉的方式。我们若要儿童们以记忆、模型或图画(据卡茨的试验)为底本而画一立体形，他们所画成的是许多连接起来的正方形。有许多成人——如作者和其妻——若要画不容易画的物件，如椅等，也不免和儿童们犯同样的毛病；这一事实已为惠特曼(J. Whitmann)的实验所证明。[②] 被试验者常将椅背和椅垫画成长方形，等到看得不成样子的时候，他便不免乱用其机智了；因为

---

① *GE*，第 86 页以次。又参看 W. Betz，Psychologie des Denkens，Leipzig，1918，第 50 页以下。

② J. Wittmann，*Über das Sehen von Sckeinbewegungen und Scheinkörpern*，Leipzig，1921. 第六表及第七表。

要想只看见一个物体的片面，须经过长时期的努力和练习才可办到。至于那些有图画的天才的人们则又当别论，他们学起来比较容易一点，有时竟不必有外力的援助。不过了悟一个物体的形状而无误，决不是一种自然的或原始的倾向。每一物件在意识中，起初只有一种形状，有时或至有若干种形状；不过这些形状无论其观点上有何变化，总可维持其原形而不变。这个特有的形状是很简单明了的。[1] 于是乃有下面的一个问题：就是这个简单的形状，无论客观的条件究如何不宜使它引起，为什么还能维持其地位呢？有些人乃常以记忆解释这一种事实，譬如彪勒说某儿可不能使他
317 对于形状的直接的知觉脱离了以往经验的影响。[2] 这好像说儿童若没有已往的经验，则物体现为如何形状，便看成如何形状；或者若用彪勒的术语来说，儿童将就不能看出物体的“正现的”(orthoscopic)的状态了。惠特曼[3]也以为在这种情形之下，我们只能看出客观的实际的形状。但是我却以为记忆不足以解释此事，至少不是主要的解释；我们若要加以解释；则须征引完形发生的法则。据这个法则的意思，有些形状从头就占优胜的地位，这些形状在几何上是简单的，而在物理上乃又是重要的。[4] 只是这个样子，我们才可以解释“正现的形状”(orthoscopic forms)；因此若要看一物体，而使其物之一面和其“正现的形状”恰巧相当，那是很少有的例，或简直是没有的事——正的例若有一个，则负的例便可

① 参看 Wittmann，同引书第 171 页以下。

② *GE*，第 267 页。

③ 前引书，第 162-171 页。

④ 参看苛勒，PhG，第 253 页以下。

有无穷大的数目——因此我们乃以为看物体时，若幸可引起正现的形状，那末这物体便不复为杂乱无章的，乃在意识上引起一种完形。譬如立体若看成立体，则只当我们所站的位置恰和其正面平行的时候；若有一个角向前倾斜，便不复看成立方了。但是正现的完形若已被引起，则客观的形状无论如何地改变，而使原来的完形不易构成，但是它总可维持本来的形状。这决不是简单的记忆；因为客观的形状纵使和“正现的形状”大有差异，也不得不加以相当的讨论。这种差异若果发生，则物体本身仍可影响意识中的完形，以致正现的形状或者成一倾斜的位置，或者另有一个新的形状介于正现的形状和客观的形状之间，所以形状的恒常性也像大小的 318
恒常性，并不是绝对的。

因为形状的恒常性屡以正负的不变为例，惠特海墨遂取此例以拥护我们的理论而驳斥经验说。[①] 正负原是我们所喜的图形。假使有人把这个事实归因于经验——归因于正负呈现的次数——他便无意中以实在的物体代替视觉的刺激或网膜的表象了。因为由透视的关系，正角很少为网膜的表象。所以我们解释这个为我们所喜的图形可不能以其为我们所看见的次数为根据；反之，我们应得以它为我们所喜之故，解释我们对于正角的知觉的次数。

在知觉的研究中，色的恒常性、大小的恒常性和形状的恒常性，是都相类似的。我们若以为经验意即“领会”和判断或新联结的构成，则此三种事实的解释，决不得根据于个体的经验。我们已

---

① 参看 M. Wertheimer，“Untersuchungen zur Lehre von der Gestalt，II”，*Psychologische Forschung*，1923，4，p. 333。

求得几种完形的法则，这些完形一方面由成熟而发展——虽间也由于刺激——一方面又或由于重组而或由于新造。这些重组和创造等历程，也可称为经验；不过经验若有这个涵义，那便超出于经验论和先天论的争点之外了。[①] 就成人言，其完形在意识上便成为知觉的经验；因为它既不仅是对于感觉的判断，也不仅是对于感
319 觉的领会。这些完形的发展，不能仅视为感觉的混合，也不得视为复现的感觉的连合的表现。我们应将完形的机能，视为可使整个完形变造、改良、重组，而更繁复的一种作用——在这个过程中，成熟占有大部分的势力——或者应视为一种新完形的引起。

我们若考虑周围所看见的种种物形，则这个关于知觉的讨论，其欠缺之处当可不言而喻了。我们的现象界，初非成于深浅不同，形状各异的直线及平面，乃成于种种物体。我们的周围有桌，有椅，有旅馆，有邮局，有街车汽车，有动物及人。这个事实似足为经验说张目；因为一个人没有人告诉他，如何能知道某一房子为邮局呢？要懂得这个所以然之故，便须作逆溯的考察。那时便可知知识的获得不仅为“经验”的增加。即使没有人告诉我说某一房子为邮局，但我究竟知其为房子。换句话说，它已有一种意义了。然而它如何有此意义，或有此意义所根据的其他意义呢？通常的假定以为物体初仅为明暗的线和平面，后因经验而始附加意义于其上。但是我们所有关于原始经验的意见和这个假定互相抵触。假使如我们所称，一个物体在呈现而为黑色或蓝色之前，先引起我们的好恶，我们可便不能以其纯粹的感觉的或几何的性质为原始的资料

① 参看 Stern, *PC*, pp. 113f. 我们的见解和斯腾大相差异。

(original data)了。物体的意义原本存在而为物体对于知觉者的动作的关系。因为意义非皆属于此简单型,我们便须辨别原始的意义和后得的意义。然而意义究如何获得呢?原始的意义的性质可予此问题以一答案。我们若将知觉和动作互相分离,便无从知道:行动既经受知觉的支配,知觉当然也受行动的影响。上文讨论 320
苛勒的实验时,我们已说过,一个箱子,由猩猩看来,可为登高之用,坐卧之处,或须被移动的障碍物。知觉野的一个部分只是在动作中才可由其背景中出现而得有图形的特殊性质。奥格登以此之故,定知觉一词的界说为"任何经验得的事件的过程",这是一整个的历程,兼含有接受的方面和发动的方面。①

知觉野的部分只要加入于当时的活动之内,便可因意义的获得而改变其形象。它们或由背景出来而成明显的图形,或者这一图形改造而为另一图形。无论如何,它们既为当时活动的成分,便对于这个活动而得有新的形象。因为每一新的形象引起一种新的活动;所以新意义的获得是无止境的。这个历程固然也是一种"经验"的历程,但决非通常"经验"论所指的盲目的、机械的经验。关于获得新意义的历程的详目细节,我们所知道的尚甚有限;但是要研究这个事实最好对于婴孩及幼孩作妥适的实验。②

① Cf. R. M. Ogden, *Psychology and Education*, 1926. pp. 14; f.

② 米粟特(Michotte)对于这个问题作几种透视镜的实验。他于直觉的组织(*Organization intuitive*)及意义严加区别,以为"我们不能将意义的获得视为在形状之上的一种简单的附加……直觉的组织乃成为规模较大的整体中的一个完整的,构成的部分"。参看 A. Miehotte, "Rapport sur la Pecception des Formes", *VIIIth Intenational Congress of Psychology, Proceedings and Papers*, Groningen, 1927, pp. 166f。

七 感觉运动的学习:训练与智力的第一次成就

在前章内既曾讨论过成就的问题,现在可仅由婴孩心理学中,
举几个例来说明便够了。我们前会举“被灼的儿童怕火”这一个
例,以说明感觉运动的学习。就这个例说,只须学得畏避,而不必
有积极的成就,所以其事似较简单;有人解释其结果,而不涉及成
321 就问题,也就够了。但是在实际上却并不然,因为“学得怕火”不过
是婴孩的多种成就中的一个重要的代表,而这些成就都须和旁的
学习的例一同讨论;你看一个被灼的灯蛾决不能避火,就可以明白
了。我们所谓“第一次的成就”,就是了解痛来自火的关系;而且知
道火光本来是如此动人而如此可爱的,也可因痛的经验而变成一
种危险而须畏避的物体。只是假定一种感觉印象和反应间的联
络,或甚至于假定这个原有联络的打破,是必不足以解释的;因为
此处确还须有一种创造的成就。假使一个儿童在乱跑中偶然被
灼,则必不能受痛的经验的教训;因为没有注意的学习,是无济于
事的。痛在这些经验中的主要的功用,便在于引起注意,而供给适
当的条件,以造成一个新的完形。被灼的手的退缩,当然是反射
的;但是儿童所学得的不是手的退缩,乃是对于火的畏避;若不注
意,便不能有所习得了。

这个解释还可引华生的实验作证。触火本来引起手指的屈曲
和手的退缩,可是许多次触火的经验(从生后第 150 天起,至第
322 164 天),还不能使儿童学得避火。第 178 天时,其反应才有改变,
似乎是由于抑制的结果;但只是到了第 220 天,才完全学得避火。
此后,见烛火便不再用手去抢火,而用手去扑火了。这个新反应成

立之后，那儿童只有一次抢火。[1]

赫尔(C. L. Hull)也曾描写过一个类似于此的实验，他以一个16个月的女孩为对象。就此例说，改造作用成立甚速。他第一次用烛光示她，她即以手扑灭之。到了蜡烛再燃的时候，她用一种特殊的姿势和面孔的表情力图退避。这个其来甚速的改造作用尚不以烛光为限；因为第二天她连惯于玩弄的发光的电灯泡(8 c. p.)也不要触摸了。她对于电灯泡的反应也用她反应烛光的姿势和面孔的表情。电流一经截断；她又和平时一样，要拿取那黑暗而尚有微温的灯泡。[2]

动物所习得的最简单的动作，也应以此解释；例如小鸡看见朱砂色的毛虫而不敢啄食。勒温(K. Lewin)以其对于战事的经验，以为同一事物对于我们成人，也可随时生不同的影响。[3] 例如本来是一片草地，但是当你走到火线上的时候，某一地点便立即有特殊的价值了；又如当你已经离开防地之后，本来是防地的，现忽变为平常的一亩田了。这些经过和儿童原始的经验颇相类似。儿童在发展的初期中所习得的动作不可胜计，彪勒把这些学习仅视为
训练；我们则以为这些学习，总带有几分顿悟的。有些成就本来非 323
儿童所能领会的，我们也许可以称之为训练；但是其实也有顿悟的成分。成人有时为自己的娱乐，促使儿童所做的动作，可以为例。譬如他们要孩子做这件事，或说“请！请！”或说自己几岁等。这种

① *PB*，第278页以下。

② C. L. Hulll, “Quantitative Aspect of the Evolution of Concepts”, *Psychological Monographs*, 1920, 28, pp. 4f.

③ K. Lewin, “Kriegslandschaft”, *Ztschr. f. anqew. Psychol.*, 1917, 12.

完形是很没有确定的意义的。有一个孩子听到有人叫他去拿牛油的碟子，他已经知道去拿了；到了一岁又四个月时，听到父亲说："那是一个牛油饼，"他可也去拿牛油碟子了。还有一个六个月至八个月间的孩子，若听到有人用德国话问："哪里是窗子？"已知道回头去寻了；可是听到有人以同样的声调用法国话说："哪里是窗子？"的时候，也有同样的运动。[1] 所以这些完形不由于感觉成分的总数组合而成，实仅成于一个重要的音调。

在儿童日常的生活中，不久便有些问题发生了，和苛勒的黑猩猩所要解决的问题颇相类似。所以我们也可以研究儿童智力的第一次成就，究竟起于何时，或如何引起。夫朗垦(Franken)[2]曾以研究狗的方法研究两个孩子，其一为两岁五个月，其他为三岁一个月。据苛勒的报告，他对于小孩也曾作过几种和黑猩猩的实验相类似的实验。彪勒继其后，而作同性质的实验。他于其孩子九个月的时候，便利用他的握持的倾向，而开始他的试验。[3] 婴孩在床内坐起，只是拉得到的事物，他便伸手拉取，以便送入嘴内，彪勒使这个拉取的行为逐渐加难。他放一片干饼在孩子伸手而不可及之处，而饼上则系有一线，线则可以拉取得到。另一实验，则将儿童
324 所常玩弄的象牙圈，套在一个直立的木钉之上，钉和手指等大，儿童须将象牙圈由钉上取出。这种实验所应用的原则，我们因苛勒的描写可算早已熟悉了。那儿童在九个月之初时，不能。利用那

① 参看彪勒，*GE*，第 219 页以次；斯腾，*SP*，第 155 页，第 269 页。

② Franken，前引书，p. 63. 这个实验是用一条绳的测验，目的物高挂在一梯的梯级之上。年轻的儿童初尝失败，后看年较长大的儿童如何作此测验，他于是也能成功了。

③ *GE*，第 82 页以下；*AG*，第 50 页以下。

缚在实物上的线;他常“伸臂直向饼干,可是没有看见那条线;即使偶然拿线在手里,也必置而不用。他似乎只有两次领会这个关系,能够连续地解决他的问题。其后他虽忘掉已有的成就,可是我仍以为那孩子在这两次确已领会他的情境”。不过到了第十个月将满时,他才真正了解那个情境,于是线无论放在哪里,他总立即拉线而取饼。彪勒且能使其行为没有变成侥幸成功的可能。这个结果,后也为倍塞(Peiser)及福尔凯尔特所得,有几点是饶有兴趣的。头两次的成功也可以视为“预现”的实例——这是我们更须特别注意的。关于“预现”的例子,我们讨论猩猩的研究时也已举过(见第 213 页),在感觉运动的发展中,已经屡次看见许多类似的预现的实例;而且我们也曾申说这个“预现”的概念,在学理上甚为重要。(见上文第 279 页)

由木钉上将象牙圈取出,在儿童看来,似较困难,和苛勒实验的结果恰相符合。儿童到了第二年的年半时,才能做这个动作;但是那时这个动作总算完全了解了。所以更能够立即由钉上取出钥匙,由手杖上取出帽子等。

苛勒对于一个小女孩作迂回的实验。女孩的年龄为一岁又三个月。她自开始单独走路以来,还只有数星期之久。实验者把孩子放在一条路的末端,路长 2 公尺,阔 1 公尺半。路端置一墙,墙 325
外置一很动人的物件;这物件虽可看见,但是不能拿到。“那孩子走近墙边尽力将身体挨近那个物件;然后四面慢慢地看,观察那条路的另一终点;于是忽发一笑,绕墙打一个圈,而达到目的地了。”[①]

① *I*,第 10 页(14 页)。

儿童之不易以工具的帮助作迂回的解决，正和黑猩猩相同。苛勒用一块迂回盘(detourboard)(其位置为常态的——即使盘口离开儿童最远——参看上文第205页)，以实验一个年已两岁又一个月的男孩子。他在身体的运动上，已能解决迂回的问题。他有中人的智力，可是不能利用手杖。他既不能得到其所欲得的物件，乃以手杖及皮带投击之以泄其愤，和同情形下的黑猩猩正复相类。[①]

苛勒以为儿童在建筑及解绳的实验(参看第216页)中，其行为也无异于黑猩猩。儿童在建筑时，其所感觉到的困难和猩猩同——就是不易以这一物体叠在那一物体之上，往往手足乱动，至为可笑。但是将满第三年时，这些实验中的最简单的，他便能够领会了；反之，猩猩则虽经过多次的练习，也不易有真正的进步。就解绳的实验说，要想孩子的行为没有错误，势必使他视觉中有正确的表象；所以儿童到三岁时或四岁后，若仍不能敏捷地解出绳子，可算是由于缠绕的绳子还不能引起儿童适当的视觉的完形。

326 普莱尔对于儿童曾作过一种偶然的观察，可以和猩猩的应用箱子，相提并论。普莱尔的孩子年一岁又五个月，不能由一个高的橱上取下他的玩具。所以“他四面跑过，拿了一个行李包来，自己便站在行李包上，以取其所欲得之物”。[②]

我们希望这些研究的方法，现在在原则上既已算是完备了，将来总可以系统地应用起来，以测验婴孩心理的发展。

---

① *I*，第176页(244页)。又参看本书第一章，第20页。

② 普莱尔，第2篇，第12页。对于未满一岁的儿童的极幼稚的成就的观察，可并参看斯腾，*PG*，pp. 84f。

八　续前:摹仿的问题

儿童所有的成就,多半由摹仿其环境而习得的。摹仿在心理学中,最足引起争辩。有许多学者以为儿童的发展受摹仿的影响最多,又有许多学者则完全否认摹仿。摹仿之一概念已经过许多种很彻底的分析,可见关于摹仿问题的争辩,决不是由于学者对于摹仿概念的歧异。美国的心理学者对于摹仿更多不同的分类,因此甚足显示摹仿的特点。(研究过这个问题的学者,有摩尔根[Lloyd Morgan]、桑戴克、柏立[Berry]、华生、麦独孤、斯腾及基云。)若由我的意思陈述这个问题,则摹仿由于:(一)个体本性中所已有的完形,因旁的个体完成了一种同样的动作,而开始活动;(二)个体若看见另一个体有某种方式的动作,而引起一个**新的**完

形,则也可谓摹仿。这两种又都可再分类:由第一种可以分出(a)

本能的,和(b)习得的完形;就第二种而言,新完形所需要的成就,

又有阶级的高下。例如:(a)一个鸟看见危险,发出警告的声音,旁的鸟虽不知道这警告的原因,可也发出同样的鸣声;(b)一个人所已熟悉的曲调,可于无意中唱出。就第二种而言,其低级的动作为背诵从未听过的字——或做任何种动的反应;其高级的成就则为:由前例而领会解决问题的方法。苛勒的实验中的问题可引以为例。这些新完形的成就,可有许多变异;因为由摹仿而起的新完形,也许远不若那原型的完全和妥切;也许和所欲摹仿的动作全相背驰,也未可必。

我想这个分类,可以包括摩尔根所指出的关于摹仿性质的区别了。我们要说明这个区别,或者可以说摹仿可为一种运动,或一

组运动，或一种有目的的动作。自来的动物心理学者，都只去寻第一种；等了寻不到第一种时，便断定没有一般摹仿的才能。譬如桑戴克说猫以爪拉绳，而他所看见的猫以齿拉绳，他便引这个例为反对摹仿的理由。但是这个论点，只是就运动的摹仿而言才可成立，所以柏立驳斥其误谬。①

我们刚才所指出来的区别，当然是附属于前所拟定的分类。因为由摹仿而引起的完形若愈高等，则其摹仿愈可以其所欲求的
328 目的，来定它的性质；反之，其完形若更简易，则其摹仿也更只是一个运动的摹仿。此处所谓完形的区别，在前章的结束时，已经加以讨论了(参看第 242 页以后)。高等的摹仿之有异于低等的摹仿，正好像智慧的动作之有异于机械的训练。一种动作若愈纯粹地属于运动，而有赖于遗传的或本能的完形，则愈仅为对于运动的摹仿。可是即就这种地方来说，假使你把原来的运动和摹仿的运动加以比较，其共有的成分也只是那整合的“运动的节奏”；对于各部运动的印板式的摹仿，那是永远不能看见的。一个生机体若因看见别个生机体逃走而也逃走，其所摹仿的也是整个逃的动作，可不是四肢个别的运动。同理，我因看见旁人欠伸，而也于无意中欠伸时(这是一个最原始的摹仿的例)，我也照我自己的样子，而不照他的样子开口呵欠；因为我所摹仿的是欠伸，可不是旁人颌骨的运动。一个动作若愈缺少意义，则纵甚简单，也愈难摹仿。据基云的

① 参看桑戴克，*AI*，第 89 页以下；又拍立(C. S. Berry)，“An Experimental Study of Imitation in Cats”，*Jour. of compar. Neural. and Psychol.*，1908，18，p. 24. 关于这个问题的一般的讨论，参看 Guillaume，*l'imitation*，前引书，pp. 118f。关于下段，也可参看此书，第 181 页以次。

报告，他的孩子在第九个月时，学梳他自己及父亲的头发，20 天之后他可不复就摹仿那置手在头发之上的姿势了。摩尔根所指出的运动摹仿和日的摹仿的区别，实只是程度的差异而非种类的差异。在事实上，我们决没有单是运动的摹仿。所以只是讨论摹仿学习的问题时才有这个区别。

从前若有人说起本能的摹仿，他便指“引起运动的知觉”和“为知觉所引起的运动”之间的一种联络。譬如这个鸟，如何能摹仿另 329
一鸟的警告的鸣声呢？摩尔根和斯腾以为这个反应，是一种本能的倾向；而旁的学者如格鲁斯（Groos）和桑戴克等，则虽不能提出较好一点的解释，[①]可是对于摩尔根和斯腾的解释却又否认。由桑戴克看来，摹仿自然是一个不可解决的问题，因为他对于行为的整个理论，是建筑于他的神经元联结的理论之上的；而由神经的联结论来说，则一般摹仿的倾向都须有一种很复杂的神经网，所以桑戴克觉得那是不可能的。格鲁斯也以相类似的理由，而否认摹仿的倾向；但是单独运动的摹仿之属于（a）的，却仍为桑戴克所承认。

我们既不承认以神经元的联结来解释本能及一切行为，所以现在若以为摹仿本能，就是看见一种运动，而使这个运动直接引起的意思，那就只算是一种遁词了。我以为我们可不必如此。在本章的开端，我们曾说过一个记忆的法则，以为一个已有的完形可予我们以适当的条件，好唤起同样的或相似的完形；婴孩的行为都和这个法则相吻合。斯腾跟着鲍德温（Baldwin），也以“自我摹仿”

① 参看摩尔根第 168 页以下；斯腾，*PC*，第 92 页以下；格鲁斯，*SK*，第 52 页；桑戴克，*EP*，第 108 页以下。

(self-imitation)为发展最早的摹仿。儿童往往反复演习同样的反应而毫无变化,无论其为一种新的动作或发音,都莫不然。据斯腾的意思,这种反应开头是一种纯粹的运动的机制,于是其运动和运
330 动的知觉之间逐渐成立一种关系;久之,运动的知觉遂即引起运动,以成鲍德温之所谓循环的活动:R-P-R-P,R 代表运动,P 则代表这个运动或其结果的知觉。所以由这个假说讲来,“自我摹仿”乃还原而为一种联想的机制。由聋孩的乱发声音看来,发音可不必赖有听觉的帮助。即就常儿而言,其第一次的发音也不受听觉的指导——基云便根据这个事实以反对语言之听觉运动的联想说。然而听官在发音的行为上,不久便占重要的地位,你看聋孩学语的程度低于常态儿而其发音也不若常态儿之有变化,也便可以明白了。[①] 我们语言的器官实更直接有赖于听觉,可见听觉和发音的联结,决不仅由于表面的联想而得的。苛勒在许多年前,曾以为我们听过一个曲调之后,往往能够照样歌唱,这种能力为成人所有,固不必说;即很幼年的儿童也莫不然,——未满一岁便表示这种能力了。苛勒同时又提出一个假说,以解释这个能力的起源。我们若看以下各例,便更可明白了。据普莱尔的报告,一个小女孩,在生后九月时,便能跟着钢琴歌唱,且未能讲话,先能和她的两个姊妹唱歌。斯图姆夫又说著名作曲家德沃夏克(Dvorák)有一女孩,一岁半时便能和琴而唱很难的曲调而不误;而且她在一岁

① 关于此段与以下各段,可参看斯腾 *PC*,第 90 页;*Sp*,第 148 页以下;又鲍德温(J. Mark Baldwin),*Mental. Development in the Child and the Race*,New York,1895. 又基云,*l'imitation*,*loc*,前引书第 89 页。

内，便能由保姆处学得“Fatinitza”的进行曲了。[①]

更由旁的发音的摹仿，也可见听觉和发音，不仅是联想的关系。儿童在未懂语言之前，对于他们本来所不会有的字音，早就能 331
够摹仿了；至对于本来所已有的音，于年纪很幼时便能摹仿一层，那是前已讨论过的（参看上文第 274 页）。斯腾的女孩原未曾发过“papa”这个字的音，到了生后第九个月，才第一次学得喊“papa”。但是儿童在这个时期内所摹仿的，大概以乱杂不清的音为多，如啜嘴之声，咬嚼之声及韵母的收音等。据普莱尔所报告的汉符理（Humphrey）的一种观察，和这一层很有关系：“某儿约于生后四个月时摹仿一种会话，其音调和平常的音调甚相类似，所以隔房若有人听到，或将以之为真正的会话。”其辅音、母音的组织等，那当然是很不完全的了。

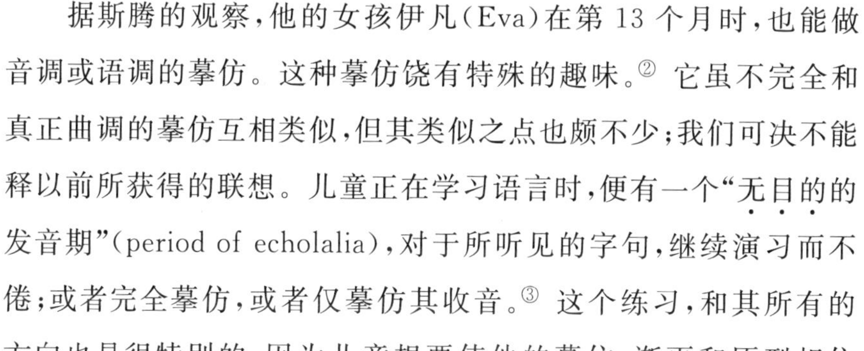

据斯腾的观察，他的女孩伊凡（Eva）在第 13 个月时，也能做音调或语调的摹仿。这种摹仿饶有特殊的趣味。[②] 它虽不完全和真正曲调的摹仿互相类似，但其类似之点也颇不少；我们可决不能释以前所获得的联想。儿童正在学习语言时，便有一个“**无目的**的发音期”（period of echolalia），对于所听见的字句，继续演习而不倦；或者完全摹仿，或者仅摹仿其收音。[③] 这个练习，和其所有的方向也是很特别的；因为儿童想要使他的摹仿，渐更和原型相仿

① 参看普莱尔，第 1 编，第 90 页；又斯图姆夫，*Tonpsychologie*，第 1 卷（1893）第 293 页以下，第 2 卷（1890），第 553 页以下。

② 参看普莱尔，第 2 编，第 257 页，又斯腾，*PC*，第 143 页以次。

③ 斯腾，*Sp.* 第 153 页，又基云 *l'imitation*，前引书，第 34 页以次。

佛。克拉帕累德想要解释这种行为,遂不得不假定一个"遵循的本
332 能"①(instinct to conform);但是这未见得比摹仿的本能更为进步哩。不过我们所引的事实都有一种普通的倾向,因为鹦鹉摹仿说话,也必继续练习非完全纯熟不止。

假使我们假定其知觉和运动之间有一种直接的构造的关系,那末这些事实便统易了解了。知觉的完形和运动的完形既很类似,所以知觉的完形即可引起运动的完形;而运动便成为知觉的副本,因为这两种不同的完形(知觉和运动)之间的关系——即互相引起的关系——应常有一种明确而密切的构造的关系。当整个的构造已将确实成立时,其各个的部分动作也随而巩固。那时儿童听到一个要摹仿的声音,他便发音仿效,听到自己的声音,而用以和所听见的比较是否完满。其所摹拟的音若不甚妥善,则必略有欠缺,且可知其动作尚未可算为完成,而其演习也未即可停止;因为他所发出的音,只是已成为原型的妥善的副本之后,才算已经达到目的。于是原型的完形和摹仿,才得有一种均衡的状态。要解释这个适应,似不必有一个特殊的本能;因为我们可兼用心理学及物理学②的法则来作一说明。而且知觉和运动间的这种关系实同于行为和心理作用间的关系(参看第22页及第130页以后)。

我们曾以为知觉和运动之间,可有一种完形的关系,且曾以
333 "关联"或"类似"等字说明这个关系。但是其关系的种类也可不同。假使有一个人正在我面前求一个问题的解决,我若懂得那个

① 克拉帕累德,第142页。

② 据苛勒(*phG*)书中之意。

解决，我便能依样去做。换句话说，知觉完形若被正当地引起，以至于原来无关紧要之点现在成为我们所用以领会整个图形的焦点，那末问题的解决便立即可能了。所以看见某种运动的秩序若便跟着有这种运动，实在不是一回怪事。换句话说，我们此地除了“有意动作如何引起”的那个一般的问题——这个问题现在暂时不想予以解决——实没有另一特殊的问题。我想举一个例以说明这种反应。譬如儿童都喜作“传匙游戏”(game of forfeits)，一儿先由他儿手内接到羹匙，然后再以羹匙传给另一儿童，说：“Lirum-Larum Löffelstiel，wer das nicht kann，der kann nicht viel。”据这个游戏的规则，接匙传匙都须仿效第一人的样子；就是以左手接匙，而以右手传匙。错误者罚。不知道这个游戏的儿童，究竟如何学习，看起来很有趣味。其困难之点，便在于领会情境；领会情境之后，其问题便立可解决了。所以知觉的完形和所要做的运动之间的关系，不是摹仿的问题；因为当知觉的完形由观察他儿的行为而引起的时候，摹仿便立可完成了。这一问题和前所述过的较高级的摹仿的第二式，可不生交涉；因为儿童没有看见旁人的行为之前，便已有作那种运动的意向了。譬如那以摹仿而取得水果的黑猩猩，在没有看见另一猩猩如何得果之前，便已有意取果了。同 334
理，儿童于传匙游戏中，开头便有意做不错的动作了。但也有许多儿童，只是看见反应之后，才引起要作这个反应的意向；譬如某孩生后 11 月时，看见别人拂椅了，自己也才拂椅。这种“严肃的游戏”的摹仿也见于黑猩猩。[①] 然即就这里说，也没有什么不可了解

① 参看 Köhler，*Pedagogical Seminary*，32，pp. 685f。

的地方；因为那动作的经过既经完全领悟，于是那动作和其结果的关系也立可了解，而知觉的完形遂因此引起动作的摹仿了。这个行为还可有几种不同的解释：第一，在本章的开端时，我们曾讨论过完形的补充，就是某一成分若有缺乏，便可加以补充，以恢复其原来的完形；那种摹仿的手续和此正相类似，动作之所以引起，就因为它是完形的一部分。譬如过钢琴之前而不弹琴，过信箱之前而不开箱，或过门上电铃之前而不按铃，这都是不容易做到的。其所以难做到的缘故，也由于同样的原因。这个法则就是詹姆士、冯特等之所谓“观念运动律”（ideo-motor law）。格鲁斯曾以此为解释摹仿的一个主要的原则，而桑戴克则于此力加反对。采用这个法则，则每一观念都带有运动的倾向，所以可引起其相当的反应。

但是我们也许可以假定摹仿的冲动，还有一种完形的法则，能使其摹仿愈妥切而愈稳固。

其实这种有意要做的反应，其观点似乎在前述的两种摹仿之间。就智慧的摹仿而言，其被仿效的原型，仅足使正确的知觉完形
335 有引起的可能。由知觉而成运动的经过，那是无须解释的，因为要做那动作的意向，并不是因有原型而始存在的。但是就第一种的摹仿而言，例如儿童的牙牙学语，其原型，则不仅引起知觉，且引起摹仿的冲动；于是由知觉而至于反应完形的过渡，遂成一问题了。前述拂椅的例子，其原型既引起知觉，而复唤起冲动；于是其由知觉而过渡为运动的经过，就是由于了悟原型的结果，所以未必比第一种摹仿，更需要一种解释。其所做的动作不是直接抄袭他人的运动，乃是补充其知觉中的完形。

一个生后 38 个星期的婴孩，若看见母亲以羹匙碰羹匙，而有同样的动作，[1]我们便须揣想那婴孩领会其母的动作之后，便够引起其相当的运动。要了解这种摹仿，实在并不较难于或较易于智慧的摹仿。

所以就原始的摹仿而言，我们便以为其知觉和运动乃是整个完形的两面，其关系实非常密切。关于语言和曲调的摹仿，这个假说之应承认，乃是前已指出过的。[2] 其实这些摹仿，在实质上确无异于他种摹仿。初次摹仿的对象，都为表现的运动。儿童在半岁时，若有人对他微笑，他便有微笑的表情；若有人对他啼哭，他便有
啼哭的表情。对于这些表情运动的直接的摹仿，即桑戴克也予以 336
承认：普莱尔的孩子在将满 15 个星期时，摹仿卷唇的动作，大概和此同属一类的表情动作，必不在少数了。但是我们前曾说过情绪和情绪的表情动作应有极密切的关系（参看上文第 130 页以后），所以由知觉而运动的经过应以这些完形间的密切的关系为其根据。

我们虽没有解决了这个问题，可是已指出这个解决所应取的方向，以及低级行为和高级行为的关系究竟如何成立。摹仿的问题于是乃成为一个完形的问题；就是知觉如何引起运动的问题。完形的补充律（the law of configurative supplemention）和图形的

① 参看穆尔，第 18 页。

② 斯图姆夫的孩子的行为可为这个原则的证明。他说自己特有的语言，而没有搀入成人所用的一个字；过了几年之后，忽然能够背诵四种短略的祷告文，而几乎没有差误。斯图姆夫说：“他说惯一种奇怪的语言之后，竟能够说本国话而几无错误，便大可引起我们的注意了。”参看 *SpE*，第 22 页。

重复律”(the law of the repetition of figures),在这个地方都很重要;但与此有关的,也许还有旁的法则。

因为摹仿的意向又有各种不同的原因,所以我们将本问题分为两组:(一)摹仿的必要,(二)摹仿的能力。心理学者有时讨论整个摹仿的问题,似乎以摹仿为“势所必然”(compulsory)的动作;但这就不免为一偏之见了,因为摹仿的能力才是摹仿的要点。你若说摹仿的意向完全因看见他人的动作而引起,那是不足为摹仿的标准的。一个牙牙学语的儿童,若摹仿其所听到的一音一字,那决不是一种势所不得不然的摹仿;因为只是他所说的话,才取决于他人的动作。我们自然不能不承认摹仿的必然性的存在;但也必先有摹仿的能力,才会有这种必然性。所谓摹仿的能力,就是知觉引
337 起动作的能力;而要做动作的冲动,则可由旁的源流而起。生机体若愈简陋,而支配动作的因子愈少,则其知觉中的完形对于动作必可有更大的势力。所以由摹仿的能力而至摹仿的必然性的经过,是逐渐而来的;因为被摹仿的原型,充其量,不过是决定动作的多种成分中的最强有力的一种。[①] 即就简单的受暗示性而言,也莫不然。譬如我精神兴奋的时候,纵使看见旁人欠伸,可不觉得自己有欠伸的必要;但是疲倦的时候,则旁人的欠伸不仅引起我的欠伸,而且还使我觉得非欠伸不可。又如怒至极点或忧至极点时,旁人的笑便较难引起我的笑。所以我以为摹仿的必然性,不及摹仿的能力的重要。

现在可以由摹仿的一般问题,进而讨论以摹仿而学习的特殊

① 关于此段,可参看格鲁斯的话(见 *PM*,第 286 页)。

问题。摹仿的学习有两种可能性。第一，个体因摹仿，而在一种新的情境中，学作其所已熟练的动作。这就是(a)和(b)式的摹仿；动作时实莫明所以，到了动作完成之后，才可了解。但是摹仿的学习，也可仿照前述的第二式；那时摹仿本身便引起一个新的完形。由已知的事实讲来，摹仿的学习，要属于这第二种，较低阶段中的语音的重复也属于此。我们于此复可征引基云的话，[1]他以为发音摹仿的进步有赖于已往的听觉辨别力的进步，换言之，即有赖于新的知觉完形的成立。但是摹仿的学习，由旁的方面说，也似应属于这一类。对于动物摹仿的实验，原还不曾得到一致的结果；不过 338
下面这一句话，至少是可以成立的：就是动物虽不常有摹仿，然而若有摹仿，则其摹仿便非常重要。摹仿的实验其所以多消极的结果者，大概由于研究摹仿的人，看不见很低水平的摹仿的动作。柏立说他的猫，只是懂得其所摹仿的动作之后才能摹仿。苛勒也说："一个动物若在看见另一动物解决了某种问题之后，而忽敏捷地照样动作，那时我们便不禁以为这个动物的智力很高了。不幸这种例子，即就黑猩猩而言，也很不易多见；而且纵使有这种例子，也只是当情境和其解决，是它们所易领会的时候。"[2]苛勒曾报告过黑猩猩的摹仿的实例有好几个；有一个例子也很重要，一个愚笨的猩猩对于另一猩猩的模范的动作不能了解，其所做作的错误至为可笑。此例和一个人说笑话而失其可笑之点正复相似。

---

① *L'imitation*，前引书，第48页。

② *I*，第161页(222页)，又论文，见 *Pedagogical Seminary*，1925，33，pp. 686f。

对于儿童的观察似也和我们的观点相符合。穆尔夫人说她所观察的儿童直至领会他人的动作之后，才能作摹仿的学习。据斯腾的观察，也有相似的报告，以为练习语言，只是在对于语言已了解而发生兴趣之后。

但是摹仿的学习，却较易于自发的学习；有些动作如说话、写字等，若没有摹仿的帮助，则必不能学成。看见原型，似乎可以增进动作，这大概有两个原因：（一）由原型的呈示，而知解决所极需要之点；（二）个体由此而更注意于那些与情境初无关系
339 的事物。若于原型呈现之时，而更佐以语言，以便摹仿者领会其要点，则摹仿可较为容易。但是已经习得而了解的动作，则不难摹仿；据苛勒的报告，黑猩猩在这些情形之下，也易有这一类的摹仿。

就此义说，摹仿为心理的发展中之一重要的成分。我们所学习之事，都不由自己发见而得，乃由了悟原型而得；到后来，则以语言的指导而习得。摹仿在初期中，其困难虽不亚于新发明；然在后来，则常为学习的捷径。儿童时期所学习的分量，较多于其他任何时期；而且童时的学习，常为高级的动作。所以儿童的时期更应特别尊重。

九　观念的学习：语言与思想的问题

最后可讨论观念的学习，大多数的问题和最困难的问题都隶属于此。我们因有观念的学习，才可和现实的知觉脱离关系，而制御其世界。关于这一问题，有少数是可用我们所已提出的理论解释的，我们将取而讨论之。与此有关的还有许多问题，虽已引起热

烈的争辩,可是非普通心理学所能充分说明的。这些争点,我们将置而不论。读者若要明白其论点之所在,可参看彪勒的书第十七章。

在未讨论本问题之前,须先有下列的声明:为要容易叙述儿童
的学习起见,所以予学习以分类。其实这种分类是没有固定的界 340
限的,所以即当我们讨论观念的学习时,常不免涉及知觉的学习和
感觉运动的学习。我们前会说过,最重要的范畴都先在知觉中发
现的。

我们现在乃不得不讨论儿童学习说话的进步,因为语言乃是思想中最重要的材料。我们因有语言,所以可超越现在回忆过去而预想将来。关于这个重要的发展,我们究竟知道些什么呢?有一事实,学者虽未始不知道,但不曾予以应有的注意。这个事实,就是对于语言的了解远在能够说话之前。斯腾说,说话和语言了解的差异,以在学习语言的头几个月内为最大。[①] 我也曾看见一个小女孩,她连一个字都不能说,但对于母亲所说的话都能了解其要义。她使她的母亲知道她需要食物的时候,母亲便将问:"你要面包吗?""你要牛奶吗?"那女孩便或点头或摇头以示意。因此,母女之间也有相互的了解。其母又告诉我说,这种了解在其女两岁时便已开始,而且每有一种新的了解,便足使其女有快乐的表情。我还可以说,我对我的狗,也常用类似于此的方法。

发音表示的能力约于一岁半时——这个年龄随各人而大

① *PG*,p.145。

异——有急剧的进步。在这个时期之前，其字汇没有显著的增
341 加，[①]其单字即为表示愿望和感情的单字句。到了第二年年半时，其所用的字数增加很快；而尤以指物而问其名，为特殊的现象。儿童往往指着种种实物，而问“这是什么？”等到知道名称之后，才可满足。这指物问名的行为似甚重要，儿童之所以有进步者多赖于此，如斯腾的孩子，其由指物问名的行为发生之后，以至儿童自己应用这些名称的时候，也许有几个月的间隔。

克拉拉·斯腾和威廉·斯腾以为儿童此时才知道一物皆有一名，这乃是他一生中最重要的发现。彪勒对于这一层也颇看重，且进而分析其性质。[②]

此时还有一个特点，以别于其他时期，其用字名物的方式已有显著的改变了。儿童所有一字句或其后之复字句的内容，本仅用以表示愿望或情绪，此时可就不同了；而且其所谈的话也多为此物或彼物的名称。其证据如下：(一)感叹词的应用此时很少发展，而名物的字则增加很快。(二)原来用以表示意志，感叹和要求的字，在这时乃用以名物。譬如“喜尔达纵使不需要面包时，也用‘请求’
342 (*please*)一字代替‘小面包’(roll)的名称。而 look(意即‘请看’)一字本常用以名食指伸直的姿势，后来乃用以称这个姿势的手。(我们的女孩看见广告画中有许多指着的手，乃大呼 nothing but looks[意即只有手])”。[③]

① 参看斯腾的摘要，*Sp*，第 158 页以下；又关于以下各段，可参看同书，第 175 页以下。

② *GE*，第 392 页以下；又为简单明了计，我想可参看 *AG*，第 58 页以下。

③ 参看斯腾 *PC*，第 375 页；*Sp*，第 178 页。

婴孩发展到这个时期之后，其字乃脱离了愿望感情的关系，而和事物成立一种新的关系。事物的完形即在此时之前，便已比较地稳固了；因为事物的完形不必等到和名称发生关系之后，才可发展的。这是可以用儿童未能说话时的行为作证的。不过名词对于事物的完形，也不无影响。关于物或实体的问题，待第十节详加论列。

给物以名称，乃是儿童重要的发见。彪勒以为这个发见和黑猩猩所有的发见，正复相似。[1] 我们既已认发见为完形的一种动作，那末以名名物，当也可视为一种完形的成就；因此我们可以说字之加入于物的模型之中，正好像竹竿之加入于黑猩猩的欲求水果的情境之中。于是我们遂可以为字之加入于物的模型之中，正和其他成分之加入相似。换句话说，名词乃成为物的属性之一——这个可能是彪勒所已讨论过的。但是没有听到或看见物名的时候，却也仍可见物，所以名虽像是物之一个不定的属性，然仍

不失为物之确定的属性。譬如母亲的眼，也是她脸上一个确定的，343
虽不是常在的属性；因为她若回转头去，其眼便不可见了。由一般成人看来，这个不定性也可视为确定的；因为一件蓝色的衣服在黑暗中看，虽看不出蓝色，但仍不失其为蓝色。不过名之为物的属性，却有一个特点：就是物不肯为蓝色，然物皆可有名。因此儿童可给任何物以一名，名遂为物之最显著的属性。有名之后，于是物的属性乃可有进一层的组织。

即就我们成人而言，名为物之一个属性的一回事也并不足怪；

---

① *AG*，第 59 页。

因为物之与名常有一种很密切的关系。有一笑话或可用以说明我的意思。有一次在讨论各国语言的价值时，某君说："英语是最优良的语言，我可以证给你看。譬如 *knife*（英文'刀'字），法国人称之为 *couteau*，德国人称之为 *messer*，丹麦人称之为 *kniv*；而英国人则称之为 *knife*，其实只有 *knife* 才表示出来这个物体。"①

名为物之主要的属性，还可以引民族心理学的事实为证。就原始的社会而言，儿童的名字既不是任意取的，也不是由儿童的父母乱定的。其实，原人儿童的名字不是生后给的，因为他既只是继承父母的生活，所以他一入世，便已有指定的名字了。然而就大多数的原民而言，他们在一生中还可以得有旁的名字。例如成年、结婚、第一次杀敌或加入秘密会社的时候，便得有一个神秘的名字，

344 以表示其已经加入一种新的神秘的关系。这些名字的经过和一切字都同，因为在这些原民的社会之中，其个别名词和普通名词的区别，决不若在文明人社会中之精。他们的说话，都有魔术的势力；由原民看来，字在世界中的位置，和他物及属性的位置正相类似。②

据弗罗培尼（Leo Frobenius）在他的非洲土人的故事中所示，则这个文字的势力，在神仙故事中尤为持久。他所描写的土人对于 *Tuschimuni* 及 *Mukanda* 两种故事辨别甚精；前者为关于他们自己的传说，有动物活动说话于其内，后者为关于欧洲人的故事，只说其事曾发生于往昔某时。萨立对于儿童期中文字的势力，有

① 参看萨立，第 76-77 页。

② 参看勒维-布律尔，第 407 页以下，第 198 页以下；又萨立对于儿童有类似的观察，见萨立书，第 76-77 页。

下面几句话："文字的深远的势力以在故事中为最易见。我们成人往往以读故事自夸；儿童若知道什么叫做读，将不免讥笑我们了。"萨立又说："给一物以一名，便好像是使它活着。"[①]文字对于儿童及原民确为另一实在，和我们所见者不同。由他们看，文字不仅为象征，且托足于世界之内，对于世界有实际的势力（字的魔术）。所以吾友奥格登的四岁又一个月的幼女问："我们何以不能看见我所说的话呢？"那也是很自然的一个疑问。

由儿童看，名和其所附丽的物体同为实在，我们这个假定因皮亚杰（Piaget）的精心的研究而有充分的证明。他和他的同事所研究的各国（瑞士、法兰西、西班牙）的儿童，虽都远较我们所述的儿童为大，但是他们的经验到了七岁的时候，仍为极端的实在论的。345
"一个儿童若知道了事物的名称，他便以为自己所知更多了。他相信自己已深悟事物的本质，而予以一种真正的解释。"原来名字确存在**于事物之内**。事物告诉我们以其名称：我们只须看一看它们，以求知其名称。例如问一四岁半的孩子，我们究如何知道太阳叫做太阳，他的答案如下："我不知道——因为我们看太阳的缘故。"皮亚杰说，我们不应以为"太阳"这个名称意即一个黄色的圆盘及其他，我们应得说，那黄色的圆盘，太阳，即合"太阳"这个名称于其内。换句话说，名称决不是任意取定的。现在可由皮亚杰的研究取数例如下。问题：我们可否称柔拉山为萨勒佛山，而称萨勒佛山为柔拉山（两山是日内瓦附近的山脉）呢？一个七岁的儿童答，"不能"。新问题："为什么不能呢？"答："因为它们不是相同的。"另一

① 参看 Les Frobenius，*Paideuma*，Munich，1921，p. 22；又 Sally，同前引，pp. 55，56。

问题："我们可否给太阳以另一名称呢?"一个九岁的儿童答："不能。""为什么不能呢?""因为太阳就是太阳，谁也不能给以另一名称。"但是一个六岁六个月的儿童，则承认上帝可更改事物的名称，虽然他又说上帝如此，便不免做错事了。皮亚杰研究这个唯名的实在论的发展，到了稍后的一个阶段中，名已不再存在于物之内，但仍和物相合。①

洪波斯托(V. Hornbostel)由另一出发点，并用全不相同的材料一即世界各种语言的音——而得到约略相同的结论。他以
346 为"音系由意义(德文'sinn')而定"，而"话则为有音的意义"。"音原可完全表意，要懂得我们所听得的话，决不赖有经验和学习"。②

关于儿童和物名的关系，还有许多要讨论的问题。假使物皆有名，那末儿童竟如何习得其所需要的字呢？这确是一个重要的问题，斯腾称之为儿童的"字的需要"。③ 儿童除了质问问题之外，显然还用旁的方法，以习得万物的名字。

一、有些名字似乎由于杜撰，究竟如何起源，无从而知其详。这种名字，穆尔夫人报告过很多。斯图姆夫有一种观察，很可用以说明这些名字的起源。他的男孩称某种形状的砖为 marage，到了十七岁时仍复记得，而且说明他用这个字的理由如下："**这个字的声音正可表示这种砖的形状，就是到现在我还依旧以为如此**。"就

① 参看 *RM*, pp. 38f, 61f, 64。

② E. M. v. Hornbostel, "Laut und Sinn", *Festschrift Meinhof*, Hamburg, 1927, pp. 329f.

③ *PC*, p. 158.

这个例说，物和名便有一种如皮亚杰及洪波斯托所称的密切的关系。①

二、有些字习得的时候，原用以名某物；但可逐渐扩其应用的范围。儿童若不知道此物的名字，也许给以一个属于他物的名字。这些名字“假借”的用法很有学理的趣味，所以我们想举几个例来说明。“喜尔达·斯腾在未满一岁时，即能用 *puppe* 一字；这个字乃是她最早所有的字之一。第一次原用这个字以名一个玩偶，不久便用以名其他玩具，如布做的狗和兔等。但是她却不会用这个字以名银铃，银铃也是她此时另一主要的玩具。”到了一岁又七个月时，她呼父母的鞋口为鼻，“她于是喜欢拉着我们的鼻子，而且知道她也可以照样拉起鞋口”。还有一个两岁又三个月的男孩“先以 lala 一字表示歌曲或音乐的意思。其后听到军乐的时候，这个字的意义为兵，最后乃为各种噪音，以及拍击敲打等非音乐的声音

① Moore, p. 125; Stumpf, *SpE*, p. 25.（引语中的着重号是我加的）。并参看萨立关于儿童“色的听觉”的评论，第 33 页以次。近来对于名字作实验的研究的有 S. Fischer（“Über das Entstehen und Verstehen von Namen”, *Archiv. für die gesamte Psychologie*, 1921-1922, 42, 43.）及 D. Usnadze（“Ein Experimenteller Beitrag zum Problem der Psychologischen Grundlagen der Namengebung”, *Psychol. Forschung*, 1924, 5）。在 Fischer 的实验之内，受实验者须学习无意义的字以名图画；或一种“神秘科学中的符号”。Usnadze 允许他的被实验者由前已拼列成行的无意义的各字中，选取最适当的字以名六幅无意义的图画。Usnadze 总结他的结果，以为就一般说，一物之定名初非由于机会使然；而名之选择则可有许多因子，其涉及内在的关系的因子最为重要。例如(a)完形的关系的因子，这就是名之个别的完形和物之个别的完形的互相符合的经验；(b)关于相符合的情绪的因子；(c)“深度”的因子（the factor of “depth”），这则有赖于一种不易说明的一般的印象（pp. 38f.）。又参看 Fischer, 43, p. 34; Stern's discussion; *PC*, pp. 145f. 关于名的他种参考书，见 *PC*, pp. 147f。

等”。[1] 这种“假借”多已形容过的。在语言没曾达到第一例的名物期以前，便早已有这些“假借”了。例如据普莱尔的观察，他的男孩子满 11 个月时，只是看不见了任何物体——如人离开房子或灯光熄灭等——便说 *atta* 这个字。但是在名物期中仍可有这些“假借”，所以由此更可见名之本身的性质。物似不必有其固有的名字；否则便决不至于有这些“假借”了。所以一物只须有一相当的名字便足。据穆尔夫人的报告，这些“假借”的数目和范围，因名物的冲动而渐减少；但是由我看来，我们还须有更进一层的观察，才可断定给物以名的倾向，对于这些“假借”的数目和形状，究竟有何影响。

这些“假借作用”究竟如何解释呢？彪勒以为黑猩猩用帽缘为竹竿，[2]正和这种假借相似；这句话可算是中肯之言。儿童用同样的名字称许多物件，我们可不能以为他分不清这些物件；因为据穆尔夫人的报告，儿童对于同名异物的行为各有区别。例如她的女孩呼一切的女儿为多罗赛(Dorothey)；但只当她所认识而原名多罗赛的多罗赛来时，她才觉得愉快。[3]

克拉拉・斯腾和威廉・斯腾以为此时“孩子所有事物的印象
348 混淆不清，以致成人们所易看出的区别，他便不易看见”；[4]但是这
仅为片面之见。儿童若呼新事物以旧名，那是由于这新的事物和另一事物所有的完形发生一种关系。这个新事物，不必和那另一

---

① 斯腾，*Sp*，第 172 页以下；并见普莱尔，第 2 编，第 86 页；穆尔，第 140-141 页。

② *GE*，第 393 页；*AG*，第 59 页。

③ 穆尔，第 123 页。

④ *SP*，第 172 页。

事物尽相符合；但只须有那旧完形所有的某些特点便足。我们所须研究的，是物和名发生关系的各种完形。[1] 我们前曾以为"名为物之属性之一"，不过这句话只是一个假说的大概；要补足它，则有赖于进一层的研究；因为惠特海墨也曾以为物之完形随处大异。"例如，'墙为红色'之所谓红和'血为红色'之所谓红不同。"[2]这些都是研究婴孩的思想和语言时的问题；我于这些问题还没有亲身的经验，所以只好略一述及而已。

三、最后，儿童还能集合旧名以造成新名。彪勒曾承认这个事实的重要，以为非加以系统的研究不可。关于这种名物的事实，可以斯图姆夫的孩子为例。他到了第四年的第四个月时，还用他所特有的语言——这种语言实都由于混合而成。[3] 例如：

hoto，马；*papn* 食；*hoto-papn* 牛乳车；

loh 跑；*hoto loh* 邮车；

ei，卵；*hopa* 起，拿起；*ei hopa* 茶匙，卵茶匙；

wausch，肉；*waussch-hopa* 叉；

kap，分为二；*wausch-kap*，刀。

我们成人也许称这种作用为描写作用，因为我们若不知道事物的名字，有时也可利用这个办法；但就发展的初期而言，这些字确有一种名物的功用，因为那时之所谓名还不仅为名而已。这种 349
原始的名物的机能，可逐渐改进，譬如一个孩子描写蝴蝶，说是"会

---

① 参看本书第 347 页脚注，尤须注意 Usnadze 的所谓"物质的因子"。

② 参看 G. Von. Wartensleben，*Die Christliche. Persönlichkeit im Idealbild*，Kempten and München. 1914，pp. 2-3（注）。

③ 斯图姆夫，*SpE*，第 6 页以下。

飞的堇花"[①];此时描写作用和名物作用,已不若初期的那么相似,所以此时的发展已算更进一步了。但是这种名物的办法则仍不变。儿童所用的旧名混合法,还可用以了解物和名的完形。一方面可见名之与物的关系,不纯若旧的联想论所揣想的一种表面的关系;因为假使如此,那末只有发问然后才可以知物之名了。其实我们之所以知道如何称某物之名,那是由于完形,所以名便为那完形之一分子。他方面又可知名物的时候,往往脱不了物之活动和功用。物决不能和其功用脱离关系;因为功用实为物之所以存在的要性。例如餐叉并不是有四个叉的金属物,乃是用以进餐的工具。研究儿童的定义也可以和这个结论互相发明。比纳对于他的两个女孩长期的观察(一由两岁半至三岁又三个月,一则由四岁半至五岁),尤有特殊的价值。[②] 他若问:"那是什么?"(例如一柄刀,一块小面包,一个田螺壳等),那幼孩和大孩的答案,常不免涉及物之目的或功用。才入学的儿童也都如此。所以由儿童看来,一物不是完全独立的片段;因为物之功用和目的,常附着于物,而为其要性之一部分。

述至此,我们都以为此时的儿童仅以语言为名物的帮助。因
350 此我们的名物论,应和那些有关系的事实不相背驰了。不过这也不能算是定律;因为名物作用此时虽很重要,但是语言仍不免有旁的目的。除保留着那些表示感叹和意志的字之外,儿童还能有超出于名物一类的话,可见语言即在这个时期以内,便已和旁的完形

① 萨立,第30页。

② 前引书(参看第286页注②),第600页以下;并参看彪勒,*GE*,第425页以下。

发生关系了。下面是康柏勒所报告过的滕氏(Taine)的例子。[①]一个 18 个月的女孩很欢喜“捉迷藏”戏,其母或保姆常躲在门后而呼 *cou-cou*。当汤太热时,或自己走近火炉时,或在园中戴帽以避太阳时,她便听见人说 *cabrule*。有一晚,她站在阳台上,看太阳落水时便呼 *a bule cou-cou*。这就是合两件事的完形而为一的一个实例。儿童因此遂由一字句进而为多字句。据美约(Major)的观察的报告,这不过是使儿童连说两个已略有关系的字:其实不然,因为这就儿童方面说,乃是一种新的重要的成就。但在目前,正如彪勒所说的,[②]我们还不能够明确地知道这种成就的心理学。这个问题很难,不过很值得我们设法去解决的。

最后,彪勒乃以为语言发展的初期还有下列的特点。[③]“这个”和“某某”等类泛指的字,便由儿童嘴里说出了。彪勒的孩子在一年又七个月时,便会说这些字,不仅用以代名词,而且用得很对。据彪勒的报告,“我们对于这个行为,可以得到两种印象:(一)此时儿童还不能及时想到更明确而有限制的字;或者(二)他为某种理 351
由,而不愿去求更明确而有限制的字”。假使我们原谅他的先天的合理论的倾向及其心理内容和机能的二元论,则彪勒的解释尚似很合理。若用我们的术语来讲,即可说:由儿童看来,物皆有名,名则附属于物。不仅是 *dolly* 这个名字属于玩偶,而 *mama* 这个名字属于母亲;而且即在名未指定以前,名的完形便已呈作用了。那完形是需要补充的,但不必用物所特有的名字,来供给这个需要;

---

① 康柏勒,第 2 编,第 41-42 页。

② *GE*,第 234 页。

③ *GE*,第 415 页以次;又 *AG*,第 143 页以下。

所以在某种情形之下，泛指的字像“某某”等，也很够塞责了。这种字于是乃为物和名的一般完形的补充。前所说过儿童的问题“那是什么?”(见前)“那”字的涵义和此不同，乃仅用以表示那完形的欠缺；所以问题中的“那个”，在答案中便代以物名。但就目前的例而言，“这个”或“某某”则用以代替物名；而且由这个定名作用，于是物之范畴乃更清楚而明晰了。

maehen(做 *to do*)一字的用法，和“这个”或“某某”相似。彪勒屡次听到一岁又五个月的孩子引用此字，而有种种配合，如 *snell machen*，*kaput machen*，*lala machen*(意即唱歌)等，而且有更普通的 *so machen* 这些话表示有关系的完形的动作，正好像“这个”“那个”或“某某”等字，代表物之完形和其名字。

名物作用只是研究语言发展所可用的种种材料之一，这是在
352 本问题讨论的开始时说过的。话盖不仅为名词及字。在儿童能够说话之前，即在他学习名物的时候，本国语言的特点便对他发生效力了。据基勒(Guillet)的报告，一个两岁的儿童学习外国语的动物名，远较其学习本国语的动物名为难。[①]

十　思想的范畴：物质与因果观

我们已屡称儿童的世界含有物体和事件。这个事实所涉及的问题既重要而又困难。在第六节的结束，曾讨论我们的世界何以成于种种特殊的物体如桌、椅、邮局等之故。我们现在可要回溯过

---

① 参看 C. Guillet，“Retentiveness in Child and Adult”，American Journal of Psychology，1909. 并参看皮亚杰的 *LP* 及 *JR* 尤其是 *JR* 的最后一章，第 263 页以次，在此章内，他为整个研究作一简明的关于事实及理论的摘要。

来，而研究现象界本身的实质性。说我们的周围就是事物，这句话有什么意义呢？这显然不能和因果的问题脱离关系。说这个事件引起另一事件，又有什么意义呢？我们自然系由发生心理学的观点，而不由知识论的观点，而发这些疑问。但这两个观点相关甚切，所以前者的进步，不能不影响及于后者。假使有人问儿童如何而起有一个物体的第一个知觉，我们或可作消极的答复，说我们若以物体为仅由多次呈现的结果而产生的种种视觉、味觉、听觉的性质的联合；例如母亲就是母亲的各个模样，加以其所给于儿童的触觉及听觉等的印象的混合，那就不免错误了。

由休谟传统下来的经验论，在这种事实面前，势难立足。经验论以为不相关联的感觉乃心灵的原始的资料，至在我们的心理学，则这种感觉全被除外。而且如皮亚杰所云，经验论若果不错，那么 353
儿童的现象界，其和低级发展的实在界，应较其和高级发展的实在界，更相一致。换句话说，假使生机体只是外面刺激的被动的接受者，那么其所接受的印象应和外界全相符合了；因为幼孩将不能取其已往的经验而附加于其所接受者之上。但是这个结论适和事实相反。据皮亚杰的各方面的研究，心理的发展异于经验论之所期望者远甚。儿童对于世界的原始的知觉和范畴，由成人看来，都可称为实在的错误的代表。

我们可再要声明如下：否认了经验论，未必要接受任何种的先验论。我们知道很年幼的儿童能了解某些事件如他人的表情的运动，我们且曾根据这个事实以驳斥先验论（第三章最后一节，第150页）。这个论点可不能适用于范畴的机能，因为这些范畴不是自始而即完备妥适的。

即属如此，我们也不必接受先验论，因为先验论还有一种不可克服的困难。我们现在姑且假定生机体有种种构造，相当于实物、因果观、数目等，可用以“迁移其环境的影响”。我们便须问：生机体如何能对于这些不同形式的应用而知所区别呢？它如何能知道何时用实物，何时用数目等范畴呢？还有一个反对先验论的论点，
354 如皮亚杰所援用者，则根据于下面的事实：就是范畴表示进步的发展。假使它们是心灵的原始的方式，它们又如何能有变化呢？

这个论点，可予我们以一种指导，去建设一个关于范畴的积极的理论。假使经验论和先验论都不免错误，那么我们便不能接受二者混合而成的一种理论，因为这种混合论一方面难免有经验论的困难，他方面也难免有先验论的缺点。

所谓范畴的发展究竟有什么意义呢？读者可参看上文关于学习的讨论，那时我们已证明学习乃为已成立的完形的重组。那些形式在“外的”及“内的”情境的压力之下，遂受改造或变动。但是我们纵逆溯至如何程度，决不能见有未具形式的物质。我们也不能称物质为“外的”而称形式为“内的”以示区别。这个话应用于范畴时，意即由儿童看来的世界实已具有形式，而这些形式初非因儿童的心灵作用而附加于未具形式的感觉之上，乃由儿童所处的情境将它放置在儿童的心灵之内。“放置”云云意即生机体在受每种感觉刺激的情境之下，只能作一种具有形式的知觉的反应。刺激不必产于不具形式而由心灵予以形式而加以改变的物质。知觉的形式实兼为外的情境及内的情境的直接的函数。上文（本书第120页以后）曾说过几个变数的一种函数，不必为各个变数的各函数的总和。这里所说的当然也必不如此。

这些知觉的形式的结合的形状和程度随生机体的状态而定，355
因为每一新的形式历程使生机体起了变化，所以新的形式应常引起，我们且可用以为发展的解释。由我们所已有的关于这种发展的资料看来，足见结合(cohesion)度初很强大，而联系(articulation)度则至为微弱。进展的联系常可减弱统一性的程度。

现在可取儿童心理学者所有较重要的观察，而加以批判。斯腾以为发展可以分为三期。他说："儿童对于世界的各种观点不是同时习得的，乃是逐渐发现而逐渐增加的，旧的因为新的加入而更加繁富。……思想发展的第一期为'实物期'：在散乱的经验中，先整理出实物，如各人各物等，以造成思想的内容。第二期为'动作期'，此时人物的活动乃引起特殊的兴趣，而在思想中占一地位。第三期为'关系期'和'属性期'；只是到了这个时期之后，儿童才能由事物中看出主要的特性和各种关系。"[①]据斯腾的意思，每一新的心理作用，都经过这三个时期，所以一个儿童往往就其早已习得的成就而言，已到了较高的时期；而就其后才经学得的成就而言，却仍在较低等的时期中。有三种成就，例如练习说话，描写图画，记忆图画，互相衔接而各有同样的发展的经过。

第一点所要注意的，就是斯腾所说的"散乱的经验"。假使他的意思是指那些乱七八糟的感觉，那么他的假定就是我们所曾否 356
认的，而且斯腾的范畴，显然不仅用以形容思想的；因为这些范畴实先见于知觉。

斯腾的结论，虽也确以其观察所得的事实为根据；然而他的困

① *Sp*. p. 212；*PC*. pp. 377f.；也参看 *EA*，pp. 9，16。

难却不仅上述的一点。譬如彪勒说，较迟的成就不能和较早的成就有相类似的次序。[①]

还有一层，所谓属性和所谓关系实隶属于不同的完形。一个属性或特点，是由事物模型中推演出来的；一个物体当由其背景中"浮现"出来的时候，便得有一种"内的联系"(internal articulation)，可没有因此而失其统一或整合。至于所谓关系，则大概系指若干业经分离的整体而言，且常直接指个别的物体而言。所以有较大的整体，以包含这些个别的物体于其中；而所谓关系者，也可视为这较大的整体中所有"内的联系"。然而这两种完形的原则——即属性和关系——彼此又有何种关联呢？

而且"实物期"确在其他各期之前吗？彪勒说："我们知道儿童的注意早就以运动和变化为对象了。……儿童对于活动的领会确发展得很迟吗？"[②]据基勒的报告，一个两岁的儿童看动物图时，最注意动物的活动，次注意其形状，最少注意其颜色。[③] 而且由我看来，儿童初次所发的语音除了感叹词外，虽都指着一种实物；[④]然
357 而克拉拉·斯腾和威廉·斯腾也曾说："儿童语言的单位不单是一个字或几个字，而为一句话。"所以斯腾以儿童最早的表示为"一字句"。"儿童的妈妈不能译为母亲一个单字，只能译为下列各句话，如'母亲，到这里来吧'，'母亲，给我吧'，'母亲，把我放在椅上吧'，

---

① *GE*, p. 137.

② *GE*, p. 137.

③ 参看 C. Guillet, "Retentiveness in Child and Adult", *American. Journal of Psychology*, 1909, 20, pp. 318f。

④ Cl. and W. Stern, *Sp*, p. 163. 关于下文，参看同书第 164 页以次。

‘母亲，帮助我吧’”，等等。斯腾又说儿童懂得一物都有一名之后，他的语言便有一种改变了。实物期便以此为起点，显然为名物机能(name-function)的结果。前于此的情形必和此时不同；因为那时知道人物的活动的关系，可是不能明白物体及其影响的区别。所以最早的完形确为物的完形；就这点说，期腾的三个时期是不错的，但是我们要注意人物并不由散乱的经验产生出来的。乃是由于一种虽很简陋而已有组织的资料中提取出来的(参看第 351 页)。

但是我们不要以为一个物体对于儿童和对于成人有相同的意义。“物体”自始便为儿童所看见的一种明确的完形；这个完形所有互相隶属的部分的关系，比任何种仅属表面的关系，都较为稳固，较为深切，且较有明确的界限。物体的概念还有一个特点，就是它的完形有一个中心核，而完形的各部分都附丽于其上；换句话说，一个物体各有其属性。或常以为物之属性若被取去，则物即不 358
复存在。但是我们若以为物仅为种种属性的总和，则其错误等于以森林为各树的总和。就森林而言，其要素为生命的集合；同理，就物之范畴而言，其重要的因子为一种特殊的结合；我们对于这个事实，若要作心理学的叙述，只好说这些不同的属性同附着于一固定的中心核之上。因此，我们要假定物体在儿童心理发展的过程中，不由前已存在的属性组合而成，而物之完形的引起意即一个明确的“图形的中心核”，进入儿童的现象界之内。这个中心核确较其属性的总和更为原始，因为物之组织是逐渐成立的，所以其个别的属性也必发现很慢。

但是这个物之模型起首是极端的动的。由我们看，最静止的范畴为实物。由儿童看则不然。我们力求将物和力析而为二，儿

童则不能对于物及其影响作严格的区别,像在我们的思想之内似的。例如由儿童看,他的母亲不仅是如此如此,或看起来如此如此的一个女人;而且是如此作事,如此帮助他,或如此惩罚他的一个女人。即在儿童的思想已进入实物期的时候,一个物体的影响方面仍来消逝;因为纵使是我们不易了解的因果的关系,儿童很早便能辨认;虽然儿童的因果观大异于我们成人的因果观。例如一个一岁又十一个月的女孩说:"风使妈妈的头发散乱,巴巴(她自己的名字)使妈妈的头发整齐,所以风便可以不再吹了。"(见萨立)还有一个两岁又七个月的小男孩,举起指头在太阳光前说:"太阳使手指变得血红了。"[见斯库平(Scupin)]我们在这里,也像在物之知
359 觉的完形之内,并没曾超越知觉的范围。就第一例说,你若以为那孩子知道风为一物,整齐的头发又为一物,然后由心灵作用,附加一种关系于其上;或者就第二例说,你若以为手指的红色及其和太阳光的关系是想出来的,那就不免十二分错误了。由儿童的观点看来,这些结果为知觉的简单的事实,好像似单有一个合有许多属性的物体。

据皮亚杰的最后的研究,实物和力的本有的关系至为密切。每一实物皆有其特殊的、不可传导的力;物虽以此力产生了影响,但其力初不因此而失。所以力是实物的,同时实物也为动力的。[1]结果只是有力之物才算实物。例如儿童以为空气只是风;所以据皮亚杰,儿童即在七岁半时,仍不相信房间内会有空气。反之,只有影响,便算有物。于是"冷"也视为力足生风的一种物质。

[1] *CP*, p. 132。

儿童的物质和力的范畴既和我们的大相歧异，所以儿童的世界在各方面都和我们的不同。儿童心理学者可如皮亚杰所为，记载这些差异之点的方式和发展的分期。我们姑且以这个问题的较为一般的方面为限，知道皮亚杰为心理发展的过程中所有因果的关系区分为 17 种。有 6 种是最幼期所特有的——即动机、最后的目的、现象的相合、参加作用、魔术及道德的因果观。[1]

动机、目的和道德的因果观有密切的关系，因为这些因果的关系都是一种心理的因果，兼带有目的论及功利论的意味；例如河水 360
奔流，以便入海（目的论），云使天黑以便人们上床睡觉（功利论）。

参加作用（participation），据勒维-布律尔之所规定，意即指略相关联的两物，虽彼此相距甚远，但也可互相影响。例如房间内的微风来自房间外的风。魔术就是这种参加作用的特例；它是施术者的姿势或思想和外面事物的一种参加作用，因有这个作用，所以姿势和思想使事物受其影响。现象的相合，如皮亚杰所示，系在另一平面之上，因为儿童的范畴为极端的动的，可将同时同处而毫无其他相同之点的物体合为一谈。换句话说，经验的事件既相隶属，于是其关系乃至为密切——皮亚杰采用克拉帕累德的意思而称之为**汇合作用**（*Syncretism*）——所以任何片面的事件都可为任何其他事件的原因。例如问题："太阳为什么要落水呢？"皮亚杰得到一个六岁的孩子的答案："因为它是温热的，黏着的。"皮亚杰又先后置一石子，一木头于杯水内，各使水面上升。他问水面上升的缘故，一个七岁半的男孩先答："因为石子是重的，"次答："因为木头

① *CP*，p. 292f.

是轻的。”这里，我们可知儿童不管他的言语的矛盾，据勒维-布律尔说，这也是原始的心理作用的一个特点。[①]

由此看来，皮亚杰的结果和勒维-布律尔的关于原始心理的意
361 见适相符合。我们虽可说皮亚杰的结果和解释都受他的关于勒维-布律尔的知识的影响，但我相信他根本不错。他的研究，应得有虚心的观察家重做一次。我现在因欲说明皮亚杰和勒维-布律尔的观点的相似之处，特征引勒维-布律尔的关于原始社会所相信的征兆的解释如下：由原民看来，鸟飞的征兆为祸难临头的符号及原因，而这个祸难则可随符号的改变而改变，例如转动其身体使鸟之由右飞来看成由左飞来。[②] 关于新月的迷信，也表示相类似的关系，譬如见月在右肩之上为一吉兆，见月在左肩之上为一凶兆。

据勒维-布律尔及皮亚杰，原始的心理不知道有所谓**偶然之事**，这个结论和我们关于心理发展的见解完全相合。

儿童的实物和因果的范畴的性质可用以示儿童思想的一般的性质。我们讨论现象的相合时，曾知道儿童是不管前言后语的矛盾的。这和儿童思想方式的另一特点紧相关联。皮亚杰试验儿童的结果，知道成人若将事物合成一体，儿童则仅将事物的各部分并置着。譬如造句不用联接词，画图则仅将各部分逐一并列，而不使有妥适的关系。儿童期的这个特点初看起来，似和前述的**汇合作用**的原则互相冲突；但是皮亚杰以为**汇合作用**虽指各部分的稳固的结合，但各部分彼此的联系甚为松弛。因此，一个整体若因思想

① 参看 Piaget, “Les traits Principaux de la logique de lénfant”, *Journal de Psychologie*, 1924, 21, pp. 48f。第 75 页所引克拉帕累德的话采取自法文本，第 522 页。

② Lévy-Bruhl, II. pp. 144f.

或图画而破成数体，结果便为不相关联的片段。分析作用本为学 362
习的要素，但对于儿童则为一种“全有或全无”(all or none)的玩意儿。至于统合作用(unification)则既困难而又属少见。皮亚杰称这个事实为儿童综合力的缺乏。

十一　续前：数目的完形

我们还要讨论另一种范畴以作结束，且以示原始的完形如何有异于成人所用的完形，以及完形原有的重要的属性如何消灭，而代以原来所没有的属性。这里所要讨论的为**数目**——这一思想形式已因科学而非常发展了。惠特海墨对于范畴的心理学有很重要的贡献，他曾研究那些没有数目观念的人计算时究竟用什么观念。[①] 惠特海墨所研究的多为原民，但是他也由婴孩的心理学内举出若干实例；而且说一般人所谓数，也常大异于数学中所谓数。

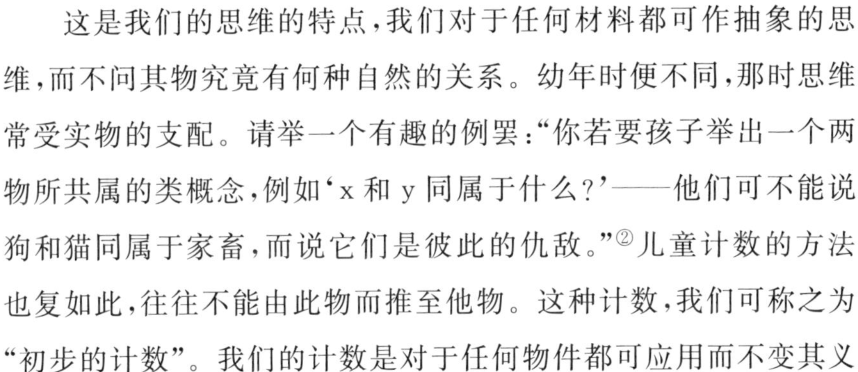

这是我们的思维的特点，我们对于任何材料都可作抽象的思维，而不问其物究竟有何种自然的关系。幼年时便不同，那时思维常受实物的支配。请举一个有趣的例罢：“你若要孩子举出一个两物所共属的类概念，例如‘x 和 y 同属于什么？’——他们可不能说狗和猫同属于家畜，而说它们是彼此的仇敌。”[②]儿童计数的方法也复如此，往往不能由此物而推至他物。这种计数，我们可称之为 363
“初步的计数”。我们的计数是对于任何物件都可应用而不变其义

① M. Wertheimer，“Über des Denken der Naturvölker，I，Zahlen und Zahlgebilde”，*Zeitschr. f. Psychol.*，1912，60. 现已刊印单行本，*Drei Abhandlungen zur Gestalttheorie*，*Erlangen*，1925。

② 前引书，第 329 页。

的,然而初步的计数,则随各分子或材料的自然的关系,集合的方式和次序而变。请举例来说罢。眼可称为一对;但是一个碟子和一只桌,或一个花枝和一朵花,则不能称为一对。所谓“一对”者,大约不由相等的事物组合而成,乃由同属的事物组合而成;譬如夫妇才可称为一对。推而至于三个分子的团体也复如此。两株相近的树和一株较远的树,不必合为三个分子的集团。彪勒由德克罗利(Decroly)和德刚(Degand)[①]的研究,引来一个很好的例:一个四岁又九个月的儿童,曾懂得四个分子的集团,有人问他左耳和右耳都挂着一对樱桃,便共有樱桃若干?他便常说,“这边一对,那边也一对”。斯腾夫妇[②]也从美约和林德讷的研究引来一例:有两个孩子,一为两岁又七个月,一为两岁又十个月,已经知道两个苹果之为二;可不能知道两眼,两耳等之为二。这个观察也许奇怪得很。因为对等的物件,由我们成人看来,本来是很自然的组合;而且据德克罗利和德刚说,他们所研究的孩子在两岁又两个月时,便已懂得两眼、两腿、两袜和两只手套等之为二了。但是这个矛盾也可以解释的,假使我们以为初步的计数和我们的数目所有的属性不同。就数目说,二常为二,不随物而异其义;但就“两眼、两台……两个战士而言,其二之完形则随各对实物而不同。”[③]因此,儿童虽已学知两个苹果之为二,可未见得能以此二之数,多用于别种
364 物件的一对。据惠特海墨的观察,儿童知道三个单独的坚果,有一、二、三的意义,而排成了某种秩序之后,便可有另一种意义——

① *GE*,第 205 页以次。

② *Sp*,第 250 页。

③ 惠特海墨,前引书,第 327 页。

就是排列的形式。所以儿童若发现五点的骨牌，和 5 之数相当，便不免大为惊异了。可是我们对于苹果以桶计，对于年份以 20 计。

据斯腾夫妇所报告过的腓特列（Friedrich）的观察，也足见初步的计数，很不容易由此物而推至他物。一个四岁又三个半月的儿童，他的祖父问他："我有几个手指？"他便答说："我可不知道，我只能计算我自己的手指的数目。"这并不由于智力的缺乏，这乃是此时计数尚不能自由运用的结果。譬如一个花盆破裂为二时，你若说："这是由一而变为二的"，那就是很不自然的话了；自然点，只好说"花盆碎了"。

儿童运用初步的计数，远在运用数目字之前。有人对于一岁又几个月的孩子，作了下面的实验：孩子在玩弄两三粒豆或两三枚钱币时，往往不能加以辨别；但是假使在他不注意时，有一粒或一枚被人取去，那末纵使其余的位置已有改变，他也可知道其数目的缺少。反之，若由大多数的物件中取去一件，那就容易瞒过了。所以惠特海墨以为自然的组合或集团的构成，实前于计算而发展。

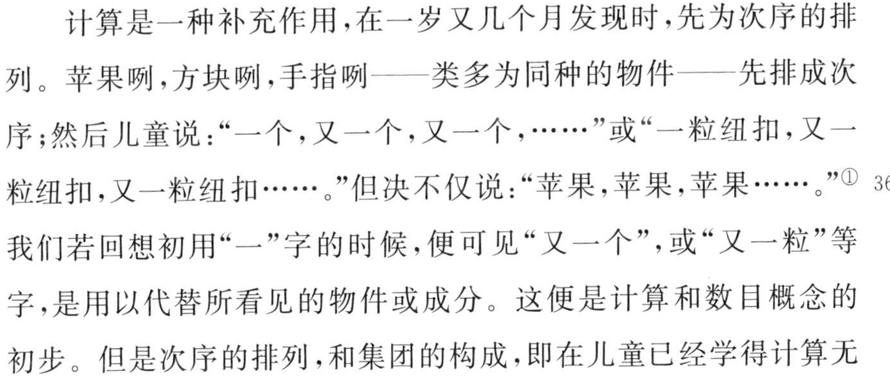

计算是一种补充作用，在一岁又几个月发现时，先为次序的排列。苹果咧，方块咧，手指咧——类多为同种的物件——先排成次序；然后儿童说："一个，又一个，又一个，……"或"一粒纽扣，又一粒纽扣，又一粒纽扣……。"但决不仅说："苹果，苹果，苹果……。"[①] 365
我们若回想初用"一"字的时候，便可见"又一个"，或"又一粒"等字，是用以代替所看见的物件或成分。这便是计算和数目概念的初步。但是次序的排列，和集团的构成，即在儿童已经学得计算无

① 斯腾，*Sp*，第 248 页以次。类似于此的手续，也见于他种语言。

误之后，仍被保留而为另一种的计数法。斯腾夫妇对于其女喜尔达有下列的实验。喜尔达三岁又七个月时，其父或母在她的面前伸出五个手指，问她可有几个，她计算得一点不错。“但是假使再问她，此地有几个手指?”她便于每次发问时，再算一次。最后的手指，本来是第五个；然而手指的总数她总不以为是5。① 惠特海墨也曾说过，有许多民族计算时所用的数目，和称总数时所用的数目不同。②

儿童初步的计数，当然常因其和成人接触而受其影响。所以这种计数的功能，在原民中可以持久不变；而在我们的儿童，则不久便有真正的数目代之而起，不能显出其在实际上的应用。惠特海墨说，原民所用的计数法比之我们的数目，其效用较小，却也较大。“为什么较小呢？因为我们所有的‘心算’法，完全非原民所可领会；为什么较大呢？因为思维本身在原则上，理应和实物有更密切的关系。”我们思想之易和实在分离，乃是我们的文明的一种特殊的产物。儿童须在短时期内走过很长的进化的路，才可学得成人们所独有而为孩子们所不习惯的思维法。教师的困难，便在引导儿童走过这条长路；以期他们感觉到这个进展的重要。

① *Sp*，第251页；*PC*，第381页。

② 这两种手续可各自单独地受了扰乱。W. Benary对于一个完全缺乏构成总数的能力的例子，作细心的研究，而报告其结果，且复作学理的讨论，见“Studien zur Untersuchung der Intelligenz bei einem Fall von Seeleenbindbeit”(*Psychol. Anal*，etc.，edited by Gelb and Goldstein，VIII)，*Psychologische Forschung*，1922，2. pp. 209f. 关于儿童计算之实验的研究，参看Stern，*PC*，pp. 413f。

第六章 儿童的世界 366

在这一章内，我想略述儿童的世界所有和我们成人的世界不同的特点，以作本书的结束。有些人曾称儿童的世界为**游戏**的世界，不负责任的世界，虚幻的世界。我们现在对于这些形容词须加以更深切的研究。

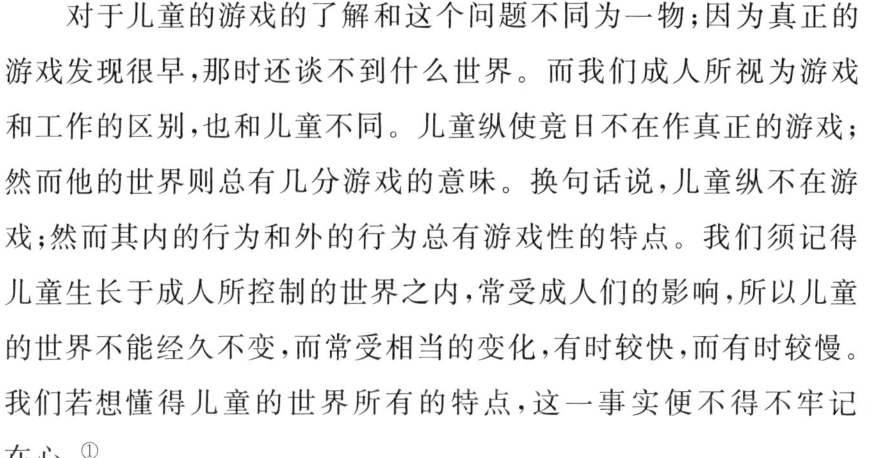

对于儿童的游戏的了解和这个问题不同为一物；因为真正的游戏发现很早，那时还谈不到什么世界。而我们成人所视为游戏和工作的区别，也和儿童不同。儿童纵使竟日不在作真正的游戏；然而他的世界则总有几分游戏的意味。换句话说，儿童纵不在游戏；然而其内的行为和外的行为总有游戏性的特点。我们须记得儿童生长于成人所控制的世界之内，常受成人们的影响，所以儿童的世界不能经久不变，而常受相当的变化，有时较快，而有时较慢。我们若想懂得儿童的世界所有的特点，这一事实便不得不牢记 367
在心。[①]

我想以下面的一个例子，作讨论的出发点。一个儿童可玩弄木杖，而以之为“亲爱的娃娃”；但是这个游戏过去没有几分钟之

---

① 关于下文，可参看 Ed. Spranger, *Psychologie des Jugendalters*, Leipzig, 1924, pp. 32f。

后，他便折断木杖而丢入火炉之内，而不复顾惜了。[①] 对于同一实物而有如此不同的两种行为，究竟如何才可解释呢？由表面上看，这两种行为似乎全相矛盾：因为第一种动作，其实行时和第二种动作同样认真，也同样注意。所以我们不能以为儿童以木杖为活物时乃只是游戏，而焚杖时他已想到其玩具所有的真性质了。其实这个问题由多方面看来，都显然不简单至此。我们若破坏儿童的游戏的情境，便可引起其热切的情绪，可见儿童对于玩具确有真挚的情感。萨立(Sully)举许多例，以说明这一事实：“有一个三岁半的男孩喜欢玩扛煤的游戏，竟日玩弄而无倦态。在作这个游戏的一天，不但不高兴人不称他为扛煤夫；而且于祷告时希望做一个良好的扛煤夫(以代替平常的‘好孩子’)。他还有时为知更雀，有时为兵：他的母亲若偶然弄错了他的多重的人格，他便不免发怒了。”[②]

因此我们可以下一个结论：儿童在游戏时也很认真去做的。究竟如何认真，可证以弗罗培尼的观察如下：“一个大学教授正在
368 埋头工作，他的四岁的女孩子在房间内跑来跑去。他受不住她的喧扰；因此，乃给她三条烧过的火柴，说：‘你拿这些去玩耍吧！’那女孩子遂坐在地上，玩弄那三条火柴，呼其一为韩生，呼其二为格勒托，而呼其三为妖妇。过了些时之后，她忽大声呼号，使其父惊起。其父问：‘为什么呢?’那孩子便跑至父亲身旁，满面惧容，说：‘爸爸把那妖妇拿去吧。我不敢动她呢。’”[③]

---

① 参看彪勒，*GE*，第 325 页。

② 前引书，第 38 页，第 47 页。

③ 参看 *Paideuma*，*loc*. 引自第 59 页。

所以我们不得再承认游戏是和认真及工作相反的；我们应去求他种区别才对。

儿童在游戏时（尤其是玩弄洋娃娃时），常以无生命的物体为活人；而且儿童的行为也有这一特征。“我们之所视为没有生命和灵魂的，在儿童看来，都是有生命和意识的。”[①]萨立还举过许多例子，以说明这个事实：有一男孩年已二十个月，对于 W 字母有特殊的兴趣，常呼它为“亲爱的老孩子，W”。还有一四岁的孩子，写一个反手字的 F 放在正手字的 F 的左边，成为Fꟻ，他于是大呼：“他们俩正在谈话了。”

印泽罗女士（Miss Ingelow）记得她两三岁时：“常觉得石路上的小石竟日静卧不动，仅看见周围的物体，必定是很没有趣味的。所以我拿篮子出去采花时，常有时捡起一二粒小石放在篮内，好给它们调换空气。等走到更远的地点，然后再倒它们出来。心里以为它们定很喜欢这种变换。”有些学者说，儿童有拟物为人的倾向——儿童先有和我们的知觉相类似的知觉，然后由对于自己经验的类推，而予这些知觉以生命。这个理论，我想是不对的。但是 369
民族心理学则主张一个类似于此的理论很久；英国心理学者所提出而似为多量的事实所保证的灵魂论，便根据于此。于是原民的泛灵论遂以为是以人的行为解释物的行为。这个理论在今日可已为多数学者所反对了。我想将列维-布留尔（Lévy-Bruhl）所有反对这个理论的主要的理由，引述几条于后。还有普洛伊斯（K. Th

① 萨立，第 30 页。

Preuss)所著的书，虽小而易得；但持论颇精，读者可以参看。[1]

灵魂论不能视为世界的一种解释，因为(一)原民的生活对于学理的解释，原来不发生兴趣。(二)原民也无解释的需要；因为不相连接的物体只是因哲学的研究，才慢慢地引人注意，而原民则哪能注意及此？主张灵魂论的人想予民族心理学的事实以似是而非的解释，以为自己若和原民有同等的文化而处同等的环境之中应有什么观念，则原民也应有什么观念。但是这么一来，便不免陷于以自己拟原民的误谬了。正好像一个著名的生物学者，因显微镜的帮助，已看出一个昆虫眼内网膜的表象，遂以为他所能看见的物体，昆虫也该可看见。[2] 这个误谬由心理学者看来是很可明白的。由显微镜中看出来的，只是昆虫的视觉中所有客观的成分；至于昆虫有这个明确的网膜的表象时，实际上应看见什么，那是无从揣想

370 的。关于灵魂论也莫非如此。原民的环境和其外部的感官，我们虽已知其大概；然而我们之不能由此下一结论，正和昆虫的例子相同。我们的知觉是心理发展后的产物，而儿童对于物的知觉和我们的不同，也是我们已经知道的。知觉的发展有赖于整个的环境，尤赖于社会的情形而定。列维-布留尔特别看重社会的情形，其理由如下：人长大而为社会的分子——就原民而言，血族的社会的团结力较为强固——所以人的整个发展(当然包括知觉在内)都随社会而转移。不必说旁的，只说语言吧；语言是社会的产物，而在知

---

① Lévy-Bruhl, Introduction and Chapter I, K. Th. Preuss., "Die geistige Kultur der Naturvölker", *Aus Natur. u. Geisteswelt*, Nr. 452, Leipzig and Berlin, 1914。关于儿童的灵魂论的倾向，并参皮亚杰，*RM*, pp. 157f。

② 参看 Volkelt，第 26 页，第 43 页。

觉初期的发展中，语言实占一个很重要的地位。

老实说，原民是没有什么解释的需要的；因为他们的知觉和我们的不同。我们所称的“自然之物”在原民是看不见的。我们所视为紧要的属性没有发见之前，原民则只看出物之**玄秘**的色彩，而以这种色彩为物之知觉的要性。于是二者的关系只是当然的一回事，不复成为问题了。我们所要研究的，是这些原来固定的关系究如何因心理的发展而逐渐打破呢？

原民既以为物都有其玄秘的色彩，而其玄秘的色彩且较重要于自然的色彩，所以由他们看来，生物和无生物便没有什么区别之可言。且举几个例来说罢，川流风云，甚而至于东南西北等方向也都有玄秘的势力。所以生物和无生物的区别，乃是心理发展后的产儿；其初，因为无论何物都视为有活动的能力（即方向，名字和文字等也不成例外），所以生物和无生物如何区别的问题便无从产生了。

回头讨论儿童，便可见我们这个见解可直接适用于儿童。我们不能以为儿童先看见无生物，然后再看出生命来；因为他原来的见解以为无论何物都有活动的能力。前章讨论物之范畴时，已有过这个结论了。彪勒也以为：“儿童简直不知道什么是生命和心灵，他只知道有目的性的事件。”一个儿童可不能若诗人之给无生之物以生命。[①] 他只是逐渐知道我们所有的生和死的区别；而以这些区别为其知觉的新范畴之一种。

我们若问有什么标准可以决定一个物体之有无生命，那就只

① *GE*，第389页。

好先研究其与此有关的行为才可答复；因为对于这个问题的答复就看物在事件的较大的过程中或更包罗万有的动的构造中占什么位置而定。所以，在儿童学习辨别有生之物和无生之物的时候，这个较扩大的构造应牵涉在内。儿童在这方面进步甚缓，因为据皮亚杰，七八岁以下的儿童的因果观几全同于心理的动机的解释，皮亚杰称之为**前因果观**（*precausality*）。[①]

儿童对于形象的知觉的发展，和对于生物和无生物的辨别，颇多类似之点。儿童知道伸手以拉取所见物之后（参看第五章第270页以后），于是这物体便得有视觉和触觉的性质；而这些性质都附丽于物之完形而为其分子。所以儿童常以手拉取阳光、黑影
372 等，只是慢慢地才知道有些物事是可见而不可取的。儿童对于镜中影子的反应，尤足令人注意。普莱尔曾详述他的儿子的这种反应的发展。最初，他的儿子对镜，可不能看见影子；其次则见影而且要伸手拉取；再次则似以为影子在镜后；其后乃有见镜欲避的运动，镜若放在他的面前，他便转头他向。此时，镜中影子似大足使他惊惧。狗的心理发展不能超过于这个时期。我曾观察我自己的狗的行为，其结果和普莱尔观察所得的全相符合。它于第一次看见大镜时，向着自己的影子大怒而吠。其次，则跑至镜旁，其头乃插入于镜和墙壁之间。从此之后，遂不复注意镜中的影子；我举其头对镜时，它便转而他向，和普莱尔的孩子无异。但就儿童言，其发展的速率很快。第62个星期时，普莱尔的孩子遂不复对镜而怯，可见他已略懂得这个现象了。但是他仍要拉取影子；不过这个

① 参看 Piaget，*JR* pp. 335f。

行为不久也就消灭了，于是用镜照面和成人同。[①] 至于和见影欲取的行为相反的行为，我们也曾见过。儿童有时要看那些可以觉得而不可以看见的物件；譬如，据萨立的报告，有一未满两岁的女孩硬要看一看风的形状。

原来物的现象所具有的视觉和触觉的性质有密切的关系，后来就有些实例而言，乃不得不互相分手，而造成一种只有视觉或只有触觉的成分的新模型。生物和无生物的辨别和此颇同；不过于 373
此有关的完形，其范围较广，所以其历程遂不免更复杂而困难。无怪这个历程只是经过长时期之后，才够做到界限显然的区别。而且这个区别既经粗具之后，其混淆不分的老模型仍可不时发现。甚而至于成人日常的生活也常不能免此；且不仅有迷信为例。

你们若问，区别生死究竟利用哪一种标准呢？则答案中或可以用知觉现象的表示性为一说明。其初，虽然是一切现象都有其表示性；然而其表示性的程度究竟不能一致——这一事实在知觉的发展中很是重要，这是我们前已说过的（参看第 311 页以后）。生物和无生物的辨别也许以这种表示性的程度的差异为根据。譬如一支铅笔，当然是很少表示性；而一条毒蛇，则虽仅为死标本，然也很多表示性。换句话说，知觉的完形进步的时候，其表示的性质也逐渐分化，所以活物和死物的区别可直由知觉的发展而起。

我或可进一层说，这个区别也可逐渐起于儿童与物交涉的结果。因为儿童逐渐觉得各物反应方法的不同。一方面他觉得活物 374

---

① 参看普莱尔，第 2 编，第 197 页以下。读者如欲知黑猩猩对镜的行为，可参看苛勒近所发表的报告（“Zur Psychologie der Schimpansen”，*Psychol. Forschung*，1，1921，p. 35ff. 又英译本 *The Mentality of Apes*，pp. 317f.）。

能够反抗他的愿望；他之对付活物的行为，须和对付死物时的行为不同。他方面则又觉得活物有时能够服从他的愿望，而较敏捷于死物，于是这种区别便更不易习得了。萨立有两个例子可为这一层作一说明：有一个五岁的女孩滚铁圈子停时，忽然说："妈妈，我确以为这个铁圈子是活的，因为它真灵敏哩：我要它到哪里去，它便到哪里去。"还有一个例子，其因果的关系全相倒置。有一未满两岁的女孩在暴风雨时和母亲说："妈妈，擦干我的手吧，便可不再有雨了。"[①]情绪也可为区别活物和死物的标准，因为你可使活物感觉苦痛，可不能使死物也有同样的感觉。譬如儿童看见他的兄弟姊妹若受虐待，则其反应和洋娃娃受虐待时不同。我想这个区别因各物反应的不同而更显著；儿童须看自己的行为对于不同的物体究竟有否不同的影响，因此乃将自己的行为视为一组互相关联的动作的起点，这也许是一种合理的假设吧。

我们现在乃可知道心理发展何以如此缓慢的缘故。斯腾也曾说过，儿童使现在和过去及将来发生关系的能力是很不充分的。[②]纵使对于这种关系稍有头绪之后，而世界和人生的整个关系也不能立时领会的；因为较小而较有限制的关系有先行成立的必要；而这些有限制的关系则可各自独立存在：这一层，我们不久便可知道了。这里，儿童的心理又和原民的心理相似；因为原民对于时间的观念至为模糊，所以对于将来多不觉得有什么忧虑。[③]

现在若回头来讲儿童的游戏，我想最好是从范围更大的完形

---

① 前引书，第 96 页，第 80 页。

② *PC*，第 273 页。

③ 参看 Lévy-Bruhl，Ⅱ，p. 124。

入手，以讨论其所有游戏的活动。儿童的活动仅以其活动的本身 375
为止，初没有超过于其活动以外的时间的观念。其所有一切动作的复型都各自独立，而视为属于同等的种类而有同等的价值。所以儿童决没有什么游戏或非游戏的区别。但是由成人看来，格鲁斯的游戏的界说——一种无所为的活动——若可承认，则儿童此时的行为可以名为游戏的行为。

但是儿童却逐渐地完成其关于时间的观念；而这些观念虽多存在一起，可是都不大互相影响：这乃是这些观念所有特点之一。我相信那时产生的有两种系统：一种是和成人们发生关系的动作，历程和事件；一种是单独发展而和成人不生关系的。所以就儿童说，成人的世界逐渐于不知不觉中由儿童自身的世界分化出来。皮亚杰说：“儿童独居时及和成人做伴时，是否以同样的物体为实在呢？我们可尚无材料以证其然。”[①]这两种世界的差异，由儿童语言的性质便可显见。有如史密斯(M. E. Smith)所示，儿童和成人会话，便易使他的句子加长。[②] 儿童因为某种行为而得有不愉快的结果，乃逐渐觉得成人的世界的势力。儿童在成人的世界之内是不能自由的，反可遇到为自己的世界中所没有的种种制束和压迫。在成人的世界和儿童的世界还没有密切的关系之前，成人的世界固然须分别出来孰为活物，而孰为死物；至于儿童的世界则
没有这种需要。儿童在自己的世界之内，所有外的行为和内的行 376

① J. Piaget, “Les traits principaux de la logique de l'enfant”, Journal de Psychologie, 1924, 21, 第 53 页。

② “An Investigation of the Development of the Sentence and the Extent of the Vocabulary in Young Children”, *Univ. of Iowa Studies, Sudies in Child Welfare*, 1926, 3.

为大半都缺乏这些范畴的分析；所以他对于活物的行为如此，对于死物的行为也如此。

但是我们还可以更进一层，不仅儿童的世界和成人的世界可各自独立，即其在儿童的世界之内的个别的关系也莫不然。成人的世界既须当作一个有系统的**整体**，所以其个别的行为不得不逐渐打消其各自为政的关系。儿童的世界则不然，儿童今天可为扛煤的工人，明天可变为兵役；而刚所抚抱的木杖，一分钟后便可投入火内。然而这些不同的动作都各自独立而不相侵犯，正和我们玩纸牌时相同。我们玩 euchre[*] 时，“钻牌约克”(jack of diamonds)为非常重要的一张；但是玩桥牌游戏[**]时，这可是比较的不重要的一张了。我们成人的叶子戏无论是哪一种，总常受规则的束缚；而孩子们的游戏则不受这种外力的牵制。不过游戏和游戏间的关系的缺乏，则为二者所同有。我们的世界中所有稳固不变的关系只是为一种非游戏的生活所控制的结果；就儿童而言，这种控制力起初本不存在，只是逐渐侵入的。

还有一层，儿童玩弄木杖而以为洋团团时所有的“错觉”，也可
377 以我们的原则来解释。大概地说，儿童绝不因玩具之更像实物而增加其错觉的程度。他们所喜欢的洋娃娃不必为玩具店里最值钱的出品，而可为最简陋而略破损的标本。我们若以成人的眼光衡量小孩的世界，这一事实便不免大可惊异了。成人的推理可如下述：因为洋娃娃和活的小孩不应彼此大异，所以我们制造洋娃娃，

---

* 叶子戏之一种。——译者

** 叶子戏之又一种。——译者

应使之和真孩子愈肖愈妙。于是我们的洋娃娃，遂配上一种机制，使它们于躺卧时眼便闭合，而使于胸部被压时便发一种声音。于是我们的洋娃娃遂非常美丽，其头发和真的小孩既无以异，而其衣服的配置也毫厘不错。但由儿童看来，一个洋娃娃却决不是成人世界的一部分；或者除非在洋娃娃被大人拿去以作为一种惩罚之后。因为洋娃娃并不在现实的世界中占一确定的位置，所以我们平常造洋娃娃时所采用的原则是一种错误的原则。就儿童言，只是有什么物件满足他现在的欲望便够了。这一物件也只须有足达到这个目的的一切特征。譬如木杖若可被拥抱，那便可为亲爱的孩子了。至于它是否缺乏真孩子所有的他种属性，那便可置而不问；因为孩子们不觉得有和其余经验调和的必要。他们还没有一个单一的宇宙，好使其中的个别事物都各有多种相互间的关系。

人种学也可予我们以类似的现象。譬如原民就不知道有所谓统一的世界，可使各种事物都系属于其下。白人以为是对的，他们 378
也许以为完全错了。假使一个白人枪毙他们的神鸟，他们却不因此而失其对于神鸟的迷信；他们只以为白人另有一种符咒，可以制治他们的神鸟。就这种幼稚的世界观而言，物体和事件是否实在，不仅不以“大家可见”为其必要的条件；而且只是少数巫师们所可看见的物体，才算是特别重要的实在。

原民的世界中所有重要的特点，和我们的世界大异：这是我们前曾说过的，而且现在还可证以实例。这一层由原民的绘画，和其绘画对于实在的关系，也就可以明白了。这一方面的事实，至少就表面说，和儿童世界的特点极相类似。斯宾塞（Spencer）和基棱（Gillen）在澳洲中部，曾作过下面的观察。此地的土人以为有些绘画只是游戏时的作品，绝对没有意义之可言；但这些同样的绘画若见于圣地上的物体时，便可有一种很明确的意义。这种奇怪的现象可说是有下列的一个原因：我们判别形象和实在的关系，是以它们是否相像为标准的；在原民，则看它们是否共有一种同样的神秘的势力。因此，我们便无从解释那些绘画了。福尔克尔特实验儿童，也得到类似的结论。他置一实物及此实物的图画两幅子一组儿童的面前，问那一幅画得更像。他采用的图画有些是很幼稚简陋的画，有些是色影精确的画，他将这些画一对一对配合起来，
379 结果乃能测定每一儿童所视为好画的究竟是哪一种。福尔克尔特的结论是儿童所称的画和实物的相似、相等或差异之点和我们所看见的根本不同。

据帕金森的报告，南洋群岛（South Sea Islands）的土人，有一种图，上面画的本确为若干条蛇；但是他们则以之为猪。还有一个图，看起来似乎像一只面；却原来代表一杆木棒。你若问他们以这些图画的意义，他们便不免对你大惊；因为他们万料不到我们不能立即懂得这些画的意义的。[1]

所以我们可以说，一个物体的存在和意义先由其所占有的关系中得来的。假使没有较大的世界，好使各种事物都系属于其下，那末一个木杖此时可为无关重要的东西，第二分钟便可成为一个可爱的宝宝了。

因此据我们的理论，若说儿童在游戏中没有经验到真正的错

① 据列维-布留尔的报告，第59页，第62页，第124页以下。所引的话见第127页。参看 Volkelt，*Kongressbericht*，*los*. 引自第110页以下。

觉，其意思就是说儿童只是在他自己的世界中时，其所玩弄的物体才足使他引起一种错觉；但是儿童可由自己的世界立即移入成人的世界之内，于是其物体便受不同的待遇了。但当儿童专注于游戏时，成人的世界的部分，也不必存在于其前。格鲁斯接受这个见解[①]，皮亚杰也复如此，他说："游戏是儿童所相信的唯一的实在；所以实在本身是儿童所欲和成人玩弄的东西。"儿童的游戏虽然是一种自成系统的实在，然而我们要记得与此相反的"真实"的实在，由儿童看不若其由成人看的那么真实。[②]

我对于儿童世界的见解，因皮亚杰的研究而得到证据和重要的补充。据皮亚杰的报告，求证是和他人相处的一种结果，所以是 380
一种受社会制约的现象。以此之故，求证先属于成人的世界，然后属于儿童的宇宙。皮亚杰将儿童对于实在的意识分为四期：(一)和欲望相合的事情为实在(此期以生后第二年或第三年为限)；(二)次便有两个或两个以上的同为实在的世界(此期以第七年或第八年为限)；(三)次则这些宇宙作系统的排列(此期至第11年或第12年为限)；(四)这个系统以逻辑思想的帮助而完成。[③]

儿童的特点便在于儿童的世界；这个世界由他看来，比成人的世界更重要而可爱。

儿童的世界系以自我为中心的(egocentric)。皮亚杰由各种

① *PM*，第387页以下。此书全部都和刚所讨论的问题极有关系，见第380页以下，第385页以下。并参看 *PA*，第287页以下；*SK*，第205页；彪勒，*GE*，第326页；斯腾，*PC*，第273页以下。

② J. Piaget，"Les traits principaux de la logique de l'enfant"，Journal de Psychologie，1924，21，第93页。

③ 同上书，第91页以下；又 *JR*，第325页。

行为入手，研究这个特点，以为自我中心主义或可为儿童心理和成人心理互相区别的要素。

儿童的世界虽系以自我为中心的，但这不是说儿童也像成人，能辨别我和非我。皮亚杰主张一个极端的见解，以为自我的意识不是原始的。儿童幼时的经验都浮荡于一个未分化的“绝对”之内。自我不是原始的资料，乃为分化的结果。皮亚杰相信婴孩虽即觉有痛感，如针刺足跟，可也不知以此痛归于自我，而以此痛为浮荡于大家所可感受的空间之内。我虽承认自我和世界的区别确系由很散漫的开始而逐渐发展，可是我也难相信皮亚杰所称的这个“绝对”竟不曾有自我的分化。自我为儿童世界的中心这个事实应够可予这个中心以一特质了。[1]

381 有一个长时期内，儿童在自己的世界内的进步，和受成人世界的影响时所有的进步可算相等。[2] 当他能区别这两种不同的世界时，当他开始谈到游戏时，这个游戏的世界，由他看来，遂更觉生动。萨立所说过的一个故事可引以为例。“有一天，两个姊妹互相谈话，说：‘让我们悬想自己是姊妹，来玩一会姊妹的游戏吧。’”[3]因为这个姊妹的完形是由成人的世界中取来的，所以她们俩的提议只是要将这个模型移入于儿童的世界之内，以期其快些逼肖实在罢了。

斯图姆夫的孩子整年说他所特有的语言，无论如何警戒，都不足以改变他的习惯。由这一实例看来，可见使儿童和成人发生关

---

① *CP*，pp. 142f，274f；*RM*. 112f.

② 克拉帕累德屡次申明此点的重要及其在教育上的意义，并用以驳斥任何种的先入之见（参看例如法文版，第429页以下）。

③ 前引书，第48页。

系，而在成人世界的构造中处最重要的地位的动作（如语言），其初也可在儿童的世界之内自成一个系统。斯图姆夫说："当我们更正他说：'这叫做雪'，或'这叫做牛乳'，他总仍旧说："'*ich kjob*'，'*ich prullich*。'"（这些字是他用以称雪和牛乳的）

我们会说过这孩子的话，后忽变而用一般人所说的语言。斯图姆夫对于这个事实，有下列的解释："此事所有心理的动机至为简单；就是儿童已玩厌了这个玩意儿了。他后来也许觉得自己的语言既不完全，而又异于公用的国语，所以未免太讨厌而可耻了。"这个解释当然很对。成人的世界此时已很有势力，所以儿童现在有欲加入的决心，而不愿再逗留于自己所有简陋可笑的世界之内。于是他遂羞道自己的语言了。

这孩子未完全采用成人的语言之前，他自己的语言似乎先有 382
另一种改变。他呼其兄弟 Rndi 为 *Olol*，而称自己为 *Job*，如此者很久。但即在他仍以自己的语言称其他各事物的时候，他已不愿再用这些名称，只是要摹仿成人们所用以叫他们的名字"*Job weg*，*Liki da*"（Liki 是成人们给他的名字——乃是 Felix 的缩音）；"*Olot Job ä—rudi Liki haja*"，他的意思就是说 Olol 和 Job 乃是不雅驯的名字，而 Rudi 和 Liki 乃是雅驯的名字。[1] 由此可见成人的世界已侵入那孩子的世界之内了。斯图姆夫说的好，这孩子似乎以为 *Job* 这个老名字不复有什么价值了。儿童的世界总慢慢地为成人的世界所征服，斯图姆夫的孩子可算是一个好例。

但是成人的世界里所有关于宗教的事实和儿童的世界却有极

① *SpE*，第 18 页，第 22 页，第 16 页。

密切的关系。由儿童看来，宗教固然是极严重且神圣的一回事；但也因为如此，所以关于宗教的事实却可完全容纳于儿童的世界之中。儿童常以宗教的事件为游戏的资料，这大概为我们所常见的。譬如“圣子”（the Christ-child）；圣诞节前夕的马槽、和其人、神及兽的图形等，都和儿童的世界相仿佛的，实在因为这些物件不受成人世界的法则的支配，正和其他玩具一样。

鲁洛夫夫人（Mrs. Else Roloff）曾留心观察她的两个女孩的宗教的游戏而加以记载。[①] 圣诞节的游戏尤为重要。“在圣诞节宴之前，伊发（Eva）为‘圣子’。她伸出两臂在房间中飞行，将礼物送给孩子们。……她又自称担任另一职务，在‘神乐队’中占一位置和天使合唱。圣诞节前夕之后，乃以建筑用的木块代表诸圣。……有一个戏台式的建筑品，四边有梯可登，则用以代表天

383 堂，天堂内站着救主、耶稣、圣宾和圣子。这圣子、救主、耶稣和圣宾的关系很可注意。儿童固然很明白圣子名叫耶稣，而耶稣即为救主；然而他们却硬说**他们**所称的圣子，常为一个不会长大的孩子。他们也知道我们进餐时常祷告说，希望耶稣来作我们的圣宾；然而他们虽有这种知识，却于游戏的时候，仍以为这些不同的名字代表不同的人物”。

这最后的观察尤有特殊的兴趣；因为儿童在宗教范围之外，所有思想的特点也可以此解释。这思想的特点在这一例内，其所以更可显出者，只是因为关于宗教的材料更宜引起这个特点。和这

① Else Rolóff, Von religiösen Leben der Kinder, *Arch. f. relig Psychol.*, 1921, 2-3, pp. 194f.

个特点有关的还有一层,可为解释儿童的行为的帮助:这就是各个完形的各自独立的一个现象。耶稣、救主、圣子、圣宾可合而为一人;虽然儿童能否同时觉得到一个含有此种种性质(因为名字也即性质)的完形,却是一个疑问。就儿童言,一个主要完形的各方面也许各自独立,而不相影响;它们也许取得整个完形所有的方式。由我们看来,这个办法当然免不了逻辑的矛盾;但是像鲁洛夫夫人所说的,儿童的心内却不觉得这种矛盾。她举民族心理学中的类似的例子以为参证;因为低等文化的思想,也没有这种矛盾的可能。同一物体同时尽可有两种方式,而占有不同的位置。我们以
为是矛盾的情形,他们却仍可视之为同一的物体;其敌乃因为他们 384
所视为同一的整个的完形,大异于我们所知道的。我们的整个完形和部分分完形的发展,是以不矛盾的原则为基础的;但在低等的文化或我们所知道的儿童的思想之中,其历程可大异于此。因为由他们看来,矛盾的原则是无关紧要的;其更紧要的原则乃为活动、活力、神秘的性质等。所以原来是一个人的三种名称和属性,却可成为三个不同而独立的物体;我们虽引此以为奇,但由原始的心理看来,则并不足奇。

若再进一层去研究这种发展,便可见成人世界的完形逐渐扩大,以至于各小世界不复有独立之可能。学校生活在这种历程中,占一很重要的地位;因为学校里不仅有游戏,且兼有工作。所以从前本来和成人世界处同等地位的世界,至此乃仅降格而为游戏了。即在这个时期之前,成人的世界也常侵入儿童的世界之内。所以儿童于游戏时也不时觉得于游戏的世界之外,还有另一世界,会把他的游戏视为不郑重的一回事的。此时游戏的刺激反可增高其势

力，因为在游戏的世界之内，儿童是不必负任何责任的。格鲁斯对于这种行为有下列的一句话："顽皮的小孩虽在彼此角力之时，却仍不失其笑态；这个意思就是说这个争斗虽甚凶狠，却仍是一种游戏罢了。"①

但是游戏常和世界的其他部分互相隔离，而我们之所谓"错
385 觉"乃得长久保持其势力。所以儿童在工作时所有很不愿意做的事情，在游戏时便很热情地去做。

但是游戏本身也可和生活的其余部分发生很密切的关系。于是游戏的性质遂差不多完全消灭。有时只因为我们有游戏的情态，所以偶然加入游戏；但在加入之后，却忽觉得在游戏的当儿，万一比赛而失败，那就不免成为极痛苦的经验了。于是游戏的情态几尽消灭，而比赛的进行乃为一种极严重的工作。

这个实例并不取自儿童的生活，却取自成人所有的经验；但是我仍相信，成人的游戏也以其属于另一世界为其要点；我仍相信当我们游戏的时候，我们便已脱离了人生平常的羁绊（所以以游戏为职业的人不能说在游戏）。

这个发展，像我们所指出的，为**我们的儿童**的特点；但是游戏在任何文化的类型中都可看见，即动物也并不缺乏游戏。不过我们关于游戏的理论，不能用以解释原民或动物的游戏；因为我们所称的成人世界和儿童世界的区别，或不存在于原民和动物的生活之中，或纵存在，也必大异。关于原民和动物的游戏的研究，不在本书的范围之内；但是游戏之生物学的意义我们想略加以讨论，以

① *PM*，第387页。

使其和前已讨论过的几点有更密切的关系。

我们已说过儿童在儿童世界内学得许多重要的动作。当他生活于这个世界之内时，他所做的，我们在客观上称之为游戏（据前 386
已述过的定义，参看第 375 页）。格鲁斯以为儿童的游戏使儿童预备干正经的事业，所以在生活上有很大的价值。他说："因游戏而有练习和预备，因练习预备而得有间接的利益，身体的和精神的，我所谓游戏的价值即在于此。"[①]在本书的第二章（第 43 页），我们曾说过儿童的时期为学习的时期；又曾说过个体的婴孩期愈长，则其所可习得的愈多。格鲁斯的理论和这个观念恰相符合。据他的意思，游戏倘有助于生活，那末我们便不当说动物因为年轻活泼，所以才去游戏；我们应该说，动物享有一个年轻的时期以便从事于游戏。格鲁斯在所著的两本关于游戏的书内，搜集许多材料以维持他的学说，所以他的游戏论现在已博得普遍的承认了。

但是我却须警告读者，勿过分地恭维这个学说。我们要应用游戏的心理学于教学时，不仅须提防误将不自然的目的混入儿童的世界之内（彪勒曾于其较大的著作结束时谈及此事）；而且不要因游戏的理论（应用于儿童和动物时）而生偏见。这些生命的表示如游戏应便视为游戏，而不必涉及其任何目的。游戏只是行为中的一种。各种行为彼此间固然互有关系；但是硬以为一切行为都有实用，那就显然是一偏之见了。50 年来的唯理论的实用主义所已犯过的种种误谬，实多为这种偏见的结果。从前所称的"生物学

① 格鲁斯说，斯宾塞也已表示此意；不过格鲁斯的游戏说，不曾受斯宾塞的暗示。参看 *PM*，第 374 页以下；又 *SK*，第 70 页以下。

387 的解释”,现在可不复以为然了。因为我们现在已知道生物的发展不起于偶然的变异和适用的性质的选择,所以根据于这些概念之上的假设已不复可为生物学的解释了。

有人问个体之所以有某种游戏,到底由于哪种原因。其实以目的论为根据的解释不算真正的解释,充其量,也不过指示解释所可走的方向。儿童哪能知道其游戏所有的目的呢?解释游戏的原因的,也曾有过许多种的理论,其最著名的为席勒尔和斯宾塞(Schiller-Spencer)的“余力”论;还有拉撒路(Lazarus)的“消遣”论,也曾有相当的价值。这些理论的要点可易由其所定的名称揣想而得;欲明白其详尽的讨论,则可参看格鲁斯的著作。①

彪勒于此还有一种新的贡献,以为各种活动除结果外还可引起快感。我想修改这句话,再加上一点意见说,一种**成功的**活动——就是一种达到欲望和目的的活动——无论其所达到的目的,其本身是否愉快,都可予我以快感。关于这一事实的例子,我们已遇到过许多。譬如在苛勒的实验内,苏丹连接起来两条竹竿,后来水果虽都已取得,竹竿仍继续应用。彪勒以为这个“机能的快感”(functional-pleasure)为无所为的游戏的活动的动机。② 我以为这个观念很足以为我们的指导,但是还须加以扩充,才可成为理论;因为要由学理上领会快感如何过渡而成活动,可决不是容易的一回事。不过这一动作所生的快感可为新动作的有力的刺激,那是无可怀疑的。

---

① 格鲁斯,*PA*,第 1 页以下;*PM*,第 361 页以下;*SK*,第 64 页以下。

② *GE*,第 453 页以下。

儿童游戏的分类不是本书所要做的工作；因为读者于此可参 388
看格鲁斯、彪勒和斯腾等的著作。所以我们关于本题的讨论便可以此为终点了。

在本书内，我曾指出几种原则，好用以解释儿童的行为和发展，以为儿童心理学初步的研究。但是读者读了我的书，可不要揣想我以为一切难题都已解决了；我这本书的一般的目的，只是要指出解决这许多问题所可采用的方法。心理发展的性质，由我们看来，不是个别元素的集合，而为较繁复的完形的引起和完成，而在这些完形里头，意识的现象和生机体的机能是携手并进的。

参 考 书 目

Becher, E. ,*Gehirn und Seele*, Heidelberg, 1911. 脚注中作 *GS*。

Bühler, K. ,*Geistige Entwicklung*（详名见本书第一章第九节）。（脚注中作 *GE*。）

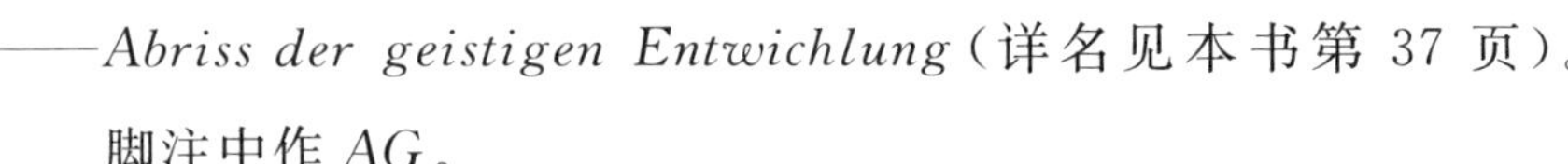
——*Abriss der geistigen Entwichlung*（详名见本书第 37 页）。脚注中作 *AG*。

Claparède, E. ,*Experimental Pedagogy and the Psychology of the Child*（详名见本书第 37 页）。

Compayré, G. ,*Intellect and Moral Development of the Child*, PartsI. I and II.（详名见本书第 38 页）。

Edinger, L. , *Vorlesungen üaber den Bau der nervösen Zentralorgane der Menschen und der Tiere*, Vol. I. , 8th ed. ,Leipzig, 1911. 脚注中作 *Z*。

Groos, K. ,*Seelenleben*（详名见本书第 37 页）。脚注中作 *SK*。

——*Die Spiele der Tiere*, 2nd ed. , Jena, 1907. English edition, *The Play of Animals*, New York, 1898. 脚注中作 *PA*。

——*Die Spiele der Menschen*, Jena, 1899. English edition, *The Play of Man*, New York, 1901. 脚注中作 *PM*。

James. , W. , The *Principes of Psychology*, 2 vols(1890), New

York, 1905.

Kafka, G., *Einführung in die Tierpsychologie auf experimenteller und ethologischer Grundlage*, I. "Die Sinne der Wirbellosen", Leipzig, 1914.

Köhler, W., "Optische Untersuchungen am Schimpansen und am Haushuhn", *Abhandlung d. K. Preus. Ak. der Wiss.*, Jhrg. 1915, Phys.-Matb. Kl., Nr. 3. 脚注中作 *OU*。(Separate edition.)

——"Intelligenzprüfnngen an Antliropoiden". *I. ibid.*, Jhrg. 1917, Nr. 1. 脚注中作 I。(Separate edition.) 又刊行成书名: *Intelligenzprufüngen an Menschenaffen*, Berlin, 1921, 2nd ed. 脚注所列系书的页数,第 2 版英文本的页数则附在括弧内。[英译本称,"The Mentality of Apes," 1927, Kegan Paul and Co. (New York: Harcourt, Brace & Co.)]

——"Nachweis einfacher Strukturfunktionen beim Schimpansen and beim Haushuhn. uber eine neue Mechode zur untersuchung des bunten Farbensystems", *idid.*, Jhrg. 1918, Nr. 2. 脚注中作 *StF*。(Separate edition)

——*Die physischen Gestalten in Ruhe und im stationären Zustand. Eine naturphilosophische Untersuchung*, Braunschweig, 1920. 脚注中作 *PhG*。

Lévy-Bruhl, L., *Les Fonctions Meniales dans les Sociétés Inférieures*, 2nd ed., Paris, 1912.

——*Primitive Mentality*, New York and London, 1923. 脚注中作

LévyBruhl，Ⅱ。

McDougall. W.，*Outline of Psychology*，New York and London，1923. 脚注中作 *OP*。

Moore，K. C.，"The Mental Development of the Child，" *Psychological Review Monograph Supplement*，Nr. 3. 1896。

Morgan，C. Lloyd，*Habit and Insinct*，London and New York，1896。

Piaget，J.，*Le Langage et la Pensée chez l'Enfant*（详名见本书第 39 页）。脚注中作 *Piaget LP*。

——*Le Jugement et le Raisonnement chez l'Enfant*（详名见本书第 39 页）。脚注中作 *Piaget JR*。

——*La Représentation du Monde chezl'Enfant*（详名见第一章第九节）。脚注中作 *Piaget RM*。

——*La Causalité Physique chez l'Enfant*（详名见本书第 39 页）。脚注中作 *Piaget CP*。

Preyer，W.，*The Mind of the Child*，Parts I and Ⅱ（详名见本书第 37 页）。

Shinn，M. W.，"Notes on the Development of a Child"，*Univ. of California Studies*，Vol. Ⅰ，1-4，1893-1899.

Stern，W.，*Psychologie der Kindheit*（详名见本书第 38 页）。脚注中作 *PG*。（按原书作 *G*，恐系手民之误）。

——*Person und Sache*，*System der Philosophischen Weltanschauung* I. "Ableitung und Grundlehre"，Leipzig，1906. 脚注中作 PS。II. "Die Menschliche persönlichkeit"，Leipzig，1906. 脚注中

作 *MP*。

Stern, C. and W., *Kindersprache*（详名见本书第 38 页）。脚注中作 *Sp*。

——*Erinnerung*, etc（详名见本书第 38 页）。脚注中作 *EA*。(Separate edition)

Stumph, C., "Eigenartige sprachliche Entwicklung eines Kindes," *Ztschr. f. päd Psychol. u. Pathol.*, 3Heft 6, 1901. 脚注中作 *SpE*。(separate edition).

Sully, J., *Studies of Childhood*（详名见本书第 38 页。）

Thorndike, E. L., *Animal Intelligence, Experimental Studies*, New York, 1911. 脚注中作 *AI*。

——*Education Psychology*, I. "The Original Nature of Man." Ⅱ. "The Psychology of Learning". Ⅲ "Mental Work and Fatigue, Individual Differences and their Causee," New York, 1913-14. 脚注中作 *EP*。

Volkelt, H., "Über die Vorstellungen der Tiere. Ein Beitrag zur Entwicklungspsychologie", *Arb. z. Entwicklungspsychologie*, edited by F. Krüger, 1, 2, Leipzig and Berlin, 1914.

Watson, J. B, *Behaviour, an Introduction to Comparative Psychology*, New York, 1914. 脚注中作 *B*。

——*Psychology from the Standpoint of a Behaviouist*, Philadelphia, 1919. 2nd ed., 1924. 脚注中作用 *BP*。

索　　引[①]

（本索引所标页码为英文版页码，即本书边码）

① 我对我的助手 R. S. 希尔(R. S. Hill)先生的帮助深表谢意，他阅读了本书的清样并编制了本索引。

校订后记

高觉敷先生(1896—1993)是我国著名的心理学家、教育家和翻译家,在心理学领域辛勤耕耘了70多个春秋,见证了中国现代心理学的发展历程,成为我国心理学史一代宗师。他先后发表论文近300篇,出版专著15部、主编著作10余部和译著10多部。高老于1926—1932年期间在商务印书馆工作,曾任商务印书馆编译所哲学教育部主任、总编译处中小学教科书委员会副主任及其下属尚公小学校长。他在商务印书馆工作期间值得一提的是,先协助后接替唐钺、朱经农完成《教育大辞书》的编辑出版工作。这部辞书是我国第一部同类工具书,收入词目1200余条,共1700页计300万字,反映了当时国内外教育学、心理学及相关学科领域的最新成就,在此后半个多世纪里一直是我国在这些领域的权威性工具书。著名心理学家陈孝禅曾回忆说:"词目的翻译,迄今已逾半个世纪,仍没有更改……我们编译出版的《英汉心理学词汇》,有许多条目是继承《教育大辞书》订定的。"[①]在这期间,高老还凭借商务的丰富文献资源,从事西方心理学的研究与翻译工作。尽管在商

① 陈孝禅:《百世之师——祝高觉敷老师九十大寿》,载《南京师大报》,第135期,1986年10月30日。

务工作时间不算长，但他后来与商务一直保持密切的关系。他 1949 年前的著作基本上都是在商务出版的，共 20 多部，其译著几乎都是在商务出版的。其中弗洛伊德的《精神分析引论》和《精神分析引论新编》、波林的《实验心理学史》和勒温的《拓扑心理学原理》均被列入商务印书馆的“汉译世界学术名著丛书”，而且这四本书在时隔半个多世纪后仍由他亲自修订再版，这在学术翻译史上也甚为罕见。

高老对西方心理学研究和译介的贡献得到学界的公认。他对西方心理学史上的主要人物、研究、理论和流派均有涉猎，而弗洛伊德的精神分析学和格式塔心理学及其变式——勒温的拓扑心理学，则是他终生的研究兴趣。他在我国最早翻译了精神分析学家弗洛伊德和格式塔心理学家的著作。他早在 1925 年就翻译了弗洛伊德 1909 年在克拉克大学的五次演讲即《精神分析五讲》，将之译为《心之分析的起源及发展》，刊于商务印书馆主办《教育杂志》第 17 卷 10、11 月号。随后译出弗洛伊德的《精神分析引论》[①]（1930）、《精神分析引论新编》（1936）等。在中国凡研究弗洛伊德及其精神分析就不能不提及高老的工作。

高老也是我国最早译介格式塔心理学家著作的人，这一点由于过去对史料发掘不够，至今尚没有得到学界的广泛承认。尽管我国心理学家如萧孝嵘、郭一岑、朱希亮和黄翼等人都在欧美专门

① 当时著名学者章士钊致信商务印书馆王云五总经理，希望翻译《精神分析引论》，定名为《解心术》。王云五复函告知已经请高觉敷在翻译该书，章就说等高的译本出版后再说。结果高觉敷的译作出版后，章士钊再也未就此书说什么了，这等于默认了这个译本是成功的。参见高觉敷：《回忆我与商务印书馆的关系》，载《商务印书馆九十年·我和商务印书馆 1897-1987》，商务印书馆 1987 年版，第 346-351 页。

学习或接触过格式塔心理学，但他们并非最早在中国介绍格式塔心理学的人。1926年我国出现了最早介绍格式塔心理学的文章，即朱光潜的《完形派心理学之概略及其批评》[①]和高觉敷的《完形派心理学与行为主义》[②]。其后至1930年间有关格式塔心理学的文章还有：赵演的《格式心理学》[③]、高觉敷的《基斯塔心理学》[④]、《对基斯塔心理学之批判》[⑤]、《心之发展》[⑥]、《基斯塔说的儿童心理学》[⑦]、《基斯塔派心理学》[⑧]、《对完形派攻击构造主义之批判》[⑨]、《完形派心理学》[⑩]、《完形派心理学(续)》[⑪]和萧孝嵘的《格式塔心理学的鸟瞰观》[⑫]。"Gestalt"一词在我国的译名最早是朱光潜于1926年将之意译为"完形"；次年，赵演仿严复译"Logic"为"逻辑"的方法，音译为"格式"，高老先依朱光潜译为"完形"，也曾依赵演译为"格式"，后于1927年首次创译"基斯塔"；1928年，萧孝嵘结

① 《东方杂志》，23卷14号。

② 署名高卓，《东方杂志》，23卷21号，1926年。

③ 《民铎》，8卷5号，9卷1、2号，1927年。

④ 《教育杂志》，19卷4号，1927年。

⑤ 《教育杂志》，19卷5号，1927年。

⑥ 《民铎》第9卷3号，1928年长。译自 Kurk Koffka. Mental Development. In: Carl Murchison(ed.)(1926). *Psychologies of 1925*. Clark University Press. pp. 130-133.《民铎》第9卷3号，1928年

⑦ 《教育杂志》，21卷4号，1929年。

⑧ 高觉敷著：《心理学概论》，上海：商务印书馆，1930年版，第28-34页。

⑨ 《教育杂志》，22卷11号，1930年。译自 Paul Chatham Squires. A Criticism of the Configurationists Interpretation of Structuralism. *The American Journal of Psychology*, Vol. 42, No. 1(Jan., 1930), pp. 134-140.

⑩ 《学生杂志》，第17卷第4号，1930年。

⑪ 《学生杂志》，第17卷第5号，1930年。

⑫ 《教育杂志》，20卷9号，1928年。

合赵和高的译法，首次译为“格式塔”，得到学界的认可。“格式塔”和“完形”两种译法后来逐渐流行起来。

格式塔心理学是西方现代心理学的一个重要派别，最初产生于德国，其三位创始人是柏林大学的惠特海墨(M. Wertheimer)、苛勒(W. Köhler)和考夫卡(Kurt Koffka)。1912年惠特海墨发表的《似动实验研究》一文是该学派创立的标志。1921年他发表的《格式塔学说研究》一文是描述该学派的最早蓝图。1922年考夫卡据此文应邀为美国《心理学公报》撰写了一篇《知觉:格式塔理论引论》[①]，表明了三位领导人的共同观点，引起美国心理学界众说纷纭的讨论。当时美国心理学界对于新兴的格式塔运动还不甚了解，甚至存在一些误解。针对这种情况，正在美国读书的中国学生萧孝嵘，于1927年在哥伦比亚大学获得硕士学位后即前往德国柏林大学，专门研究格式塔心理学。他于次年在美国发表了两篇关于格式塔心理学的论文[②]，较为系统明晰地阐述了格式塔心理学的主要观点和最新进展。这两篇文章在很大程度上澄清了美国心理学界对格式塔心理学的错误认识，受到著名的《实验心理学史》作者、哈佛大学心理学系主任波林(E. G. Boring)的满意评价。同一年他将其中的一篇稍作增减后发表于国内的《教育杂志》上，即前文提到的《格式塔心理学的鸟瞰观》一文。此文引起高老的注

① Kurt Koffka. Perception: An Introduction to Gestalt-Theorie. *Psychological Bulletin*, 19, 1922, pp. 531-585.

② H. H. Hung. A Suggestive Review of Gestalt Psychology. *Psychological Review*, Vol. 35(4), Jul 1928, pp. 280-297; Hsiao Hsiao Hung. Some Contributions of Gestalt Psychology from 1926 to 1927. *Psychological Bulletin*, Vol. 25(10), Oct. 1928, pp. 613-620.

意，并建议他撰写一部格式塔心理学专著，以作系统深入的介绍。他于1931年在柏林写就《格式塔心理学原理》，他在此书"缘起"中指出："往岁上海商务印书馆高觉敷先生曾嘱余著一专书……此书之成，实由于高君之建议。""该书专论格式塔心理学之原理。这些原理系散见于各种著作中，而在德国亦尚未有系统的介绍。"[①]这本著作是我国心理学家在1949年之前撰写的唯一一本有关格式塔心理学原理的著作，在国内产生了很大的影响。所以，在我国引进格式塔心理学方面，高老不仅亲历躬行，既撰文又译介，而且还有"伯乐"发现"千里马"之功。但令人遗憾的是，萧孝嵘的《格式塔心理学原理》是以中文出版的，没有在国际上产生什么影响。其实在当时，有关格式心理学的英译本著作仅有考夫卡的《心灵的成长》(1924)和苛勒的《人猿的智慧》[②](*Mentality of Apes*, 1925)，而且这两本著作并非专论格式塔心理学一般原理的。而苛勒以英文撰写的《格式塔心理学》(*Gestalt psychology*)[③]于1929年才刚刚出版，考夫卡以英文撰写的《格式塔心理学原理》(*Principles of Gestalt Psychology*)则迟至1935年才问世。

《心灵的成长——儿童心理学导论》(*The Growth of the Mind: An Introduction to Child-Psychology*)一书，是高老翻译

① 萧孝嵘：《格式塔心理学原理》，缘起，国立编译馆，1924年版。

② 高老推荐其在国立师范学院学生陈汝懋(1919-1983年)译成中文，打印成稿。后由笔者推荐至浙江教育出版社于2003年正式出版。

③ 高老曾翻译过这本书，译稿本来已交由商务印书馆承印，可惜在1932年"一·二八"抗战时与印刷厂一起毁于日寇的炮火，令人惋惜不已。该书至今在大陆尚无中文译本。该书对格式塔运动作了最权威和最透彻的论述，促进了格式塔心理学在美国甚至全世界范围内的发展。

的格式塔心理学的第一种汉译本，也是他本人的第一部译作。该书为考夫卡所著，用当时刚兴起不久的格式塔心理学的理论观点阐释儿童心理发展与儿童教育的思想。该书内容丰富，作者旁征博引，记载了大量早期关于儿童心理发展的观察和实验。其德文初版于1921年，第二版刊行于1925年。1924年由康奈尔大学奥格登（Robert Morris Ogden）教授译为英文，英文第二版刊行于1928年。作者在英文第二版“序文”中指出，该版不仅对德文第二版进行简单的“增加删减”，而且针对儿童心理学的很多新的贡献决定“另有所增订而另有修改”。1929年高老将其英文版翻译成中文，当时为了适应书店销售需要，出版时更名为《儿童心理学新论》。该书的中文版此前刊行过三版，即1929年列入商务的“万有文库”丛书出版（全五册），后于1930年、1934年、1935年重印；1933年列入商务的“大学丛书”出版（全一册），1939年重印；台湾商务印书馆分别于1967年、1969年和1972年重印。1957年经“译者将译文酌加修订”后由人民教育出版社再版。高老的这个译本得到了中国儿童心理学家、曾在美国协助考夫卡进行心理实验的黄翼之认可。当时商务印书馆的编辑李伯嘉在杭州见到黄翼，便问他是否读过高觉敷翻译的《儿童心理学新论》一书，黄翼说已经拜读。李先生又问他，“君为考夫卡的师友，此书译得如何？”黄翼说：“我的回答为两个字：满意。”[①]考虑到该书后来没有出版过新的汉译本，这次经过校订后并恢复其英文版原书名《心灵的成

① 郭本禹、魏宏波：《心理学史一代宗师——高觉敷传》，南京师范大学出版社2012年版，第81页。

长——儿童心理学导论》的译名，收入商务印书馆的“心理学名著译丛”之中。[*] 该书既是格式塔心理学的经典著作，也是儿童心理学的经典作品。其英文版和德文版均多次重印，两者最近一次重印分别是2013年和2014年。所以，现在我们将之校订再版仍有学术价值。

无论是作为高老的学生还是作为“译丛”的主编，我都责无旁贷应承担这本书的校订工作。本次校订是以人民教育出版社1957年版本为底本，对照英文原著，并参考商务印书馆1929年版本进行的。校订工作总的原则是，尊重原译著的内容和结构，以存原貌；进行一些必要的技术处理，以方便阅读。校订主要进行以下几个方面的工作。第一，增补内容。增加1957年版中被删掉的高老“译序”。这个“译序”系统阐明了格式塔心理学的基本观点，对读者阅读该书很有帮助。正如译者所说：“恐读者不懂格式塔说，或不易了解考夫卡的主张，乃述格式塔心理学的要略于上为序。”尽管这个“译序”写于差不多90年之前，但今天看来仍不落伍。第二，修改译名。底本中的专门术语、外国人名、地名等大多与今通译有异，将一些可能影响现今读者阅读的译名改为今译，如“交替反射”改为“条件反射”，“丕阿耶”改为“皮亚杰”等。首次改动以“校订注”形式在页下标明。高老晚年亲自修订其解放前的几本译著，也都作了类似的修改。第三，规范字体。改繁体字为简化字，改异体字为正体字，但“的”、“得”、“地”、“底”等副词用法一仍旧贯。第四，规范标点。底本中的标点与新式标点不符的予以校订，外文书名、

[*] 本书原为本馆“心理学名著译丛”之一种，现列入“汉译世界学术名著丛书”出版。——编者

杂志名改为斜体排版。第五，规范数字。数字用法以《关于出版物上数字用法的试行规定》为准。第六，规范注释。底本中的译者注原为夹注，现改为脚注，并以“译者注”标明；新版将英文版的页码标为中文版的边码，相应地，底本中作者所加、并经译者据译文进行改动的夹注。[①] 第七，校勘错漏。凡底本排印有错、漏、讹、倒之处，直接改动，不出校记。

尽管这本书是高老的第一本译作，但却形成了其一如既往的翻译风格。高老的译文是在充分吃透原著的基础上，凭借其深厚的中文功底，以达融会贯通，形成略带文言色彩的白话文语言风格。初对照原著和译著似乎难以找到直接的一一对应关系。但是通读了全书，就感觉到犹如一次贯成，非常流畅。高老的译文表述之准确、精炼、传神令人佩服。同一个英文词语，在不同语境中往往有不同译法，例如原著中用以表示幼儿动作发展的“grasp (grasping)”一词，在本书中至少有“握持”、“拿取”、“抓取”和“握取”等多种译法。高老的译文也体现了中国文化特点，如“mirror-writing”译为“反手字”，“zenith-horizon illusion of the moon”译为“月在天顶时的错觉”，等等。我自认为译过一些心理学书籍，觉得翻译功底还不错，但读完高老的译稿，对其英文的语言消化和转化能力只能是望其项背了！该书是格式塔心理学的第一种汉译本，可想而知高老当时翻译难度有多大。就像考夫卡在英文第一版序文中指出的：“这本书的翻译却颇不易，因为书中有许多新名词，在英文中尚须仿造才行。”尤其是 Gestalt 和 strukture 这两个德文词

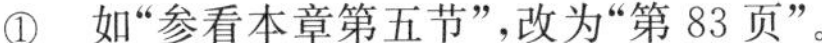

① 如“参看本章第五节”，改为“第 83 页”。

最难翻译，英译者奥格登对前者的处理是直接使用德文词，而将后者译为“configuration”。后者并不能译为“structure”，因为铁钦纳在其构造心理学与机能心理学论战中，已经使用了“structure”一词。奥格登这样处理只是得到考夫卡的勉强同意。英译者遭遇的困难，对于中译者来说也同样存在。当时国内对格式塔心理学还十分陌生，没有参考的依据，许多新名词在汉语中同样需要新译。高老对 Gestalt 曾创译为“基斯塔”（现改为“格式塔”），将 configuration 译为“完形”，将 structure 译为“构造”，以示三者之间的区别。在他看来，Gestalt 一词有多种含义，有“形”、“式”、“完整”、“组织”等之意，无论是朱光潜译为“完形”还是赵演译为“格式”，都举一义而失其余。加上格式塔心理学家对 Gestalt 的定义尚未有一致的主张，所以与其译意，不如译音了。[①] “基斯塔”译名后来虽未流行，但启发了萧孝嵘采用“格式塔”译名，而“完形”译名至今仍沿用。另外，高老将桑戴克的 trial and error theory 译为“试错说”，现在心理学界通译“试误说”，但在哲学界仍沿用“试错说”。

通读全书可以体会到，高老译书时冥思苦想、字斟句酌之情形。亦如严复所说，“一名之立，旬月踟蹰”。这本书是他在商务工作之余，利用闲暇时间译出的。每当在夜深人静时，他细心揣摩，寻觅佳句，用蝇头小楷写出流畅的译文。更令人钦佩的是，高老在同一时期还在国内首译了弗洛伊德的《精神分析引论》(1930)。

① 见本书“译序”。

借此机会，感谢商务印书馆副总编陈小文老师！他一直支持和关心“心理学名著译丛”的规划和出版工作。

郭本禹

2014年8月20日

于南京师范大学

图书在版编目(CIP)数据

心灵的成长:儿童心理学导论/(德)库尔特·考夫卡著;高觉敷译.—北京:商务印书馆,2024
(汉译世界学术名著丛书:120年纪念版:珍藏本:增订本)
ISBN 978-7-100-23684-3

Ⅰ.①心… Ⅱ.①库…②高… Ⅲ.①儿童心理学 Ⅳ.①B844.1

中国国家版本馆CIP数据核字(2024)第076167号

汉译世界学术名著丛书
(120年纪念版·珍藏本·增订本)
心灵的成长
——儿童心理学导论
〔德〕库尔特·考夫卡 著
高觉敷 译

商务印书馆出版
(北京王府井大街36号 邮政编码100710)
商务印书馆发行
北京通州皇家印刷厂印刷
ISBN 978-7-100-23684-3

2024年5月第1版 开本710×1000 1/16
2024年5月北京第1次印刷 印张26
定价:142.00元